普通高等院校“新工科”创新教育精品课程系列教材
教育部高等学校机械类专业教学指导委员会推荐教材

工业机器人控制技术

主　编　郝丽娜
副主编　程红太　杨　勇
参　编　苏学满　陈　杰　陈文林

华中科技大学出版社
中国·武汉

内 容 简 介

工业机器人是一种机电液控一体化设备，是多学科交叉研究的典型代表。本书对工业机器人本体和系统应用中涉及的控制技术进行了详细介绍，系统地阐述了工业机器人控制系统的组成、工作原理和软件实现等内容，详细介绍了控制对象建模、任务规划、运动规划、控制方法和控制系统实现方式，重点内容配有MATLAB程序和电子课件。本书以控制技术为核心，不拘泥于特定机器人结构，章节安排符合技术自身的内在逻辑关系，内容新颖，深入浅出，语言通俗易懂。在编写形式上，注重知识的内在联系和锻炼读者的独立思考能力。

本书可以作为大、专院校电类和机电一体化等专业的教材，也适合工程技术人员使用。

图书在版编目(CIP)数据

工业机器人控制技术/郝丽娜主编. —武汉：华中科技大学出版社，2018.11（2024.12重印）
普通高等院校“新工科”创新教育精品课程系列教材
教育部高等学校机械类专业教学指导委员会推荐教材
ISBN 978-7-5680-4280-2

Ⅰ. ①工…　Ⅱ. ①郝…　Ⅲ. ①工业机器人-机器人控制-高等学校-教材　Ⅳ. ①TP242.2

中国版本图书馆CIP数据核字(2018)第257395号

工业机器人控制技术　　郝丽娜　主编
Gongye Jiqiren Kongzhi Jishu

策划编辑：张少奇
责任编辑：程　青
封面设计：杨玉凡
责任监印：朱　玢
出版发行：华中科技大学出版社(中国·武汉)　电话：(027)81321913
　　　　　武汉市东湖新技术开发区华工科技园　邮编：430223
录　　排：华中科技大学惠友文印中心
印　　刷：武汉邮科印务有限公司
开　　本：787mm×1092mm　1/16
印　　张：12.25
字　　数：313千字
版　　次：2024年12月第1版第8次印刷
定　　价：39.80元

普通高等院校“新工科”创新教育精品课程系列教材
教育部高等学校机械类专业教学指导委员会推荐教材

编审委员会

出版说明

为深化工程教育改革，推进“新工科”建设与发展，教育部于2017年发布了《教育部高等教育司关于开展新工科研究与实践的通知》，其中指出“新工科”要体现五个“新”，即工程教育的新理念、学科专业的新结构、人才培养的新模式、教育教学的新质量、分类发展的新体系。教育部高等学校机械类专业教学指导委员会也发出了将“新”落实在教材和教学方法上的呼吁。

我社积极响应号召，组织策划了本套“普通高等院校‘新工科’创新教育精品课程系列教材”，本套教材均由全国各高校处于“新工科”教育一线的专家和老师编写，是全国各高校探索“新工科”建设的最新成果，反映了国内“新工科”教育改革的前沿动向。同时，本套教材也是“教育部高等学校机械类专业教学指导委员会推荐教材”。我社成立了以李培根院士、段宝岩院士、杨华勇院士、赵继教授、顾佩华教授为顾问，奚立峰教授、刘宏教授、吴波教授、陈雪峰教授为主任的“‘新工科’视域下的课程与教材建设小组”，为本套教材构建了阵容强大的编审委员会，编审委员会对教材进行审核认定，使得本套教材从形式到内容上保持高质量。

本套教材包含了机械类专业传统课程的新编教材，以及培养学生大工程观和创新思维的新课程教材等，并且紧贴专业教学改革的新要求，着眼于专业和课程的边界再设计、课程重构及多学科的交叉融合，同时配套了精品数字化教学资源，综合利用各种资源灵活地为教学服务，打造工程教育的新模式。希望借由本套教材，能将“新工科”的“新”落地在教材和教学方法上，为培养适应和引领未来工程需求的人才提供助力。

感谢积极参与本套教材编写的老师们，感谢关心、支持和帮助本套教材编写与出版的单位和同志们，也欢迎更多对“新工科”建设有热情、有想法的专家和老师加入到本套教材的编写中来。

华中科技大学出版社
2018年7月

前　言

工业机器人是一种典型的机电液控一体化设备，随着其技术水平不断发展和提高，现已被广泛应用于工业制造、康复医疗、物流仓储、航空航天等众多领域。工业机器人技术是多学科交叉研究的成果，内容涉及机械工程、电子工程、计算机工程、控制工程等，它直接反映了一个国家经济和科技发展水平。因此，工业机器人技术现已被普通高校、科研院所及企业公司列为相关专业人才的必修课，是当今工程技术人员亟待掌握的一门技术。

本书基于当前工业机器人的应用水平，对工业机器人本体和系统应用中涉及的控制技术进行了详细介绍，系统地阐述了工业机器人控制系统的结构、工作原理、硬件组成和软件实现等内容，详细介绍了控制对象建模、任务规划、运动规划、控制方法和控制系统实现方式。

本书以技术为核心，章节安排符合技术自身的内在逻辑关系，内容新颖，深入浅出，语言通俗易懂。在编写形式上，本书注重知识的内在联系，从工业机器人本体建模与控制出发，深入探讨工业机器人系统控制技术和前沿研究课题，意在培养学生的综合理论水平和实践能力，将四自由度码垛机器人和三自由度 Delta 机器人分别作为串联机器人和并联机器人的典型案例，并针对各章节内容给出了相应的 MATLAB 示例程序（见二维码中的电子资源），从而使学生能够更好地掌握机器人应用中带有普遍性和规律性的知识。

全书由东北大学郝丽娜教授组织撰写，并负责全书的统稿工作。本书由郝丽娜担任主编，东北大学程红太副教授和广东技术师范大学杨勇教授担任副主编，安徽工程大学苏学满、东北大学陈杰和陈文林参编，东北大学博士生杨辉、陈洋、刘明芳、高金海、张颖、张伟、赵智睿、高席丰等参与本书整理及校对等工作，在此表示感谢。

在本书编写过程中，参考了同行专家和学者的专著及论文，在此表示真挚的感谢。由于编者水平有限，书中难免存在不足之处，望广大读者予以指正。

编者

2018 年 3 月

目　　录

第 1 章　工业机器人概述

1.1　工业机器人定义

工业机器人目前没有统一的定义，一般认为，工业机器人是一种具有仿人操作、自动控制和可重复编程功能，能组装各种作业任务的机电液控一体化的自动化设备。工业机器人由本体、驱动系统和控制系统三部分组成。其典型应用有焊接、分拣、组装等领域。对于稳定产品质量、提高生产效率、改善劳动条件和加快产品的更新换代起着十分重要的作用。工业机器人有以下四个显著特点。

(1) 可编程：工业机器人可随其工作环境变化而进行再编程，因此它在小批量、多品种和具有高效率的柔性制造过程中能发挥很好的作用，是柔性制造系统的重要组成部分。

(2) 拟人化：工业机器人在机械结构上有类似人的腰部、大臂、小臂、手腕和末端执行器(包括夹持器、仿生手、喷枪、刀具等)等部分，由计算机控制。此外，智能化工业机器人还有许多类似人类器官的“生物传感器”，如力传感器、触觉传感器、视觉传感器、声觉传感器等。

(3) 通用性：除了专用工业机器人外，一般工业机器人在执行不同的作业任务时具有较好的通用性。比如，更换工业机器人末端执行器便可执行不同的作业任务。

(4) 良好的环境交互性：工业机器人在无人为干预的条件下，对环境有自适应控制能力和自我规划能力。

目前工业机器人常用术语有以下几个。

(1) 自由度：表示机器人运动灵活性的尺度，指独立的运动的数量。由驱动器产生的主动动作的自由度称为主动自由度，无法产生驱动力的自由度称为被动自由度，这些自由度所对应的关节分别称为被动关节和主动关节。

(2) 工作空间：机械臂连杆的特定部位在一定条件下所能达到的空间的位置集合，又被称作操作空间或任务空间。

(3) 位姿：机械臂末端执行器在指定坐标系中的位置和姿态。

根据结构形式的不同，工业机器人可分为串联机器人、并联机器人和混联机器人。

1.1.1　串联机器人

如图 1.1 所示，串联机器人是以基座为开始、以末端执行器为结束的一系列连杆结构。该串联机器人由三个连杆通过转动关节串联而成。PUMA-560 机器人、ABB 公司的 IRB 1400

和 FANUC 公司的电焊机器人等都是常见的串联机器人。

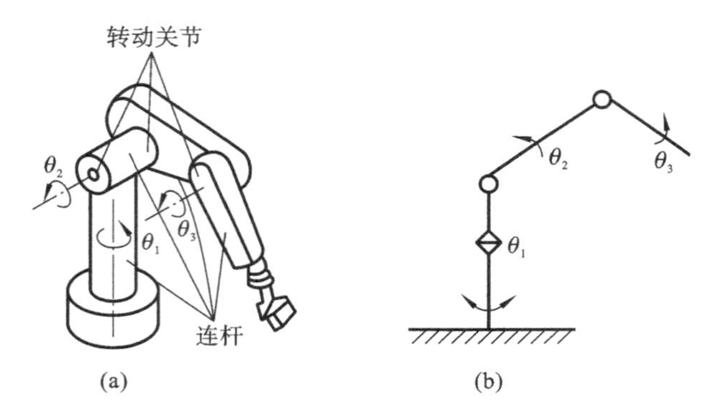

图 1.1　串联机器人

串联机器人运动空间较大，是工业机器人的主要形式，广泛应用在焊接、喷漆、装配、搬运或数控机床等场合。具有六自由度的串联机器人可以实现多种操作，具有很好的适应性。根据任务要求可以选用少自由度机器人从而简化机构，而采用超过六自由度的冗余自由度机器人可以优化任务空间，提高灵活性，但是会增加动力学分析和控制的复杂性。一般来说，串联机器人每个关节上都要安装驱动器，通过减速器来驱动下一个连杆，后续连杆的驱动器和减速器变成前面驱动系统的负载。为了减小串联机器人的尺寸，在设计时驱动器和减速器应布置在靠近基座的位置上。

1.1.2　并联机器人

并联机器人具有动平台和静平台，二者至少通过两个独立的运动链相连接，机构具有两个或两个以上自由度，且以并联方式驱动的一种闭环机构，如图 1.2 所示，该并联机器人由静平台、球铰链组件、连杆和动平台等组成。在并联机器人结构中，并联机构多采用几个运动链完全相同的结构形式，这种结构形式的优点是制造简单、运动分析和控制容易，否则会给加工、控制等多方面带来不利影响。和串联机器人相比较，并联机器人具有以下特点：

(1) 无累积误差，位置精度较高；

(2) 驱动装置可置于静平台上或接近静平台的位置，这样运动部分重量轻、速度高、动态响应好；

(3) 结构紧凑，刚度高，承载能力大；

(4) 完全对称的并联机构具有较好的各向同性；

(5) 任务空间较小。

由于这些特点，并联机器人在需要高刚度、高精度或者大载荷且无需很大任务空间的领域得到了广泛应用。

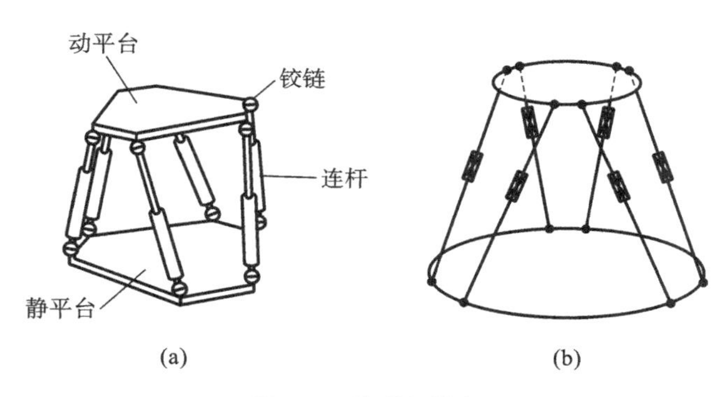

图 1.2　并联机器人

1.1.3　混联机器人

混联机器人是指将串联机器人和并联机器人结合起来，属于机构上的一种折中，扩大了机器人的应用范围，混联机器人在结构上常有三种形式。

1）并联机构通过其他机构串联而成

此类混联机器人将串联机构的某个关节或杆件以并联机构替换。例如，在传统的串联机器人的基座端或执行端或中部关节中插入具备相应自由度的并联机构。设计这类混联机器人时，往往仅需要考虑自由度的简单组合，结构设计相对简单，具有较好的运动可控制性，属于串联机构和并联机构相应性能的简单叠加。在并联机构出现的地方即体现出并联机构的优势和特点，而不影响其余串联机构的运动与控制。控制策略也大多采用将并联机构和串联机构分开的形式，之后再由控制系统实现协调控制，具有十分广泛的适应性，能够满足大多数工业机器人的设计要求。

2）并联机构直接串联

这类混联机器人是将多个并联机构以串联机器人的设计思路进行结构设计，例如将自由度相同或不同的并联机构通过转动副或移动副等运动副形式串联在一起。这类混联机器人，虽然多由并联机构构成，但仍然是以串联机器人的设计思路为主，结构设计并不复杂，具有较好的运动可控制性，体现出串联机构的优势和特点，如工作空间大等。控制策略也大多采用将多个并联机构分开控制，之后依照串联机构进行协调控制的形式。

3）在并联机构的支链中采用不同的结构

这类混联机器人是对并联机构的支链进行变形，尤其是替换或嵌入其他的并联机构。例如，将具有相同或不同自由度的并联机构作为并联机器人的某一个或多个支链。此类机器人多用于高运动精度的场合。设计这类混联机器人时，以并联机构为基础，结构设计复杂，属于对并联机构的补偿和优化，在整个混联机器人中已经难以看到串联机器人的影子，多是并联机构相互并联构成。其控制策略也复杂多样，更倾向于并联机构的控制，因此，也有人将这类由并联机构相互并联构成的混联机器人仍当成并联机构来看待。

如图 1.3 所示的混联机器人由两部分组成，上半部分为一种并联机器人，下半部分为一种串联机器人。该混联机器人上半部分的并联机器人由铰链 $a \sim c$、$e \sim g$ 连接，通过并联机器人的三个滑块运动，铰链 e、f 和 g 组合的部件可沿着 x、y 和 z 三个方向运动，下半部分的串联机器人可实现转动和沿导轨方向的移动。

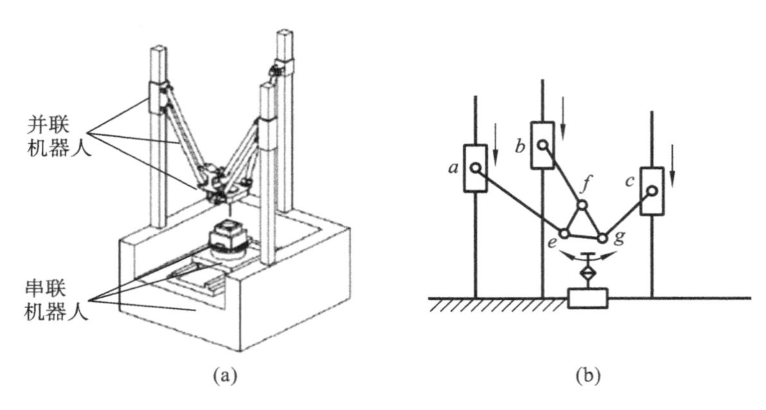

(a)　　(b)

图 1.3　混联机器人

1.2　典型工业机器人类型

针对不同的应用领域，工业机器人呈现不同自由度和不同的结构形式，以下介绍四种典型的工业机器人的本体结构：六自由度通用工业机器人、四自由度码垛机器人、SCARA 机器人和 Delta 机器人。

1.2.1　六自由度通用工业机器人

PUMA-560 机器人是六自由度通用工业机器人中的典型例子，如图 1.4 所示。该机器人有 6 个自由度，有一个立柱，可以垂直旋转；有大臂、小臂，通过转轴相连接。手腕具有三个相互垂直的转轴。

PUMA-560 机器人采用直流伺服电动机驱动并配有安全刹闸；手腕最大载荷为 2 kg（包括手腕法兰盘），最大抓紧力为 60 N；重复定位精度为 0.1 mm；在最大载荷下的自由运动速度为 1.0 m/s，直线运动时为 0.5 m/s；其运动范围是以立柱中心为球心、半径为 0.92 m 的空间半球；整个机械臂重 53 kg。

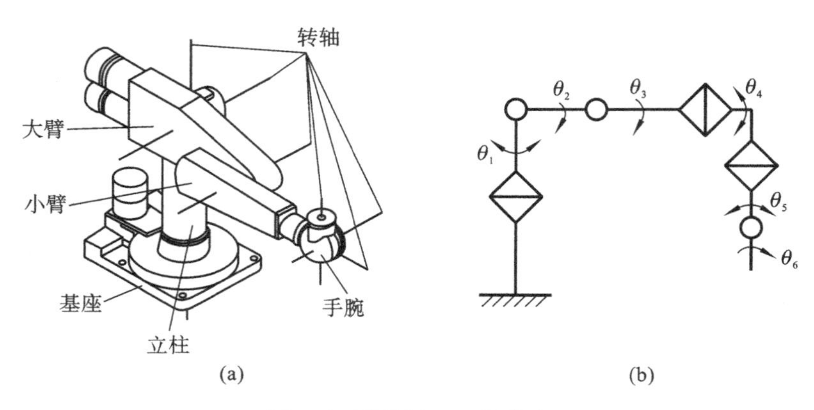

(a)　　(b)

图 1.4　PUMA-560 **机器人**

1.2.2　四自由度码垛机器人

码垛机器人是指将产品装卸箱或者包装好的产品从生产线搬运下来，并摆放整齐的一类工业机器人，如图 1.5 所示。码垛机器人由基座、主构架、大臂、小臂和腕部构成，四自由度分别是主构架和基座相互的旋转 θ_1、大臂和主构架相互的旋转 α_1、小臂和大臂相互的旋转 α_2 和末端执行器在腕部的旋转 θ_5，为实现机构平行约束，还需要一个被动自由度，将其定义为 θ_4。将大臂与水平方向夹角定义为 θ_2，将大臂与小臂之间夹角定义为 θ_3，C_2、C_1 分别为大臂和小臂的质心。基座固定在地面上，是码垛机器人承重的基础部件，主构架用来承受基座以上的重量，大臂的回转使机器人在水平方向的行程变动，而末端执行器垂直方向的位置变换通过小臂的回转实现，末端执行器在垂直方向的回转实现工件摆放的位置和角度的变换。码垛机器人具有结构简单、占地面积小、适用性强、耗能低等优点，已大量应用于医药、石化、食品、农业、制造业等领域。

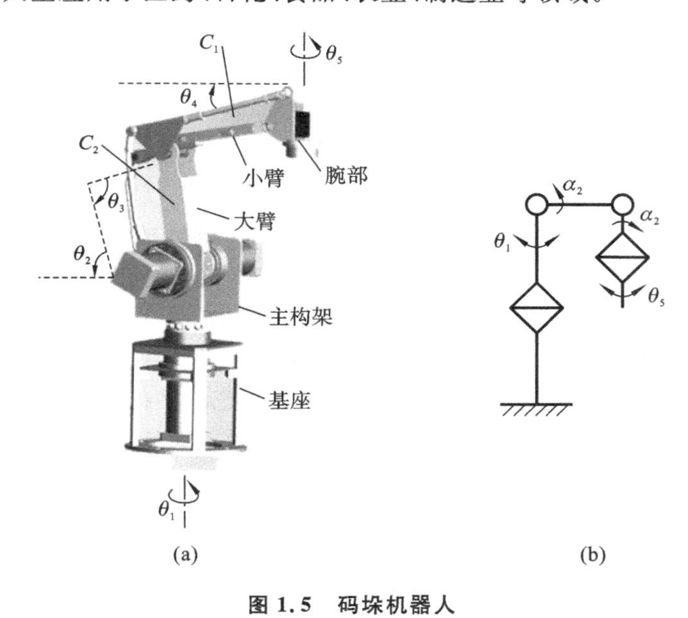

图 1.5　码垛机器人

1.2.3　SCARA 机器人

SCARA 是 Selective Compliance Assembly Robot Arm 的缩写，意思是具有选择顺应性的装配机器人，如图 1.6 所示。SCARA 机器人的第一轴和第二轴的轴线平行，因此，这种机器人在水平方向有顺应性，而在垂直方向则具有很大的刚度。由于各个轴都只沿水平方向旋转，故又称水平关节型机器人，多用于装配，也称为装配机器人。SCARA 机器人大多数采用四自由度机构，这是由于装配操作只需要绕轴线转动，故一般由四关节组成。根据作业要求，部分 SCARA 机器人的末端关节为移动关节，用于完成垂直于水平方向的运动。

SCARA 机器人是一种精密型机器人，具有速度快、精度高、柔性好等特点，可应用于电子、机械和轻工业等有关产品的自动装配、搬运、调试等工作。它的主要功能是搬取和装配。

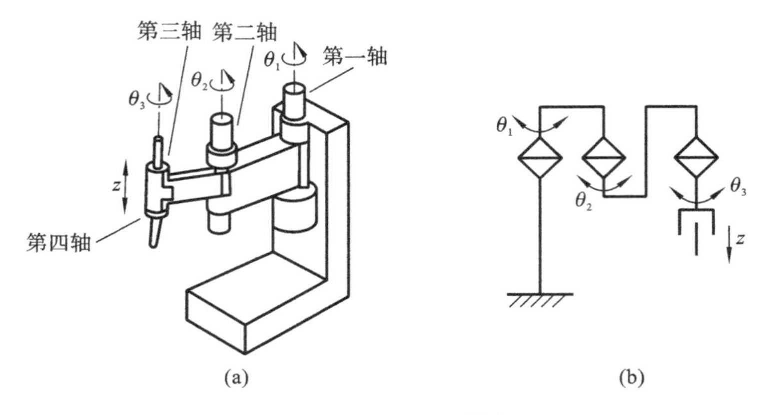

图 1.6　SCARA **机器人**

它的第一轴和第二轴具有转动特性，第三轴和第四轴可以根据工作需要的不同，制造成相应的形态，并且具有一个转动、另一个线性移动的特性。由于其具有特定的形状，决定了其工作范围为一个扇形区域。

1.2.4　Delta 机器人

Delta 机器人是典型的空间三自由度并联机构，主要由静平台、主动臂、从动臂和动平台等组成，典型运动特性为任务空间内的平动，如图 1.7 所示。静平台在机器人工作中保持静止不动，通过主动臂 ad、ce 和 bf 与从动臂 dg、eh 和 fi 连接动平台。动平台主要执行各种操作任务。由于从动臂是由两个相同的杆组成的平行四边形机构，在运动时始终保持平行，使用三组平行四边形机构的优点是使得动平台和静平台始终保持平行，这也是 Delta 机器人运动的一大特点。这种机构限制了机器人末端三个方向的转动自由度，使得机器人只保留了三个移动自由度，其整体结构精密、紧凑，驱动部分均布于固定平台，这些特点使它具有如下特性：

(1) 承载能力强、刚度大、自重载荷比小、动态性能好；

(2) 重复定位精度高；

(3) 超高速拾取物品，一秒钟多个节拍。

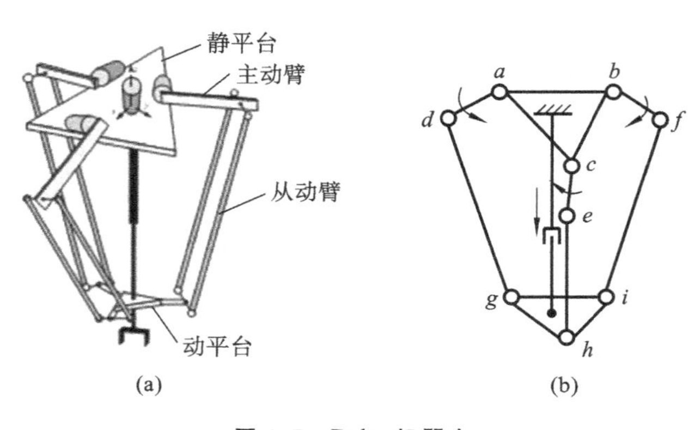

图 1.7　Delta **机器人**

1.3　工业机器人控制系统概述

控制系统是工业机器人的主要部分，它的机能类似于人脑。无论是工业机器人本身的运动还是工业机器人与外围设备协调动作，共同完成作业任务，都必须有一个完善、灵敏、可靠的控制系统。大多数工业机器人各个关节的运动是独立的，为了实现末端的运动轨迹，需要多关节的协调运动。因此，其控制系统具有如下特点。

(1) 机器人的控制与机构运动学及动力学密切相关。机器人的状态可以在各种坐标下进行描述，应当根据需要选择不同的参考坐标系，并做适当的坐标变换，经常要求正向运动学和反向运动学的解，除此之外还要考虑惯性力、外力(包括重力)、科氏力及向心力的影响。

(2) 一个简单的机器人至少要有3～6个自由度，比较复杂的机器人有十几个甚至几十个自由度。每个自由度一般包含一个伺服机构，它们必须协调起来，组成一个多变量控制系统。

(3) 把多个独立的伺服系统有机地协调起来，使其按照人的意志行动，甚至赋予机器人一定的“智能”，这个任务只能由计算机来完成。因此，机器人控制系统是一个计算机控制系统。同时，计算机软件肩负着复杂艰巨的任务。

(4) 描述机器人状态和运动的数学模型是一个非线性模型，随着状态的不同和外力的变化，其参数也在变化，各变量之间还存在耦合。因此，仅仅利用位置闭环是不够的，还要利用速度甚至加速度闭环。系统中经常使用重力补偿、前馈、解耦或者自适应控制方法。

(5) 机器人的动作往往可以通过不同的方式和路径来完成，因此存在一个最优的问题。用计算机建立起庞大的信息库，借助信息库和人工智能的方法进行控制、决策、管理和操作，根据传感器和模式识别的方法获得操作对象及环境的工况，按照给定的指标要求，自动地选择最佳的控制规律。

1.4　工业机器人控制系统的功能和组成

工业机器人控制系统的主要任务是控制工业机器人在任务空间中的位置、姿态、轨迹、操作顺序及动作的时间等项目，其中有些项目的控制是非常复杂的。典型工业机器人控制系统的主要功能有以下两个。

(1) 示教再现功能：指控制系统可以通过示教器或手把手进行示教，将运动顺序、运动速度、位置等信息用一定的方法预先教给工业机器人，由工业机器人的记忆装置将所教的操作过程自动地记录在存储器中，当需要在线操作时，再现存储器中存储的内容即可，如需更改操作内容，只需重新示教一遍。

(2) 运动控制功能：指对工业机器人末端执行器的姿态、速度、加速度等项目的控制。

为了满足上述功能，工业机器人的控制系统需要有相应的硬件和软件。硬件主要由以下几部分组成。

① 传感装置。包括内部传感器和外部传感器。内部传感器主要用于检测工业机器人各关节的位置、速度和加速度等，即感知其本身的状态；而外部传感器就是所谓的视觉、力觉、触觉、听觉、滑觉等传感器，它们可使工业机器人感知工作环境和工作对象的状态。

② 控制装置。用于处理各种感觉信息，执行控制程序，产生控制指令。一般由一台微型或者小型计算机及相应的接口组成。

③ 关节伺服驱动部分。这部分主要是根据控制装置的指令，按作业任务的要求驱动各关节运动。

机器人控制系统软件包括运动轨迹规划算法、关节伺服控制算法与相应的动作程序等。控制软件可以用多种语言来编制，但由通用语言模块化编制形成的专用语言越来越成为工业机器人控制软件主流。

典型的工业机器人控制系统示意图如图 1.8 所示，包括以下部分。

(1) 控制计算机：是控制系统的调度指挥机构。一般为微型机、微处理器，有 32 位、64 位等。

(2) 示教器：示教机器人的工作轨迹和参数设定以及所有人机交互操作，拥有自己独立的 CPU 以及存储单元，与主计算机之间以串行通信方式实现信息交互。

(3) 操作面板：由各种操作按键、状态指示灯构成，只完成基本功能操作。

(4) 存储器：存储机器人工作程序的外围存储器。

(5) 数字和模拟量输入输出：完成各种状态和控制命令的输入或输出。

(6) 打印机：记录需要输出的各种信息。

(7) 传感器：用于信息的自动检测，一般为力觉、滑觉和视觉传感器等。

(8) 伺服控制器：完成机器人各关节位置、速度和加速度控制。

(9) 辅助控制设备：指和机器人配合的辅助控制设备，如末端执行器、变位器等。

(10) 通信接口：实现机器人和其他设备的信息交换，一般有串行接口、并行接口等。

(11) 网络接口：主要实现机器人和其他设备的信息交换。

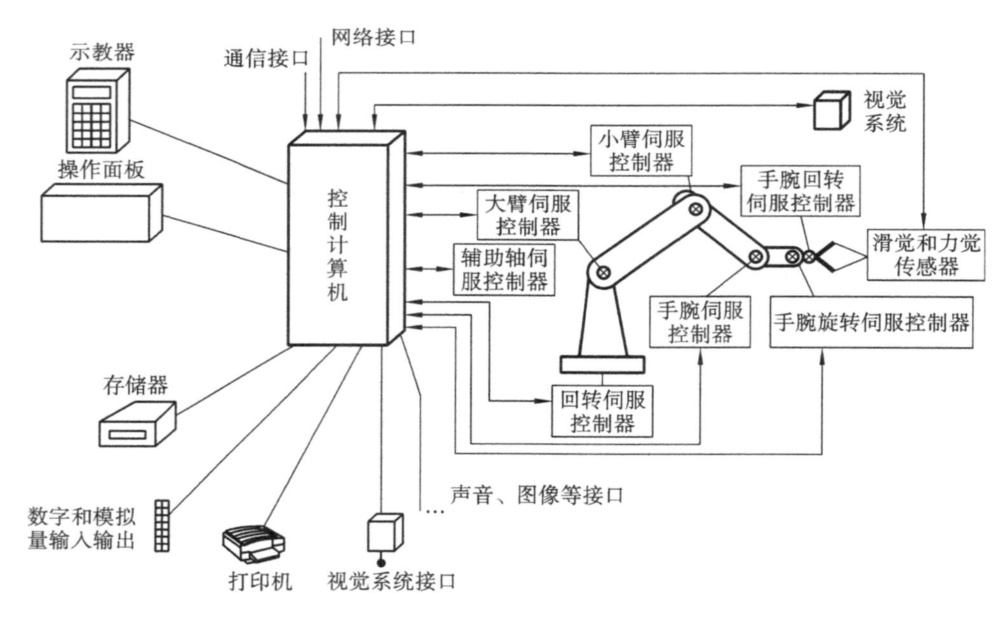

图 1.8　工业机器人控制系统组成示意图

在工业机器人控制系统中，操作者通过示教器、操作面板或数字和模拟量输入输出接口可向控制计算机发出指令，控制计算机将指令发送到伺服控制器(包括大臂伺服控制器、手腕回转伺服控制器、手腕伺服控制器、回转伺服控制器和辅助轴伺服控制器)等。通信接口使传感器(包括滑觉和力觉传感器、视觉系统)与控制计算机相互连接并通信，实时检测控制对象运动状态。视觉系统接口以及声音、图像等接口用于向控制计算机输入外部信息。最后打印机将各种信息打印出来以便数据分析。

1.5 工业机器人控制系统分类和结构

1.5.1 按坐标类型分类

1) 笛卡儿坐标系机器人控制

笛卡儿坐标系机器人具有空间上相互垂直的两根或三根直线移动轴，通过直角坐标方向的三个独立自由度确定其末端空间位置，其工作空间为一长方体。笛卡儿坐标系机器人结构简单，定位精度高，空间轨迹易于求解；但其工作范围相对较小，实现相同的工作空间要求时，机体本身的体积较大。根据末端操作工具的不同，笛卡儿坐标系机器人可以非常方便地用作各种自动化设备，完成如焊接、搬运、上下料、包装、码垛、拆垛、检测、分类、装配、贴标、喷码和打码等一系列工作。

2) 圆柱坐标系机器人控制

圆柱坐标系机器人的空间位置机构主要由旋转基座、垂直移动轴和水平移动轴构成，一般具有一个回转和两个平移自由度，其工作空间呈圆柱形。这种机器人结构简单，刚度好，缺点是在机器人的工作范围内，必须有沿轴线前后方向的移动空间，空间利用率较低，主要用于重物的装卸、搬运。

3) 球面坐标系机器人控制

球面坐标系机器人的空间位置分别由旋转、摆动和平移三个自由度确定，工作空间形成球面的一部分。机器人能够做前后伸缩移动、在垂直平面上摆动以及绕基座在水平面上转动。其特点是结构紧凑，所占空间体积小于笛卡儿坐标系和圆柱坐标系机器人。

4) 极坐标系机器人控制

极坐标系机器人手臂有两个转动关节和一个移动关节，其轴线按极坐标系配置，其运动学模型较复杂，占用空间较小，操作范围大且灵活。

1.5.2 按控制量分类

按照控制量的不同，工业机器人控制可分为位置控制、速度控制、加速度控制、力控制、力/位混合控制等。

位置控制的目标是使被控制机器人的关节或末端达到期望位置。下面以关节位置控制为例加以说明。如图1.9所示，关节位置给定值 x_d 与当前值 x 比较得到的误差作为位置控制器的输入量，经过位置控制器的运算后，其输出作为关节速度控制的给定值。关节位置控制器常采用PID算法，也可采用模糊控制算法等智能方法。

在图1.9中，去掉关节位置外环，即为机器人的关节速度控制框图。通常，在目标跟踪任务中，采用机器人的速度控制。

图1.10为分解加速度运动控制方框图。首先，计算出末端执行器的加速度，然后，根据末端的位置、速度和加速度期望值 x_d、$\dot{x}_d$ 和 $\ddot{x}_d$，以及当前的末端位置、关节位置和速度 x、q 和 $\dot{q}$，

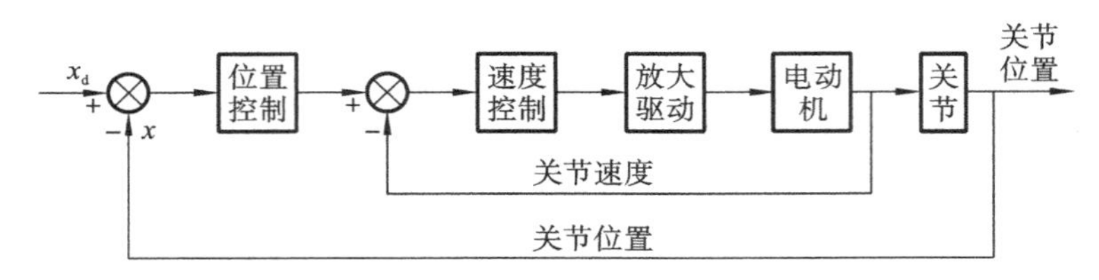

图 1.9　关节位置控制方框图

分解出各关节相应的加速度,再利用动力学方程计算出控制力矩。分解加速度运动控制需要针对各关节进行力矩控制。

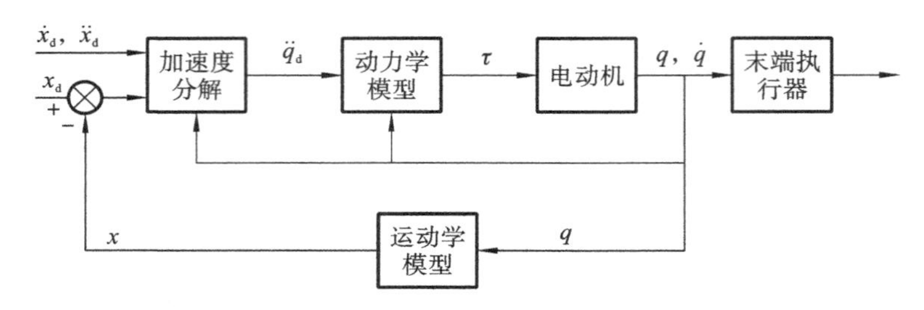

图 1.10　分解加速度运动控制方框图

图 1.11 为关节力/力矩控制方框图。由于关节力/力矩不易直接测量,而关节电动机的电流能够较好地反映其力矩,所以常采用关节电动机的电流表示当前关节力/力矩的测量值。力控制器根据关节力/力矩期望值与测量值之间的偏差,控制关节电动机,使之表现出期望的力/力矩特性。

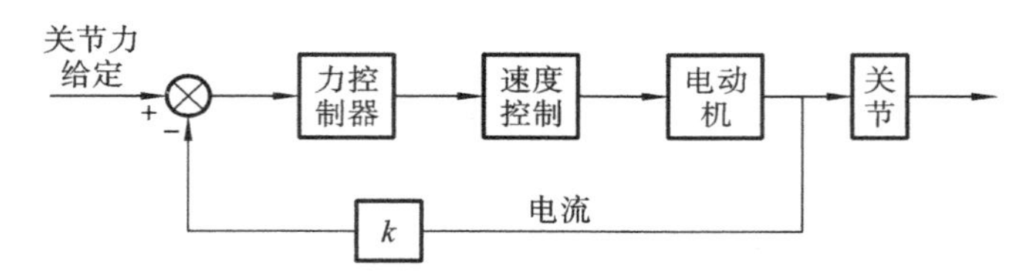

图 1.11　关节力/力矩控制方框图

图 1.12 为力/位混合控制方框图,它由位置控制和力控制两部分构成。位置控制为 PI 控制,给定为机器人末端的笛卡儿空间位置 x_d,其反馈量由关节空间的位置经过运动学计算得到。图 1.12 中,T 为机器人的运动学模型,$\boldsymbol{J}$ 为机器人的雅可比矩阵。将末端位置的给定值与当前值之差,利用雅可比矩阵的逆矩阵转换为关节空间位置增量,再经过 PI 运算,作为关节位置增量的一部分。力控制同样为 PI 控制,给定为机器人末端的笛卡儿空间力/力矩,经过 PI 运算后,作为关节位置增量的另一部分。位置控制部分和力控制部分的输出,相加后作为机器人关节的位置增量期望值。机器人利用增量控制,对其各个关节位置进行控制。图 1.12 所示只是力/位混合控制中的一种简单方案,是 R-C(Railbert-Craig)力/位混合控制的简化形式,在实际应用中应针对具体环境进行一些必要修正。

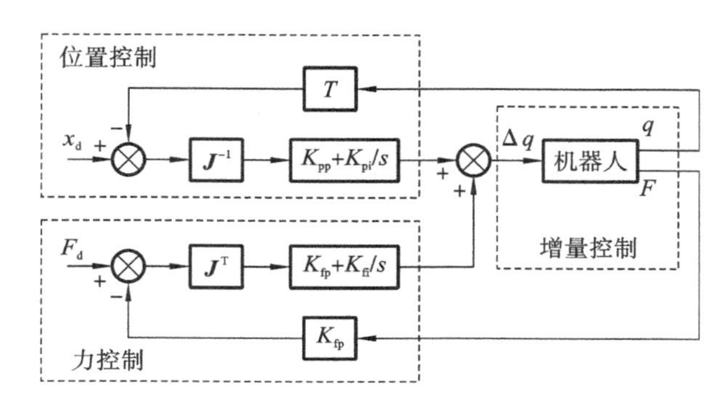

图 1.12　力/位混合控制方框图

1.5.3　按控制系统模型分类

1）基于模型的控制系统

随着现代控制理论的主要分支，例如线性系统理论、系统辨识理论、最优控制理论、自适应控制理论、鲁棒控制理论以及滤波和估计理论等的蓬勃发展，基于模型的控制理论在实际中得到了广泛的成功应用，在航空航天、国防、工业等领域更是取得了无可比拟的辉煌成就。目前绝大多数线性系统和非线性系统的控制方法都属于基于模型的控制方法。利用基于模型的控制理论与方法进行控制系统设计时，首先要得到系统的数学模型，然后根据“确定等价原则”设计控制器，最后进行闭环控制系统分析。“确定等价原则”成立的依据是承认系统模型可以代表真实的系统，这是现代控制理论的基石。

典型的线性控制系统设计方法有零极点配置、线性二次型调节器设计、最优控制等。对于非线性系统，最基本的控制系统设计方法包括基于李雅普诺夫函数的设计方法、backstepping 设计方法和反馈线性化设计方法等。基于模型的控制设计方法的特点体现在对被控系统的闭环误差动力学的数学分析中，甚至还包括在控制系统的运行监控、评价和诊断的各个环节中。

2）无模型自适应控制

与传统自适应控制方法相比，无模型自适应控制（Model Free Adaptive Control，MFAC）方法具有如下几个优点，使其更加适用于实际系统的控制问题。第一，MFAC 仅依赖被控系统实时测量的数据，不依赖受控系统任何的数学模型信息，是一种数据驱动的控制方法。这意味着对于一类实际的工业过程，可独立地设计出一个通用控制器。第二，MFAC 方法不需要任何外在的测试信号或训练过程，而这些对于基于神经网络的非线性自适应控制方法是必需的。因此，MFAC 方法得到的是低成本控制器。第三，MFAC 方法简单、计算负担小、易于实现且鲁棒性较强。第四，MFAC 方法已在很多实际系统中得到了成功的应用，如化工过程、直线电动机控制、注模过程、pH 控制等。

1.6　典型工业机器人控制系统

工业机器人控制系统按其控制方式可分为集中控制系统、主从控制系统和分布式控制系统。

(1) 集中控制系统。如图 1.13 所示，用一台计算机实现全部控制功能，结构简单，成本低，但实用性差，难以扩展，在早期的机器人中常采用这种结构。在基于计算机的集成控制系统里，充分利用了计算机资源开放性的特点，可以实现很好的开放性。示教器与计算机进行控制指令与信息互通，计算机可实现多种功能，如操作盘控制、顺序控制、指令控制、软件伺服控制和外围设备控制。存储装置将各种控制程序进行存储。计算机将控制指令通过伺服放大，对机器人机构部分(包括执行元件和传感器)进行控制。集中控制系统的优点是硬件成本较低，便于信息的采集和分析，易于实现系统的最优控制，整体性与协调性较好，系统硬件扩展较为方便。其缺点也显而易见：系统控制缺乏灵活性，控制危险集中，一旦出现故障，其影响面广，后果严重。由于工业机器人的实时性要求很高，当系统进行大量数据计算时，会降低系统实时性，系统对多任务的响应能力也与系统的实时性相冲突；此外，系统连线复杂，降低了系统的可靠性。

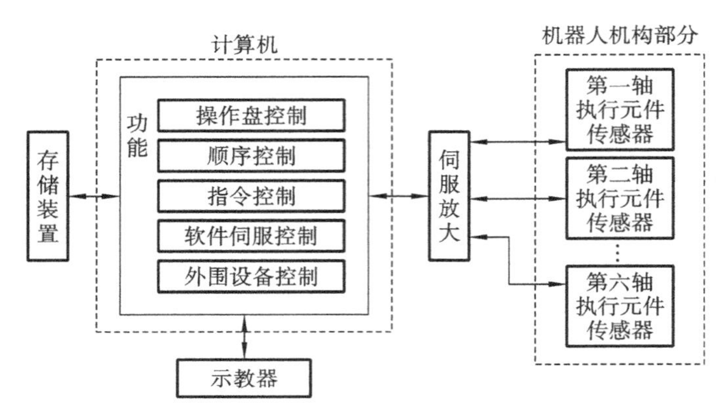

图 1.13　集中控制系统简图

(2) 主从控制系统。如图 1.14 所示，采用主、从两级处理器实现系统的全部控制功能。主计算机与生产设备、示教器、CRT、操作台、感觉系统接口等互通，实现管理、坐标变换、轨迹生成和系统自诊断等。主计算机通过公共内存将信息传递给从计算机，从计算机通过高速脉冲发生器，将信号传递到伺服单元。伺服单元包括偏差计数器、D/A 转换模块、速度控制、电流控制、功率放大、伺服电动机、码盘和测速装置等，实现管理、坐标变换、轨迹生成和系统自诊断等。主从控制系统实时性较好，适于高精度、高速度控制系统，但其系统扩展性较差，维修困难。

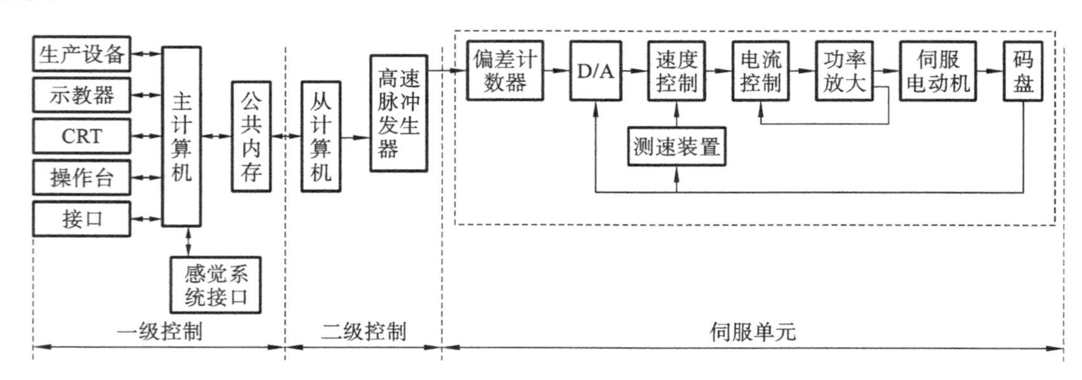

图 1.14　主从控制系统简图

(3) 分布式控制系统。如图 1.15 所示，按系统的性质和方式将控制系统分成几个模块，每个模块各有不同的控制任务和控制策略，各模块之间可以是主从关系，也可以是平等关系。这种方式实时性好，易于实现高速、高精度控制，易于扩展，可实现智能控制，是目前流行的方式。主计算机与生产设备、示教器、CRT、操作台、感觉系统接口等互通。主计算机通过公共内存将信息分别传给多个单片机，最后单片机控制伺服单元。其中伺服单元包括 D/A 转换模块、速度控制、脉冲调制放大器、伺服电动机和码盘等。其主要思想是“分散控制，集中管理”，即系统对其总体目标和任务可以进行综合协调和分配，并通过子系统的协调工作来完成控制任务，整个系统在功能、逻辑和物理等方面都是分散的。这种结构中，子系统是由控制器和不同被控对象或设备构成的，各个子系统之间通过网络等相互通信。分布式控制结构提供了一个开放、实时、精确的机器人控制系统。分布式系统常采用两级控制方式。

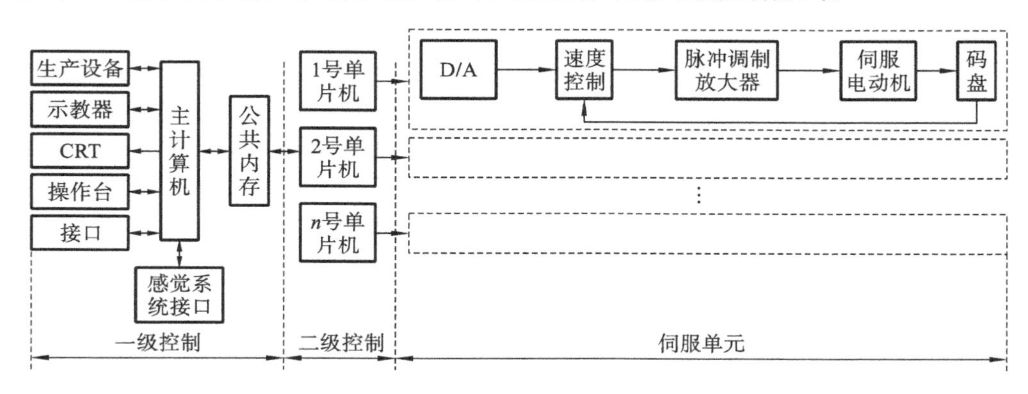

图 1.15　分布式控制系统简图

两级分布式控制系统通常由上位机、下位机和网络组成。上位机可以进行不同的轨迹规划和控制算法，下位机进行插补细分、控制优化等的研究和实现。上位机和下位机通过通信总线相互协调工作，这里的通信总线可以是 RS-232、RS-485、IEEE-488 以及 USB 总线等形式。现在，以太网和现场总线技术的发展为机器人提供了更快速、稳定、有效的通信服务。尤其是现场总线技术，它可应用于现场、微机化测量控制设备之间，实现双向多节点数字通信，从而形成新型的网络集成式全分布控制系统，即现场总线控制系统。在工厂生产网络中，将可以通过现场总线连接的设备统称为“现场设备/仪表”。从系统论的角度来说，工业机器人作为工厂的生产设备之一，也可以归纳为现场设备。在机器人系统中引入现场总线技术后，更有利于机器人在工业生产环境中的集成。

分布式控制系统的优点在于系统灵活性好，危险性低，采用多处理器分散控制，有利于系统功能的并行执行，提高系统的处理效率，缩短响应时间。对于具有多自由度的工业机器人而言，分布式结构的每一个运动轴都由一个控制器处理，这意味着，系统有较少的轴间耦合和较高的系统重构性。

1.7　工业机器人控制系统发展趋势

工业机器人控制系统作为机器人的一项关键技术，在提高机器人性能、降低机器人成本和引入新功能方面已取得许多进展。当今备受关注的发展趋势包括多机器人控制、安全控制和视觉伺服控制等。

1）多机器人控制

在工业中采用多机器人控制的主要原因是使用机器人可以降低生产成本，另外，可以用一个控制器控制多个机器人，节省占地面积，提高避免碰撞性能，缩短循环时间。常见的例子是使用两个或更多个机器人焊接同一工作对象。汽车工业通过改善在普通车体上工作的机器人群体的协调性来减少点焊机器人的循环时间。在制造行业开发多机器人控制时，控制任务的难点是动态优化伺服参考时序、协调和不协调的机器人运动之间的平滑过渡、异常处理和故障恢复。当一组机器人在大型生产线上工作时，还存在如何在机器人之间以及机器人群体之间动态拆分任务的问题，以获得最佳生产力。为保证机器人安装的准确性，必须控制串联连接的运动链。所以，与单机器人相比，多机器人的伺服系统回路和机器人运动学、动力学模型会产生更大误差。因此，多机器人控制的发展方向是进一步提高运动学模型以及机器人伺服系统性能的精度。

2）安全控制

机器应用中的安全控制也是一个发展方向。简单的方式是使用安全的软件限制来取代电气和机械工作范围限制，这使得配置机器人单元更方便和更快速；机器人单元的安全围栏也可以更有效地适应任务空间限制，这将节省机器人的占地面积；此外还有人和机器人之间的安全协作的新概念。这种合作的应用实例包括物料搬运、机器维护、部件转移和装配等。为了提高人机交互的安全水平，可以增加机器人硬件和软件监控的冗余性，例如双通道测量系统、故障安全总线和 I/O 系统等。人机安全协作的一个控制要求是如何利用已经在机器人控制器中实时运行的机器人模型，获得足够灵敏的故障检测，而不会产生太多的虚假警报。例如，制动器和机器人监控功能必须进行循环测试。

3）视觉伺服控制

和力控制一样，机器人视觉已经使用了很长时间，但在制造行业中没有大量应用。原因之一是在典型的车间环境中缺乏 3D 视觉系统的鲁棒性，机器人的视觉系统主要用于摄像机场景良好并且可以控制光线条件的场合。例如，输送机上物体的抓取和放置。目前市场上可用的 3D 视觉产品可以提高机器人视觉的鲁棒性，并且可以为提高材料处理、机器倾斜和组装中的灵活性开发系统解决方案。现在还可以利用 3D 视觉技术来校准工具、工件、夹具和其他机器人组件。在设计高性能视觉接口时，3D 视觉的发展与特征提取和其他计算机视觉问题有关。这些传感器类型有一种趋向全 3D 测量的趋势。在机器人携带的光学测量系统中也出现了同样的发展趋势，例如用于检查汽车车身和汽车子组件。从更长远的角度来看，3D 视觉技术可以进一步集成到机器人控制器中，并且从性能的角度来看，在机器人伺服回路中也可以使用 3D 视觉。

小　　结

本章从工业机器人基础知识入手，首先介绍工业机器人主要特点与分类；其次，针对典型工业机器人类型，包括六自由度通用机器人、四自由度码垛机器人、SCARA 机器人以及 Delta 机器人，主要介绍这四类机器人的特点与应用；最后，对工业机器人控制系统的分类与结构进行介绍，并展望了工业机器人控制系统的发展趋势。

习　　题（习题答案参见二维码）

1.1　阐述工业机器人的特点。

1.2　简述串联机器人的特点与应用。

1.3　简述并联机器人的特点与应用。

1.4　简述混联机器人的特点与应用。

1.5　简述六自由度通用机器人的特点与应用。

1.6　简述四自由度码垛机器人的特点与应用。

1.7　简述 SCARA 机器人的特点与应用。

1.8　简述 Delta 机器人的特点与应用。

1.9　阐述工业机器人控制系统的分类及其特点。

1.10　结合实际讨论工业机器人控制系统的发展趋势。

第 2 章　工业机器人运动学及动力学建模

工业机器人的运动学和动力学模型是对其进行轨迹规划、运动控制及力控制等更深层次研究的基础，也是实现机器人结构优化的依据。本章将以机械臂为例，研究机器人的位姿（位置和姿态），以及各坐标系之间的转换，用它们来分析机器人的正运动学、逆运动学及动力学建模方法，后续章节的学习中会经常涉及这些基本概念和方法。机器人运动学分析是指将机械臂的所有连杆长度、关节角度和机械臂末端执行器的位置和姿态联系起来，实现互求，分为正运动学和逆运动学。正运动学是指根据给定的机器人关节变量的取值来确定末端执行器的位置和姿态。逆运动学是指根据给定的末端执行器的位置和姿态确定机器人关节变量的取值。机器人的运动学方程描述机器人的运动，但不考虑产生运动的力和扭矩，而机器人动力学研究机器人运动与作用力之间的关系。

2.1　位姿描述与坐标系

2.1.1　位置描述

描述物体在空间中的位姿需要位置和姿态两条信息，工业机器人常用的位置描述分为笛卡儿坐标系位置描述、圆柱坐标系位置描述以及球面坐标系位置描述等。坐标系中坐标轴的命名通常有多种形式，如 $\hat{X}$ 轴、$\hat{Y}$ 轴、$\hat{Z}$ 轴，X 轴、Y 轴、Z 轴和 x 轴、y 轴、z 轴等。

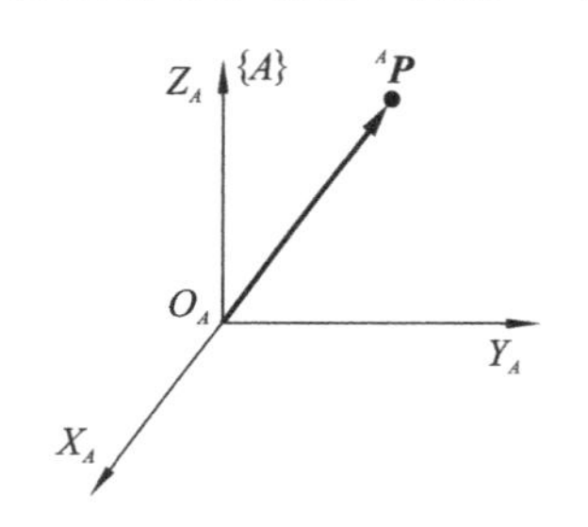

图 2.1　相对于坐标系的矢量

1）笛卡儿坐标系位置描述

笛卡儿坐标系也称直角坐标系。在笛卡儿坐标系中，空间中的任意一点可以用一个 3×1 的位置矢量进行定位。在本章中，用一个前置的上标来表明位置矢量的参考坐标系，例如，${}^A\boldsymbol{P}$。${}^A\boldsymbol{P}$ 的数值是该矢量在坐标系$\{A\}$相应坐标轴上的投影。图 2.1 用三个相互正交的带有箭头的单位矢量表示坐标系$\{A\}$，用一个矢量${}^A\boldsymbol{P}$ 来表示一个点 P。

矢量的各个元素用下标 x、y 和 z 来标明，p_x、p_y 和 p_z 分别为矢量${}^A\boldsymbol{P}$ 在 x 轴、y 轴和 z 轴上的投影，即

$$
{}^A\boldsymbol{P} = \begin{bmatrix} p_x \\ p_y \\ p_z \end{bmatrix} \tag{2.1}
$$

2）圆柱坐标系位置描述

圆柱坐标系中的三个坐标参数的定义如图 2.2 所示，矢量${}^A\boldsymbol{P}$ 在笛卡儿坐标系下的 z 轴的位置分量为 $\boldsymbol{P}_z$，矢量${}^A\boldsymbol{P}$ 在 $O_AX_AY_A$ 平面上的投影长度为 ρ，该投影与 X_A 轴的夹角为 φ。将一

个在圆柱坐标系下的位置点记为 $Cyl(\rho,\varphi,P_z)$。

3) 球面坐标系位置描述

球面坐标系中的三个坐标参数的定义如图 2.3 所示，矢量$^A\boldsymbol{P}$ 在笛卡儿坐标系下的矢量模长为r，矢量在$O_AX_AY_A$平面上的投影与X_A轴的夹角为φ，矢量与Z_A轴的夹角为θ。定义角度φ和θ分别为投射到空间的一条射线的方位角和俯仰角。球坐标系下的位置点记为 $Sph(r,\theta,\varphi)$。

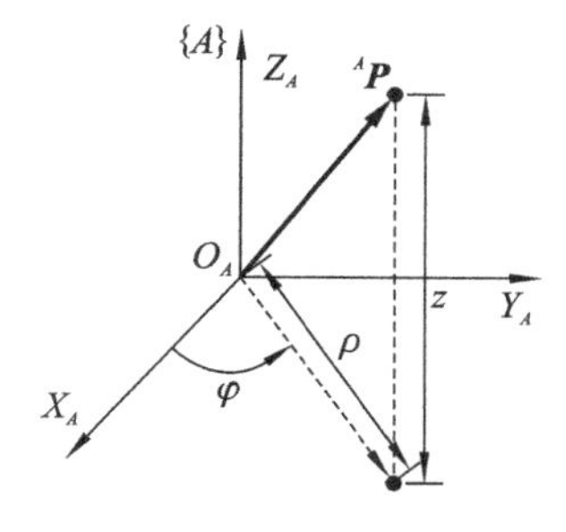

图 2.2　圆柱坐标系

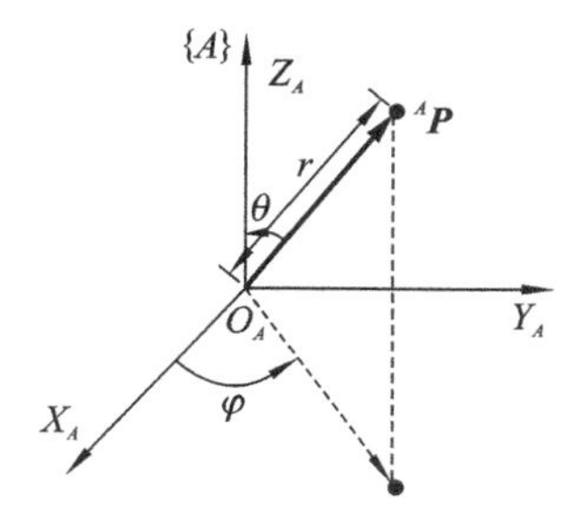

图 2.3　球坐标系

2.1.2　姿态描述

物体的姿态可以用固定在物体上的连杆坐标系相对于参考坐标系的表达来描述。如图 2.4 所示，坐标系$\{B\}$固定于物体上，坐标系$\{B\}$相对于坐标系$\{A\}$的描述可以用来表示物体的姿态。

坐标系$\{B\}$主轴方向的单位矢量 $\boldsymbol{X}_B$、$\boldsymbol{Y}_B$ 和 $\boldsymbol{Z}_B$ 用坐标系$\{A\}$的坐标表示，写成$^A\boldsymbol{X}_B$、$^A\boldsymbol{Y}_B$ 和$^A\boldsymbol{Z}_B$。这三个单位矢量可以按照$^A\boldsymbol{X}_B$，$^A\boldsymbol{Y}_B$ 和$^A\boldsymbol{Z}_B$ 的顺序排列组成一个 3×3 的矩阵，称这个矩阵为旋转矩阵，用符号$^A_B\boldsymbol{R}$ 来表示：

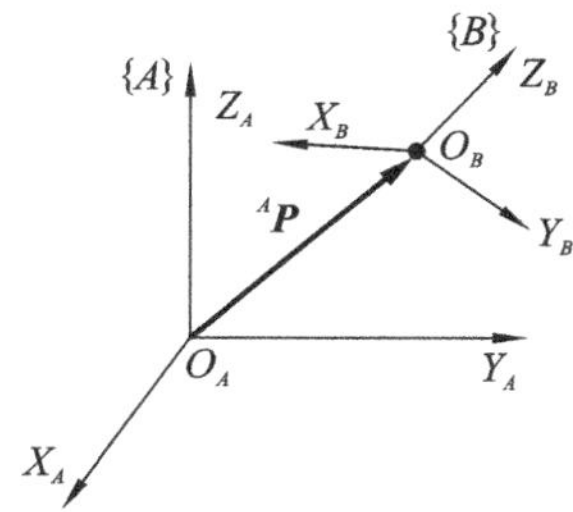

图 2.4　物体位置和姿态的确定

$$^A_B\boldsymbol{R}=\begin{bmatrix}^A\boldsymbol{X}_B & ^A\boldsymbol{Y}_B & ^A\boldsymbol{Z}_B\end{bmatrix}=\begin{bmatrix}r_{11} & r_{12} & r_{13}\\ r_{21} & r_{22} & r_{23}\\ r_{31} & r_{32} & r_{33}\end{bmatrix}\tag{2.2}$$

其中，

$$^A\boldsymbol{X}_B=\begin{bmatrix}r_{11}\\ r_{21}\\ r_{31}\end{bmatrix},\quad ^A\boldsymbol{Y}_B=\begin{bmatrix}r_{12}\\ r_{22}\\ r_{32}\end{bmatrix},\quad ^A\boldsymbol{Z}_B=\begin{bmatrix}r_{13}\\ r_{23}\\ r_{33}\end{bmatrix}$$

因此，点的位置可用一个矢量来表示，物体的姿态可用一个矩阵来表示。在式(2.2)中，每个矢量用在其参考坐标系中单位方向上投影的分量来表示，可用一对单位矢量的点积来表示式(2.2)中$^A_B\boldsymbol{R}$ 的各个分量，即

$$^A_B\boldsymbol{R}=\begin{bmatrix}^A\boldsymbol{X}_B & ^A\boldsymbol{Y}_B & ^A\boldsymbol{Z}_B\end{bmatrix}=\begin{bmatrix}\boldsymbol{X}_B\cdot\boldsymbol{X}_A & \boldsymbol{Y}_B\cdot\boldsymbol{X}_A & \boldsymbol{Z}_B\cdot\boldsymbol{X}_A\\ \boldsymbol{X}_B\cdot\boldsymbol{Y}_A & \boldsymbol{Y}_B\cdot\boldsymbol{Y}_A & \boldsymbol{Z}_B\cdot\boldsymbol{Y}_A\\ \boldsymbol{X}_B\cdot\boldsymbol{Z}_A & \boldsymbol{Y}_B\cdot\boldsymbol{Z}_A & \boldsymbol{Z}_B\cdot\boldsymbol{Z}_A\end{bmatrix}\tag{2.3}$$

为简单起见，省略了式(2.3)中最右边矩阵内的前置上标，可以看出矩阵的行是坐标系$\{A\}$的单位矢量在坐标系$\{B\}$中的表达：

$$ {}_B^A\boldsymbol{R} = \left[{}^A\boldsymbol{X}_B \quad {}^A\boldsymbol{Y}_B \quad {}^A\boldsymbol{Z}_B\right] = \begin{bmatrix} {}^B\boldsymbol{X}_A^{\mathrm{T}} \\ {}^B\boldsymbol{Y}_A^{\mathrm{T}} \\ {}^B\boldsymbol{Z}_A^{\mathrm{T}} \end{bmatrix} \tag{2.4} $$

因此，坐标系$\{A\}$相对于$\{B\}$的描述${}_A^B\boldsymbol{R}$，可由式(2.3)的转置得到，即

$$ {}_A^B\boldsymbol{R} = {}_B^A\boldsymbol{R}^{\mathrm{T}} \tag{2.5} $$

要完全确定一个物体在三维空间中的姿态，需要3个位置自由度和3个姿态自由度。前者用来确定物体在空间中的具体方位，后者则确定物体的指向。将物体的6个自由度的状态称为物体的位姿。

2.1.3　坐标系的描述

机器人的运动描述需要许多坐标系，为方便描述，我们对这些坐标系进行了专门的命名，主要包括基坐标系$\{B\}$、工作台坐标系$\{S\}$、腕部坐标系$\{W\}$、工具坐标系$\{T\}$和目标坐标系$\{G\}$，如图2.5所示，下面对这些坐标系进行具体阐述。

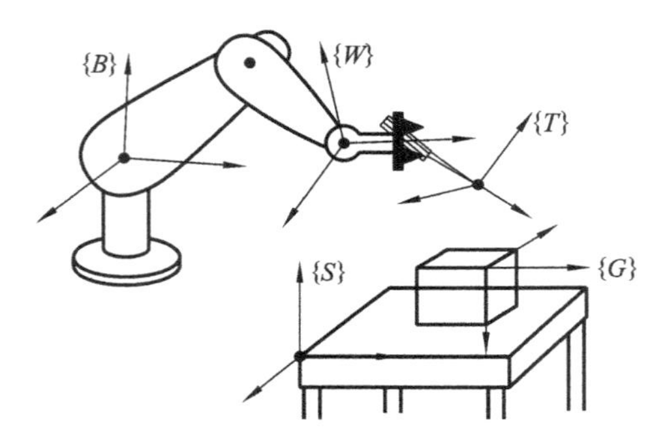

图2.5　坐标系表示方式

基坐标系$\{B\}$位于机械臂的基座上，固定在机器人的静止部位。工作台坐标系$\{S\}$位于机器人工作台一角，也有人称它为任务坐标系、世界坐标系或通用坐标系。腕部坐标系$\{W\}$位于机械臂连杆末端，该坐标系也可称为坐标系$\{N\}$。大多数情况下，腕部坐标系$\{W\}$的原点位于机械臂手腕上，随着机械臂的末端连杆移动。它相对基坐标系定义，即$\{W\}={}_W^BT$。工具坐标系$\{T\}$位于机械臂所夹持工具的末端，当机械臂没有夹持工具时，该坐标原点位于机械臂的指端。工具坐标系通常根据腕部坐标系来确定。目标坐标系$\{G\}$是机器人移动工具时对工具位置的描述，在机器人运动结束时，工具坐标系应当与目标坐标系重合。目标坐标系通常根据工作台坐标系来确定。

2.2　坐标变换与齐次坐标变换

2.2.1　平移变换

如图2.6所示，假设坐标系$\{H\}$与坐标系$\{B\}$姿态相同，原点不重合，称$\boldsymbol{r}$为坐标系$\{H\}$相对于坐标系$\{B\}$的平移矢量。

如果点 P 相对于坐标系$\{H\}$的位置为 $\boldsymbol{r}$，那么它相对于坐标系$\{B\}$的位置 $\boldsymbol{r}_P$ 可由矢量相加得到，即

$$\boldsymbol{r}_P = \boldsymbol{r}_0 + \boldsymbol{r} \tag{2.6}$$

式(2.6)称为坐标平移方程。矢量 $\boldsymbol{r}_0$ 在坐标系中的描述可用平移变换矩阵 ${}^B\boldsymbol{r}_0 = \begin{bmatrix} {}^Br_{0x} \\ {}^Br_{0y} \\ {}^Br_{0z} \end{bmatrix}$ 来表示，该矩阵的每一行表示矢量 $\boldsymbol{r}_0$ 在坐标系$\{B\}$的三个坐标轴上的投影。

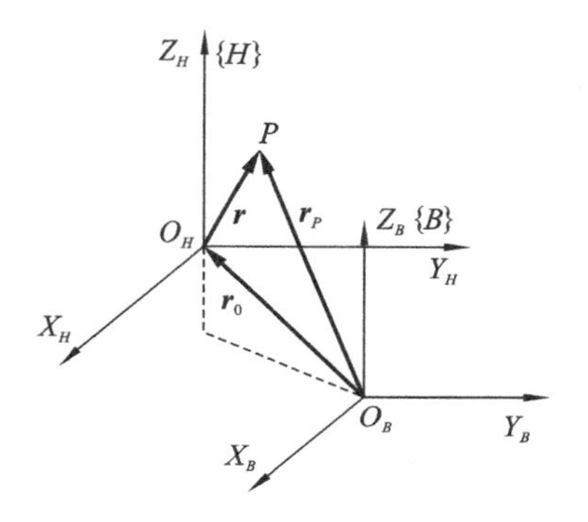

图 2.6　表示平移的坐标

2.2.2　旋转变换

物体的转动可以改变物体姿态，通过两个物体之间的转动关系可以描述一个物体相对于另一个物体的姿态。

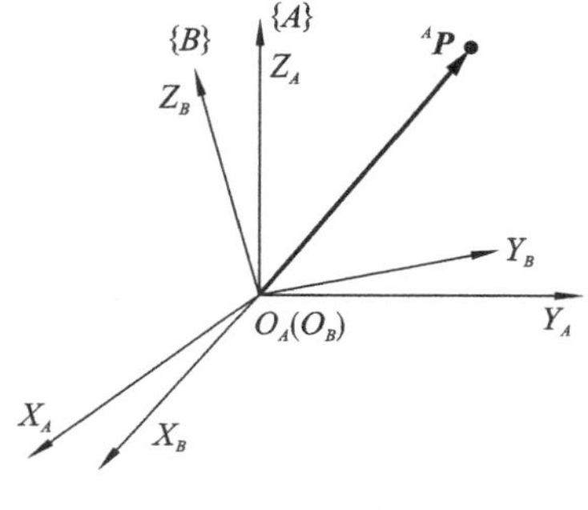

图 2.7　矢量的旋转

2.1 节介绍了旋转矩阵的相关知识。在图 2.7 中，已知 ${}^B\boldsymbol{P}$ 相对于某坐标系$\{B\}$的描述，及坐标系$\{B\}$相对于坐标系$\{A\}$的描述，且坐标系$\{A\}$和坐标系$\{B\}$的原点重合，则该矢量相对另一个坐标系$\{A\}$的表达可由旋转矩阵 ${}^A_B\boldsymbol{R}$ 来描述，如图 2.7 所示。

式(2.7)将空间某点相对于坐标系$\{B\}$的描述 ${}^B\boldsymbol{P}$ 转换成了该点相对于坐标系$\{A\}$的描述 ${}^A\boldsymbol{P}$。

$${}^A\boldsymbol{P} = {}^A_B\boldsymbol{R}\,{}^B\boldsymbol{P} \tag{2.7}$$

2.2.3　复合坐标变换

上面介绍了平移变换和旋转变换，但绝大多数情况是包含两种变换的复合变换。已知某矢量在某坐标系$\{B\}$中的描述 ${}^B\boldsymbol{P}$，欲求出其在另一个坐标系$\{A\}$中的描述。假设坐标系$\{B\}$的原点和坐标系$\{A\}$的原点不重合，用 ${}^A\boldsymbol{P}_{\mathrm{BORG}}$ 表示坐标系$\{B\}$原点的矢量，同时用 ${}^A_B\boldsymbol{R}$ 表示坐标系$\{B\}$相对坐标系$\{A\}$的旋转，如图 2.8 所示。

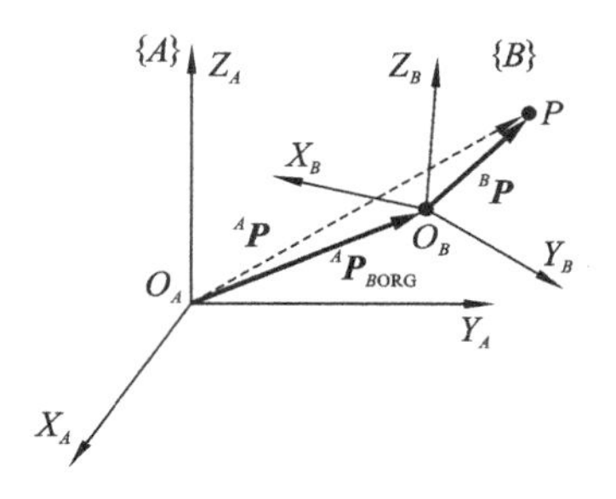

图 2.8　一般情况下的矢量变换

首先将 ${}^B\boldsymbol{P}$ 变换到一个中间坐标系，该坐标系与坐标系$\{A\}$的姿态相同，原点和坐标系$\{B\}$的原点重合。因此，该坐标系可以像 2.2.2 节那样由左乘旋转矩阵 ${}^A_B\boldsymbol{R}$ 得到，再应用平移变换将原点平移，得到

$${}^A\boldsymbol{P} = {}^A_B\boldsymbol{R}\,{}^B\boldsymbol{P} + {}^A\boldsymbol{P}_{\mathrm{BORG}} \tag{2.8}$$

式(2.8)表示了将一个矢量从一个坐标系变换到另一个坐标系的一般变换映射。

2.2.4　齐次坐标与齐次坐标变换

一个复合坐标变换可以分两步由旋转和平移两种基本坐标变换表示出来，本小节将介绍

齐次坐标和齐次坐标变换，用一步表示一个复合变换。

1）齐次坐标定义

用四个数组成的列向量$\boldsymbol{U}=\begin{bmatrix} x \\ y \\ z \\ \omega \end{bmatrix}$来表示用三个数组成的三维空间中的一点$[a \quad b \quad c]^{\mathrm{T}}$，对应关系为

$$a=\frac{x}{\omega},\quad b=\frac{y}{\omega},\quad c=\frac{z}{\omega} \tag{2.9}$$

则称$[x \quad y \quad z \quad \omega]^{\mathrm{T}}$为三维空间点$[a \quad b \quad c]^{\mathrm{T}}$的齐次坐标。通常取$\omega=1$，则$[a \quad b \quad c]^{\mathrm{T}}$的齐次坐标表示为$[a \quad b \quad c \quad 1]^{\mathrm{T}}$。

2）齐次坐标变换

在引入齐次坐标之后，利用齐次坐标表示矩阵变换，引出一个如式(2.10)所示的形式：

$${}^{A}\boldsymbol{P}={}^{A}_{B}\boldsymbol{T}\,{}^{B}\boldsymbol{P} \tag{2.10}$$

即用一个矩阵形式的算子表示从一个坐标系到另一个坐标系的映射，这样表达更简洁，概念更明确。为了用式(2.10)代替式(2.8)，定义一个4×4的矩阵算子和一个4×1的位置矢量，式(2.10)改写为

$$\begin{bmatrix} {}^{A}\boldsymbol{P} \\ \boldsymbol{1} \end{bmatrix}=\begin{bmatrix} {}^{A}_{B}\boldsymbol{R} & {}^{A}\boldsymbol{P}_{\mathrm{BORG}} \\ \boldsymbol{0} & 1 \end{bmatrix}\begin{bmatrix} {}^{B}\boldsymbol{P} \\ 1 \end{bmatrix} \tag{2.11}$$

容易看出式(2.11)可写成：

$$\begin{cases} {}^{A}\boldsymbol{P}={}^{A}_{B}\boldsymbol{R}\,{}^{B}\boldsymbol{P}+{}^{A}\boldsymbol{P}_{\mathrm{BORG}} \\ 1=1 \end{cases} \tag{2.12}$$

式(2.11)中的4×4矩阵被称为齐次变换矩阵。

2.3 角度表示方法

2.3.1 RPY角

RPY角表示回转(roll)、俯仰(pitch)和侧倾(yaw)，是相对固定坐标系的主轴以一定顺序旋转三次得到的，首先绕固定坐标系x轴旋转α角，其次绕y轴旋转β角，最后绕z轴旋转γ角，由于这些旋转相对于固定坐标系依次进行，最终得到的旋转矩阵可表示为

$$\begin{aligned} {}^{A}_{B}\boldsymbol{R} &= \boldsymbol{R}_{z}(\gamma)\boldsymbol{R}_{y}(\beta)\boldsymbol{R}_{x}(\alpha) \\ &= \begin{bmatrix} \cos\gamma & -\sin\gamma & 0 \\ \sin\gamma & \cos\gamma & 0 \\ 0 & 0 & 1 \end{bmatrix}\begin{bmatrix} \cos\beta & 0 & \sin\beta \\ 0 & 1 & 0 \\ -\sin\beta & 0 & \cos\beta \end{bmatrix}\begin{bmatrix} 1 & 0 & 0 \\ 0 & \cos\alpha & -\sin\alpha \\ 0 & \sin\alpha & \cos\alpha \end{bmatrix} \\ &= \begin{bmatrix} \cos\beta\cos\gamma & -\sin\gamma\cos\alpha+\sin\alpha\cos\gamma\sin\beta & \sin\gamma\sin\alpha+\cos\gamma\sin\beta\cos\alpha \\ \cos\beta\sin\gamma & \sin\alpha\sin\beta\sin\gamma+\cos\alpha\cos\gamma & -\cos\gamma\sin\alpha+\sin\gamma\sin\beta\cos\alpha \\ -\sin\beta & \cos\beta\sin\alpha & \cos\beta\cos\alpha \end{bmatrix} \end{aligned} \tag{2.13}$$

2.3.2　欧拉角

欧拉角是相对动坐标系的主轴以一定顺序旋转3次所得，共12种排列。下面以最常见的转动方法举例说明欧拉参数化表示方法，首先使坐标系$\{B\}$和参考坐标系$\{A\}$重合，将坐标系$\{B\}$绕Z_B轴旋转α角，再绕旋转后得到的Y_B轴旋转β角，最后绕旋转后得到的Z_B轴旋转γ角，将此描述定义为zyz-欧拉角，对应的旋转矩阵为3个基本旋转矩阵积，如式(2.14)所示。

$$
{}_B^A\boldsymbol{R} = \boldsymbol{R}_z(\alpha)\boldsymbol{R}_y(\beta)\boldsymbol{R}_z(\gamma) = \begin{bmatrix} \cos\alpha\cos\beta\cos\gamma - \sin\alpha\sin\gamma & -\cos\alpha\cos\beta\cos\gamma - \sin\alpha\cos\gamma & \cos\alpha\sin\beta \\ \sin\alpha\cos\beta\cos\gamma + \cos\alpha\sin\gamma & -\sin\alpha\cos\beta\sin\gamma + \cos\alpha\cos\gamma & \sin\alpha\sin\beta \\ -\sin\beta\cos\gamma & \sin\beta\sin\gamma & \cos\beta \end{bmatrix} \tag{2.14}
$$

由于基本旋转矩阵是正交的，其积(式(2.14))也是正交矩阵，设矩阵(2.14)是已知的，对应位置元素等于r_{ij}($i=1,2,3;j=1,2,3$)，即

$$
{}_B^A\boldsymbol{R} = \begin{bmatrix} \cos\alpha\cos\beta\cos\gamma - \sin\alpha\sin\gamma & -\cos\alpha\cos\beta\cos\gamma - \sin\alpha\cos\gamma & \cos\alpha\sin\beta \\ \sin\alpha\cos\beta\cos\gamma + \cos\alpha\sin\gamma & -\sin\alpha\cos\beta\sin\gamma + \cos\alpha\cos\gamma & \sin\alpha\sin\beta \\ -\sin\beta\cos\gamma & \sin\beta\sin\gamma & \cos\beta \end{bmatrix} = \begin{bmatrix} r_{11} & r_{12} & r_{13} \\ r_{21} & r_{22} & r_{23} \\ r_{31} & r_{32} & r_{33} \end{bmatrix}
$$

那么，对于任意的旋转矩阵${}_B^A\boldsymbol{R}$，通过求解式(2.14)可得到相应的欧拉角(α,β,γ)。例如$\sin\beta\neq 0$时，可求得相应的欧拉角

$$
\begin{cases} \beta = \mathrm{Atan2}(\sqrt{r_{31}^2 + r_{32}^2}, r_{33}) \\ \alpha = \mathrm{Atan2}(r_{23}/\sin\beta, r_{13}/\sin\beta) \\ \gamma = \mathrm{Atan2}(r_{32}/\sin\beta, -r_{31}/\sin\beta) \end{cases} \tag{2.15}
$$

式(2.15)中，Atan2(y,x)指根据两参数x和y计算arctan(y/x)，并根据x,y的符号确定角度所在象限。

2.3.3　四元数

四元数(quaternions)是通过四个参数表示三维空间刚体的姿态，它可看成是实数、复数以及三维点矢量的扩充，其一般形式可表示为

$$
\boldsymbol{Q} = s + \boldsymbol{v} = s + a\boldsymbol{i} + b\boldsymbol{j} + c\boldsymbol{k} = (s \quad a \quad b \quad c) \tag{2.16}
$$

式中：s为$\boldsymbol{Q}$的标量部分，$\boldsymbol{v}=[a \quad b \quad c]$为$\boldsymbol{Q}$的矢量部分。

当$s=0$时，$\boldsymbol{Q}$可认为是一个三维矢量，当$\boldsymbol{v}=\boldsymbol{0}$时，$\boldsymbol{Q}$代表标量。四元数有4个单位元，即1和$\boldsymbol{i},\boldsymbol{j},\boldsymbol{k}$。并且，

$$
\begin{cases} \boldsymbol{i}\cdot\boldsymbol{i} = \boldsymbol{j}\cdot\boldsymbol{j} = \boldsymbol{k}\cdot\boldsymbol{k} = -1 \\ \boldsymbol{i}\times\boldsymbol{j} = \boldsymbol{k}, \boldsymbol{j}\times\boldsymbol{k} = \boldsymbol{i}, \boldsymbol{k}\times\boldsymbol{i} = \boldsymbol{j} \\ \boldsymbol{j}\times\boldsymbol{i} = -\boldsymbol{k}, \boldsymbol{k}\times\boldsymbol{j} = -\boldsymbol{i}, \boldsymbol{i}\times\boldsymbol{k} = -\boldsymbol{j} \end{cases} \tag{2.17}
$$

四元数$\boldsymbol{Q}_1 = s_1 + \boldsymbol{v}_1$和$\boldsymbol{Q}_2 = s_2 + \boldsymbol{v}_2$相乘仍然是一个四元数，定义为

$$
\boldsymbol{Q}_1\boldsymbol{Q}_2 = s_1 s_2 - \boldsymbol{v}_1 \cdot \boldsymbol{v}_2 + s_1\boldsymbol{v}_2 + s_2\boldsymbol{v}_1 + \boldsymbol{v}_1 \times \boldsymbol{v}_2 \tag{2.18}
$$

四元数$\boldsymbol{Q}=s+\boldsymbol{v}$的共轭四元数$\boldsymbol{Q}^*$、范数$\|\boldsymbol{Q}\|$、逆$\boldsymbol{Q}^{-1}$分别定义为

$$\begin{cases} \boldsymbol{Q}^* = s - \boldsymbol{v} \\ \| \boldsymbol{Q} \| = \sqrt{s^2 + \| \boldsymbol{v} \|^2} = \sqrt{s^2 + a^2 + b^2 + c^2} = \sqrt{\boldsymbol{Q}\boldsymbol{Q}^*} \\ \boldsymbol{Q}^{-1} = \boldsymbol{Q}^* / \| \boldsymbol{Q} \|^2 \end{cases} \tag{2.19}$$

单位四元数集是满足 $\| \boldsymbol{Q} \| = 1$ 的所有四元数的集合，它是四元数集 $\boldsymbol{Q}$ 的子集。四元数代数运算可以简单有效地处理空间有限旋转问题。绕轴 $\boldsymbol{\omega}$ 转动 θ 的旋转矩阵，对应的四元数为

$$\boldsymbol{Q} = (\cos(\theta/2) + \boldsymbol{\omega}\sin(\theta/2)) \tag{2.20}$$

反之，对于给定的单位四元数 $\boldsymbol{Q} = s + \boldsymbol{v}$，即 $s^2 + a^2 + b^2 + c^2 = 1$，其相应的旋转矩阵 $\boldsymbol{R} = \exp(\hat{\boldsymbol{\omega}}\theta)$ 的等效转角为

$$\theta = 2\cos^{-1} s \tag{2.21}$$

等效转轴为

$$\boldsymbol{\omega} = \begin{cases} \boldsymbol{v}/\sin(\theta/2) & \theta \neq 0 \\ \boldsymbol{0} & \text{其他} \end{cases} \tag{2.22}$$

上面各式中：$\boldsymbol{\omega}$ 表示转轴方向的单位矢量；$\hat{\boldsymbol{\omega}}$ 为反对称矩阵。

实际上，令 $\boldsymbol{Q}_{AB}$ 表示坐标系$\{B\}$相对于坐标系$\{A\}$旋转的单位四元数，$\boldsymbol{Q}_{BC}$ 表示坐标系$\{C\}$相对于坐标系$\{B\}$旋转的单位四元数，则坐标系$\{C\}$相对于坐标系$\{A\}$旋转的单位四元数为

$$\boldsymbol{Q}_{AC} = \boldsymbol{Q}_{AB}\boldsymbol{Q}_{BC} \tag{2.23}$$

单位四元数是表示旋转运动的一种有效方法，可以规避由欧拉角法和 RPY 角法导致的奇异性。对于任一单位四元数 $\boldsymbol{Q} = [s \quad a \quad b \quad c]$，其对应的旋转矩阵为

$$\begin{aligned} \boldsymbol{Q} &= \boldsymbol{R}(\boldsymbol{\omega}, \theta) \\ &= \begin{bmatrix} \omega_1^2(1-\cos\theta)+\cos\theta & \omega_1\omega_2(1-\cos\theta)-\omega_3\sin\theta & \omega_1\omega_3(1-\cos\theta)+\omega_2\sin\theta \\ \omega_1\omega_2(1-\cos\theta)+\omega_3\sin\theta & \omega_2^2(1-\cos\theta)+\cos\theta & \omega_2\omega_3(1-\cos\theta)-\omega_1\sin\theta \\ \omega_1\omega_3(1-\cos\theta)-\omega_2\sin\theta & \omega_2\omega_3(1-\cos\theta)+\omega_1\sin\theta & \omega_3^2(1-\cos\theta)+\cos\theta \end{bmatrix} \\ &= \begin{bmatrix} 2(s^2+a^2)-1 & 2(ab-sc) & 2(ac+sb) \\ 2(ab+sc) & 2(s^2+b^2)-1 & 2(bc-sa) \\ 2(ac-sb) & 2(bc+sa) & 2(s^2+c^2)-1 \end{bmatrix} \end{aligned} \tag{2.24}$$

用四元数表示的优点在于它只有 4 个元素，而旋转矩阵有 9 个元素，计算方便有效。

2.4　机器人连杆 D-H 参数及其坐标变换

本节介绍对机器人连杆和关节进行建模的一种非常简单的方法——Denavit-Hartenberg 模型，简称 D-H 模型。假设机器人由一系列关节和连杆组成，给每个关节指定一个连杆坐标系，然后，从一个关节到下一个关节进行变换。将从基座到第一关节，再从第一关节到第二关节，直至最后一个关节的所有变换结合起来，就得到了机器人的总变换矩阵。

考虑 6 个关节自由度的机器人系统，其总齐次矩阵 $\boldsymbol{A}$ 为

$$\boldsymbol{A} = \boldsymbol{A}_1\boldsymbol{A}_2\boldsymbol{A}_3\boldsymbol{A}_4\boldsymbol{A}_5\boldsymbol{A}_6 \tag{2.25}$$

将上述系统扩展为 n 个关节自由度的系统，如图 2.9 所示，那么，其齐次矩阵为

$$\boldsymbol{A} = \boldsymbol{A}_1\boldsymbol{A}_2\cdots\cdots\boldsymbol{A}_n \tag{2.26}$$

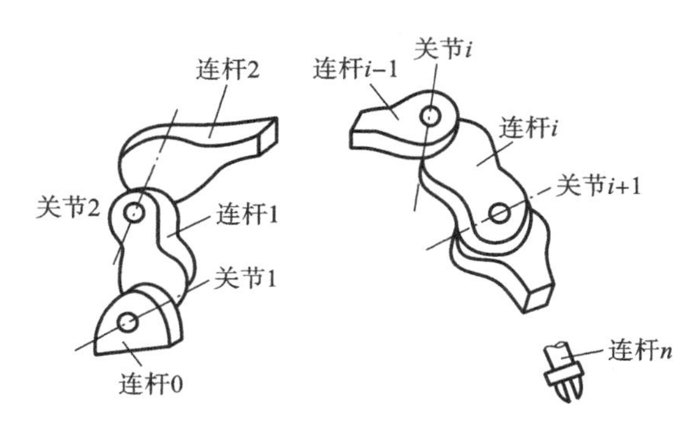

图 2.9　n 个关节自由度机器人系统

为了建立机器人的运动学方程，需讨论相邻连杆的运动关系，为了更好地表示这种运动关系，可以引入机器人学中的重要参数——D-H 参数。

2.4.1　D-H 参数的确定

图 2.10 表示了三个顺序关节和两个连接的连杆，每个关节都是可以转动或平移的，从左至右，第一个关节记为关节 $i-1$，第二个关节记为关节 i，第三个关节记为关节 $i+1$，关节 $i-1$ 和 i 之间的连杆为连杆 $i-1$，关节 i 和 $i+1$ 之间的连杆为连杆 i。其中，$H_{i-1}O_{i-1}$ 为关节轴 $i-1$和 i 的公共法线，H_iO_i 为关节轴 $i+1$ 和 i 的公共法线，O_{i-1} 为关节轴 i 和 $H_{i-1}O_{i-1}$ 的交点，O_i 为关节轴 $i+1$ 和 H_iO_i 的交点。Z_{i-1} 轴沿着 i 的轴线方向，X_{i-1} 轴沿着 $H_{i-1}O_{i-1}$ 的延长线方向，Y_{i-1} 轴使 $O_{i-1}X_{i-1}Y_{i-1}Z_{i-1}$ 构成右手坐标系，Z_i 轴沿着 $i+1$ 的轴线方向，X_i 轴沿着 H_iO_i 延长线方向，Y_i 轴按右手坐标系确定。

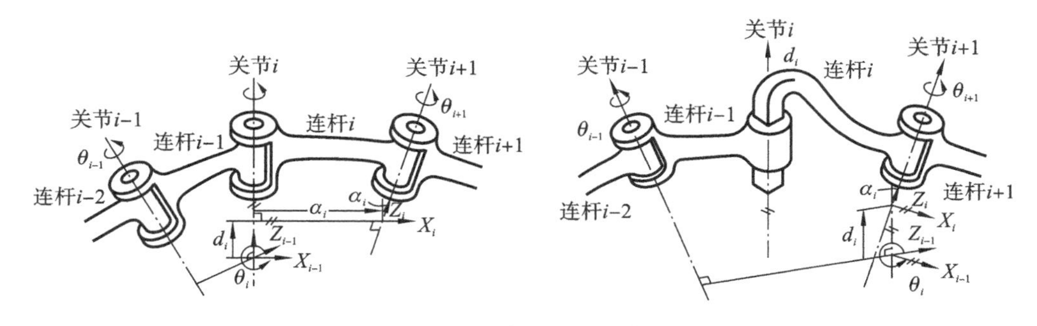

图 2.10　关节 i 的 D-H 参数

综上所述，若用 D-H 参数对机器人进行建模，需要在每个关节位置设定一个连杆坐标系。以下为设定连杆坐标系的步骤。

(1) 所有关节均用 Z 轴表示。若是旋转关节，Z 轴定义为按右手规则旋转的方向；若是移动关节，Z 轴定义为沿直线运动的方向。规定关节 i 处的 Z 轴的下标为 $i-1$。例如表示关节 i 的 Z 轴是 Z_{i-1} 。对于旋转关节，绕 Z 轴的旋转角 θ 是关节变量。对于移动关节，沿 Z 轴的连杆长度 a_i 是关节变量。

(2) 通常在相邻 Z 轴公垂线(即公共法线)方向上定义 X 轴。相邻关节之间的公垂线不一定相交或共线。如果相邻关节的 Z 轴平行，那么它们之间就有无数条公垂线。这时可以挑选与前一关节的公垂线共线的一条公垂线，从而可以简化模型；如果两个相邻关节的 Z 轴是相交的，那么它们之间就没有公垂线，则选取两条 Z 轴的叉乘积方向作为 X 轴，这样也可以简化模型。

在图 2.10 中，将定义在连杆 $i-1$ 前端的坐标系 $O_{i-1}X_{i-1}Y_{i-1}Z_{i-1}$ 定义为基坐标系$\{B\}$，将定义在连杆 i 前端的坐标系 $O_iX_iY_iZ_i$ 定义为手坐标系$\{H\}$，根据上述规则，便可以获得固定在连杆 i 上的正交坐标系 $O_iX_iY_iZ_i$ 与固定在连杆 $i-1$ 上的坐标系 $O_{i-1}X_{i-1}Y_{i-1}Z_{i-1}$ 。参数 α_i、d_i 及 a_i（或 θ_i）共同构成 D-H 参数，具体定义如下：

θ_i——绕 Z_{i-1} 轴的转角，使 X_{i-1} 轴和 X_i 轴同向，称为关节角；

d_i—— O_{i-1} 和 H_i 之间的距离，即 Z 轴上两条相邻的公垂线之间的距离，称为连杆偏移量；

a_i——公垂线的长度，称为连杆长度；

α_i——绕 X_i 轴的转角，使 Z_{i-1} 轴与 Z_i 轴在同一条直线上，称为扭转角。

2.4.2 变换矩阵的确立

由 2.4.1 节可知，已知 D-H 参数就完全确定了杆件 $i-1$ 和杆件 i 之间的相对关系，从而，可以建立 $i-1$ 和 i 坐标系之间的变换关系，将一个连杆坐标系转换到下一个连杆坐标系。下面步骤可以实现坐标系 $O_{i-1}X_{i-1}Z_{i-1}$ 到坐标系 $O_iX_iZ_i$ 的转换。

(1) 绕 Z_{i-1} 轴旋转 θ_i ，则 X_{i-1} 和 X_i 互相平行；

(2) 沿 Z_{i-1} 轴平移 d_i ，则 X_{i-1} 和 X_i 共线；

(3) 沿 X_i 轴平移 a_i ，则 X_{i-1} 轴和 X_i 的原点重合；

(4) 将 Z_{i-1} 轴绕 X_i 轴旋转 α_i ，则 Z_{i-1} 轴和 Z_i 轴对准。

对于上述过程，对于旋转关节，可以用如式(2.27)所示的齐次变换矩阵来描述。

$$\begin{aligned}\boldsymbol{A}_i &= \mathbf{rot}(z_{i-1},\theta_i)\mathbf{trans}(z_{i-1},d_i)\mathbf{trans}(x_i,a_i)\mathbf{rot}(x_i,\alpha_i)\\ &=\begin{bmatrix}\cos\theta_i & -\sin\theta_i & 0 & 0\\ \sin\theta_i & \cos\theta_i & 0 & 0\\ 0 & 0 & 1 & 0\\ 0 & 0 & 0 & 1\end{bmatrix}\begin{bmatrix}1 & 0 & 0 & 0\\ 0 & 1 & 0 & 0\\ 0 & 0 & 1 & d_i\\ 0 & 0 & 0 & 1\end{bmatrix}\begin{bmatrix}1 & 0 & 0 & a_i\\ 0 & 1 & 0 & 0\\ 0 & 0 & 1 & 0\\ 0 & 0 & 0 & 1\end{bmatrix}\begin{bmatrix}1 & 0 & 0 & a_i\\ 0 & \cos\alpha_i & -\sin\alpha_i & 0\\ 0 & \sin\alpha_i & \cos\alpha_i & 0\\ 0 & 0 & 0 & 1\end{bmatrix}\\ &=\begin{bmatrix}\cos\theta_i & -\sin\theta_i\cos\alpha_i & \sin\theta_i\sin\alpha_i & a_i\cos\theta_i\\ \sin\theta_i & \cos\theta_i\cos\alpha_i & -\cos\theta_i\sin\alpha_i & a_i\sin\theta_i\\ 0 & \sin\alpha_i & \cos\alpha_i & d_i\\ 0 & 0 & 0 & 1\end{bmatrix}\end{aligned} \tag{2.27}$$

对于移动关节，$a_i=0$，可以用以下齐次矩阵表示：

$$\boldsymbol{A}_i=\begin{bmatrix}\cos\theta_i & -\sin\theta_i\cos\alpha_i & \sin\theta_i\sin\alpha_i & 0\\ \sin\theta_i & \cos\theta_i\cos\alpha_i & -\cos\theta_i\sin\alpha_i & 0\\ 0 & \sin\alpha_i & \cos\alpha_i & d_i\\ 0 & 0 & 0 & 1\end{bmatrix} \tag{2.28}$$

重复上述步骤，就可以实现一系列相邻坐标系之间的变换，直至末端执行器。机器人的基座与末端执行器之间的总变换为

$${}^{B}_{H}\boldsymbol{T} = {}^{B}_{1}\boldsymbol{T}\,{}^{1}_{2}\boldsymbol{T}\,{}^{2}_{3}\boldsymbol{T}\,{}^{n-1}_{n}\boldsymbol{T} = \boldsymbol{A}_1\boldsymbol{A}_2\boldsymbol{A}_3\cdots\boldsymbol{A}_n \tag{2.29}$$

式中：n 是关节数。

2.5　机器人运动学方程实例

2.5.1　SCARA 机器人

SCARA 机器人为水平关节型机器人，在装配作业中得到了广泛应用，结构示意图如图 1.6所示。SCARA 系统在 x 轴和 y 轴方向上具有顺从性，在 z 轴方向具有较高的刚度。SCARA 机器人的三个旋转关节(分别是 1、2 和 4 关节)轴线相互平行，用于实现平面内定位和定向；另一个移动关节(3 关节)实现末端执行器升降运动。如图 2.11 所示，建立各连杆之间的坐标系，D-H 参数见表 2.1。

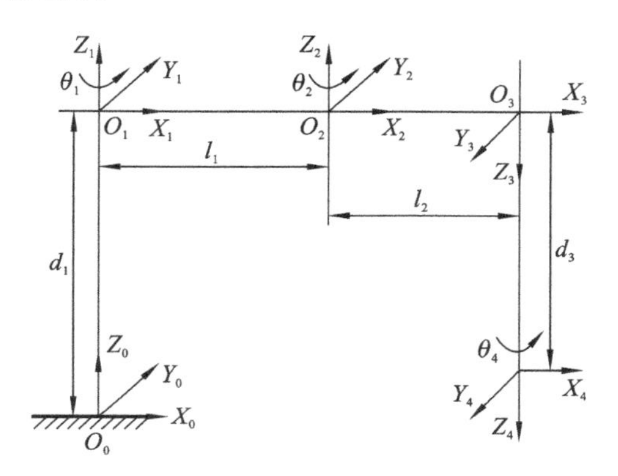

图 2.11　SCARA D-H 连杆坐标系

表 2.1　SCARA 机器人 D-H 参数表

关节	θ_i	d_i	a_i	α_i
1	θ_1	d_1	l_1	0
2	θ_2	0	l_2	π
3	0	d_3	0	0
4	θ_4	0	0	0

令 $c_1=\cos\theta_1, c_2=\cos\theta_2, c_3=\cos\theta_3, s_1=\sin\theta_1, s_2=\sin\theta_2, s_3=\sin\theta_3$，以此类推，本节均采用此表示方法。由 D-H 参数可得，各坐标系之间的转换矩阵分别为

$$ {}^{0}_{1}\boldsymbol{T}=\boldsymbol{A}_1=\begin{bmatrix} c_1 & -s_1 & 0 & l_1c_1 \\ s_1 & c_1 & 0 & l_1s_1 \\ 0 & 0 & 1 & d_1 \\ 0 & 0 & 0 & 1 \end{bmatrix} \tag{2.30} $$

$$ {}^{1}_{2}\boldsymbol{T}=\boldsymbol{A}_2=\begin{bmatrix} c_2 & s_2 & 0 & l_2c_2 \\ s_2 & -c_2 & 0 & l_2s_2 \\ 0 & 0 & -1 & 0 \\ 0 & 0 & 0 & 1 \end{bmatrix} \tag{2.31} $$

$$
{}^{2}_{3}\boldsymbol{T}=\boldsymbol{A}_3=\begin{bmatrix}1&0&0&0\\0&1&0&0\\0&0&1&0\\0&0&0&1\end{bmatrix}\tag{2.32}
$$

$$
{}^{3}_{4}\boldsymbol{T}=\boldsymbol{A}_3=\begin{bmatrix}c_4&-s_4&0&0\\s_4&c_4&0&0\\0&0&1&d_3\\0&0&0&1\end{bmatrix}\tag{2.33}
$$

式(2.30)至式(2.33)相乘,得到机器人的基座和末端执行器之间的总变换:

$$
{}^{0}_{4}\boldsymbol{T}=\boldsymbol{A}_1\boldsymbol{A}_2\boldsymbol{A}_3\boldsymbol{A}_4=\begin{bmatrix}\cos(\theta_1+\theta_2-\theta_4)&\sin(\theta_1+\theta_2-\theta_4)&0&l_2c_2\\\sin(\theta_1+\theta_2-\theta_4)&-\cos(\theta_1+\theta_2-\theta_4)&0&l_2s_2\\0&0&-1&d_1-d_3\\0&0&0&1\end{bmatrix}\tag{2.34}
$$

2.5.2 六自由度工业机器人

PUMA-560 为关节式机器人,六个关节均为转动关节,前三个关节确定手腕参考点的位置,后三个关节确定手腕的方位。PUMA-560 机器人结构示意图以及坐标系分布如图 2.12 所示,D-H 参数见表 2.2,其中,$a_2=431.8$ mm,$a_3=20.32$ mm,$d_2=149.09$ mm,$d_4=433.07$ mm。试求解该机器人的运动学方程。

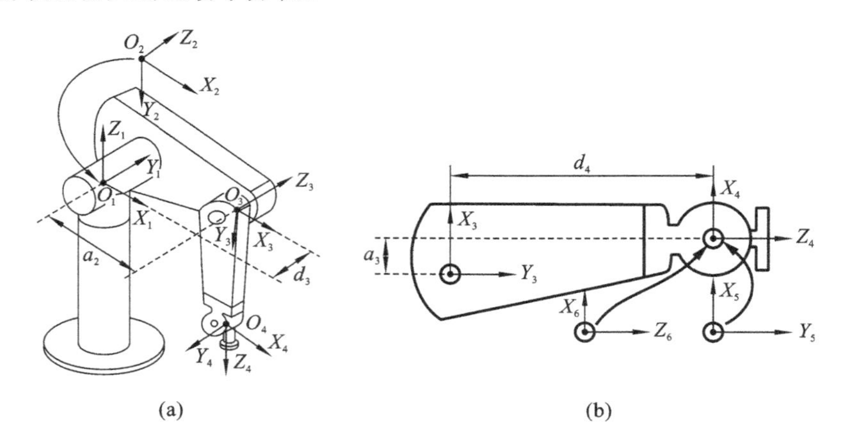

图 2.12　PUMA-560 机器人结构示意图及坐标系

(a) PUMA-560 机械臂运动参数和坐标系分布　(b) PUMA-560 前臂的运动参数和坐标系分布

表 2.2　PUMA-560 机器人的 D-H 参数

关节	1	2	3	4	5	6
θ_i	θ_1	θ_2	θ_3	θ_4	θ_5	θ_6
a_i	0	0	a_2	a_3	0	0
α_i	0	$-90°$	0	$-90°$	$90°$	$-90°$
d_i	0	0	d_3	d_4	0	0

根据表 2.2 中 D-H 参数，可以获得各连杆的转换矩阵：

$$\boldsymbol{A}_1=\begin{bmatrix} c_1 & -s_1 & 0 & 0\\ s_1 & c_1 & 0 & 0\\ 0 & 0 & 1 & 0\\ 0 & 0 & 0 & 1\end{bmatrix}\quad \boldsymbol{A}_2=\begin{bmatrix} c_2 & 0 & -s_2 & 0\\ s_2 & 0 & c_2 & 0\\ 0 & -1 & 0 & 0\\ 0 & 0 & 0 & 1\end{bmatrix}$$

$$\boldsymbol{A}_3=\begin{bmatrix} c_3 & -s_3 & 0 & a_2c_3\\ s_3 & c_3 & 0 & a_2s_3\\ 0 & 0 & 1 & d_3\\ 0 & 0 & 0 & 1\end{bmatrix}\quad \boldsymbol{A}_4=\begin{bmatrix} c_4 & 0 & -s_4 & a_3c_4\\ s_4 & 0 & c_4 & a_3s_4\\ 0 & -1 & 0 & d_4\\ 0 & 0 & 0 & 1\end{bmatrix} \tag{2.35}$$

$$\boldsymbol{A}_5=\begin{bmatrix} c_5 & 0 & s_5 & 0\\ s_5 & 0 & -c_5 & 0\\ 0 & 1 & 0 & 0\\ 0 & 0 & 0 & 1\end{bmatrix}\quad \boldsymbol{A}_6=\begin{bmatrix} c_6 & 0 & -s_6 & 0\\ s_6 & 0 & c_6 & 0\\ 0 & -1 & 0 & 0\\ 0 & 0 & 0 & 1\end{bmatrix}$$

各连杆变换矩阵相乘，可得末端执行器的变换矩阵：

$$^0_6\boldsymbol{T}=\boldsymbol{A}_1\boldsymbol{A}_2\boldsymbol{A}_3\boldsymbol{A}_4\boldsymbol{A}_5\boldsymbol{A}_6 \tag{2.36}$$

$$^0_6\boldsymbol{T}={}^0_1\boldsymbol{T}{}^1_6\boldsymbol{T}=\begin{bmatrix} n_x & o_x & a_x & p_x\\ n_y & o_y & a_y & p_y\\ n_z & o_z & a_z & p_z\\ 0 & 0 & 0 & 1\end{bmatrix} \tag{2.37}$$

式中：

$$\begin{aligned} n_x = & -s_6[c_3s_4(c_1c_2-s_1s_2)+c_4s_3(c_1c_2-s_1s_2)]\\ & -c_6\{c_5[s_3s_4(c_1c_2-s_1s_2)-s_3s_4(c_1c_2-s_1s_2)-c_3c_4(c_1c_2-s_1s_2)]-s_5(c_1s_2+c_2s_1)\}\end{aligned}$$

$$n_y=-c_6[s_5(c_1c_2-s_1s_2)-c_5(c_1s_2+c_2s_1)(c_3c_4-s_3s_4)]-s_6(c_1s_2+c_2s_1)(c_3s_4+c_4s_3)$$

$$n_z=-s_6(c_3c_4-s_4s_4)-c_5c_6(c_3s_4+c_4s_3)$$

$$o_x=s_5[s_3s_4(c_1c_2-s_1s_2)-c_3c_4(c_1c_2-s_1s_2)]+c_5(c_1s_2+c_2s_1)$$

$$o_y=s_5[s_3s_4(c_1s_2+c_2s_1)-c_3c_4(c_1s_2+c_2s_1)]-c_5(c_1c_2-s_1s_2)$$

$$o_z=s_5(c_3s_4+c_4s_3)$$

$$\begin{aligned} a_x = & s_6\{c_5[s_3s_4(c_1c_2-s_1s_2)-c_3c_4(c_1c_2-s_1s_2)]-s_5(c_1s_2+c_2s_1)\}\\ & -c_6[c_3s_4(c_1c_2-s_1s_2)+c_4s_3(c_1c_2-s_1s_2)]\end{aligned}$$

$$\begin{aligned} a_y = & s_6\{c_5[s_3s_4(c_1s_2+c_2s_1)-c_3c_4(c_1s_2+c_2s_1)]+s_5(c_1c_2-s_1s_2)\}\\ & -c_6[c_3s_4(c_1s_2+c_2s_1)+c_4s_3(c_1s_2+c_2s_1)]\end{aligned}$$

$$a_z=c_5s_6(c_3s_4+c_4s_3)-c_6(c_3c_4-s_3s_4)$$

$$\begin{aligned} p_z = & a_2c_3(c_1c_2-s_1s_2)-d_4(c_1s_2+c_2s_1)-d_3(c_1s_2+c_2s_1)+a_3c_3c_4(c_1c_2-s_1s_2)\\ & -a_3s_3s_4(c_1c_2-s_1s_2)\end{aligned}$$

$$\begin{aligned} p_y = & d_3(c_1c_2-s_1s_2)+d_4(c_1c_2-s_1s_2)+a_2c_3(c_1s_2+c_2s_1)+a_3c_3c_4(c_1s_2+c_2s_1)\\ & -a_3s_3s_4(c_1s_2+c_2s_1)\end{aligned}$$

$$p_z=-a_2s_3-a_3c_3s_4-a_3c_4s_3$$

式(2.37)表示的 PUMA-560 机械臂变换矩阵$^0_6\boldsymbol{T}$，描述了末端连杆坐标系相对于基坐标系的位姿。

由式(2.37)可得,PUMA-560 机械臂的正解为 $\begin{bmatrix} p_x \\ p_y \\ p_z \end{bmatrix} = \begin{bmatrix} c_1(a_2c_2+a_3c_{23}-d_4s_{23})-d_2s_1 \\ s_1(a_2c_2+a_3c_{23}-d_4s_{23})+d_2c_1 \\ -a_3s_{23}-a_1s_2-d_4c_{23} \end{bmatrix}$。

2.5.3 码垛机器人

第 1 章图 1.5 所述码垛机器人各个关节都能灵活运动,实现对规则物体的抓取。下面对码垛机器人的正运动学进行分析,即已知机器人各个关节的连杆长度和转动角度,求解机器人末端执行器的位姿。为了研究各连杆的位移关系,采用 D-H 参数法建立机器人的连杆坐标系。码垛机器人有 4 个自由度,都是旋转关节。如图 2.13 所示给出了每个连杆坐标系的设定方法。表 2.3 列出了码垛机器人 D-H 参数。

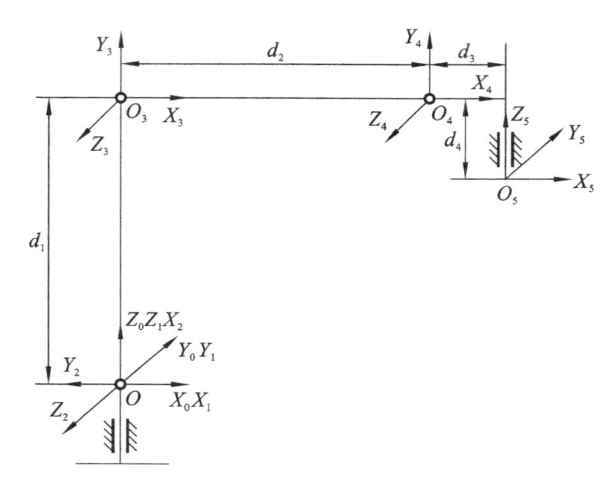

图 2.13　码垛机器人连杆坐标系

表 2.3　码垛机器人 D-H 参数

连杆 i	d_i	θ_i	a_{i-1}	α_{i-1}
1	0	θ_1	0	0°
2	0	θ_2	0	90°
3	0	θ_3	d_1	0°
4	0	θ_4	d_2	0°
5	$-d_4$	θ_5	d_3	−90°

其中,θ_2 表示 d_1 长度的连杆与水平面之间的夹角,θ_3 表示 d_1 长度的连杆和 d_2 长度的连杆之间的夹角,θ_4 为被动不可控自由度。

根据表 2.3 可以得到各相邻连杆的变换矩阵:

$$
{}^0_1\boldsymbol{T} = \begin{bmatrix} c_1 & -s_1 & 0 & 0 \\ s_1 & c_1 & 0 & 0 \\ 0 & 0 & 1 & 0 \\ 0 & 0 & 0 & 1 \end{bmatrix} \quad {}^1_2\boldsymbol{T} = \begin{bmatrix} c_2 & 0 & s_2 & 0 \\ s_2 & 0 & -c_2 & 0 \\ 0 & 1 & 0 & 0 \\ 0 & 0 & 0 & 1 \end{bmatrix}
$$

$$
{}^{2}_{3}\boldsymbol{T}=\begin{bmatrix} c_3 & -s_3 & 0 & d_1c_3 \\ s_3 & c_3 & 0 & d_1s_3 \\ 0 & 0 & 1 & d_1 \\ 0 & 0 & 0 & 1 \end{bmatrix}\quad {}^{3}_{4}\boldsymbol{T}=\begin{bmatrix} c_4 & -s_4 & 0 & d_2c_4 \\ s_4 & c_4 & 0 & d_2s_4 \\ 0 & 0 & 1 & d_2 \\ 0 & 0 & 0 & 1 \end{bmatrix} \tag{2.38}
$$

$$
{}^{4}_{5}\boldsymbol{T}=\begin{bmatrix} c_5 & 0 & -s_5 & d_3c_5 \\ s_5 & 0 & c_5 & d_3s_5 \\ 0 & -1 & 0 & d_3 \\ 0 & 0 & 0 & 1 \end{bmatrix}
$$

最后得到机器人的末端执行器的变换矩阵${}^{0}_{5}\boldsymbol{T}$:

$$
{}^{0}_{5}\boldsymbol{T}={}^{0}_{1}\boldsymbol{T}{}^{1}_{2}\boldsymbol{T}{}^{2}_{3}\boldsymbol{T}{}^{3}_{4}\boldsymbol{T}{}^{4}_{5}\boldsymbol{T} \tag{2.39}
$$

末端变换矩阵${}^{0}_{5}\boldsymbol{T}$是以码垛机器人关节转动角度θ_1、θ_2、θ_3、θ_4、θ_5为自变量的函数:

$$
{}^{0}_{5}\boldsymbol{T}=\begin{bmatrix} n_x & o_x & a_x & p_x \\ n_y & o_y & a_y & p_y \\ n_z & o_z & a_z & p_z \\ 0 & 0 & 0 & 1 \end{bmatrix} \tag{2.40}
$$

其中,

$$
\begin{aligned}
n_x &= -s_1s_5-c_5[s_4(c_1c_2s_3+c_1c_3s_2)-c_4(c_1c_2c_3-c_1s_2s_3)] \\
o_x &= s_5[s_4(c_1c_2s_3+c_1c_3s_2)-c_4(c_1c_2c_3-c_1s_2s_3)]-c_5s_1 \\
a_x &= -s_4(c_1c_2c_3-c_1s_2s_3)-c_4(c_1c_2s_3+c_1c_3s_2) \\
p_x &= d_4[s_4(c_1c_2c_3-c_1s_2s_3)+c_4(c_1c_2s_3+c_1c_3s_2)]-d_3[s_4(c_1c_2s_3+c_1c_3s_2) \\
&\quad -c_4(c_1c_2c_3-c_1s_2s_3)]+d_2(c_1c_2c_3-c_1s_2s_3)+d_1c_1c_2 \\
n_y &= c_5[c_4(c_2c_3s_1-s_1s_2s_3)-s_4(c_2s_1s_3+c_3s_1s_2)]+c_1s_5 \\
o_y &= c_1c_5-s_5[c_4(c_2c_3s_1-s_1s_2s_3)-s_4(c_2s_1s_3+c_3s_1s_2)] \\
a_y &= -c_4(c_2s_1s_3+c_3s_1s_2)-s_4(c_2c_3s_1-s_1s_2s_3) \\
p_y &= d_3[c_4(c_2c_3s_1-s_1s_2s_3)-s_4(c_2s_1s_3+c_3s_1s_2)]+d_4[c_4(c_2s_1s_3+c_3s_1s_2) \\
&\quad +s_4(c_2c_3s_1-s_1s_2s_3)]+d_2(c_2c_3s_1-s_1s_2s_3)+d_1c_2s_1 \\
n_z &= c_5[c_4(c_2s_3+c_3s_2)-s_4(s_2s_3-c_2c_3)] \\
o_z &= -s_5[c_4(c_2s_3+c_3s_2)-s_4(s_2s_3-c_2c_3)] \\
a_z &= -c_4(s_2s_3-c_2c_3)-s_4(c_2s_3+c_3s_2) \\
p_z &= d_2(c_2s_3+c_3s_2)+d_3[c_4(c_2s_3+c_3s_2)-s_4(s_2s_3-c_2c_3)]+d_4[c_4(s_2s_3 \\
&\quad -c_2c_3)+s_4(c_2s_3+c_3s_2)]+d_1s_2
\end{aligned}
$$

假设小臂连杆转动α,形成如图 2.14 所示的状态。

由图 2.14 中的几何关系可知,$\pi-\theta_3=\theta_2+\theta_4$,即

$$
\theta_4=\pi-\theta_2-\theta_3 \tag{2.41}
$$

代入各关节角度,即可求得末端执行器位姿,即

$$
\begin{bmatrix} p_x \\ p_y \\ p_z \end{bmatrix}=\begin{bmatrix} d_4[s_4(c_1c_2c_3-c_1s_2s_3)+c_4(c_1c_2s_3+c_1c_3s_2)]-d_3[s_4(c_1c_2s_3+c_1c_3s_2) \\ -c_4(c_1c_2c_3-c_1s_2s_3)]+d_2(c_1c_2c_3-c_1s_2s_3)+d_1c_1c_2 \\ d_3[c_4(c_2c_3s_1-s_1s_2s_3)-s_4(c_2s_1s_3+c_3s_1s_2)]+d_4[c_4(c_2s_1s_3+c_3s_1s_2) \\ +s_4(c_2c_3s_1-s_1s_2s_3)]+d_2(c_2c_3s_1-s_1s_2s_3)+d_1c_2s_1 \\ d_2(c_2s_3+c_3s_2)+d_3[c_4(c_2s_3+c_3s_2)-s_4(s_2s_3-c_2c_3)]+d_4[c_4(s_2s_3 \\ -c_2c_3)+s_4(c_2s_3+c_3s_2)]+d_1s_2 \end{bmatrix}
$$

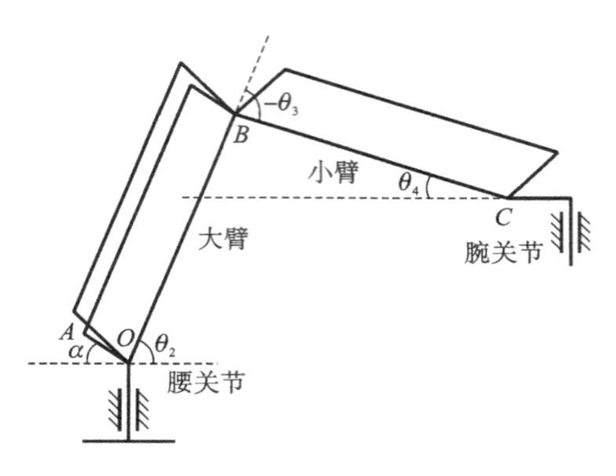

图 2.14 码垛机器人小臂连杆转动 α 示意图

2.6 机器人逆运动学

已知机器人关节变量，求解机器人末端执行器的位姿，是求解机器人位置的正运动学，接下来将讨论运动学的逆问题，即已知机器人末端执行器的位姿，求解机器人相应关节变量。

2.6.1 可解性及逆解存在性分析

求解机械臂逆运动学方程的过程为已知机器人基座与末端执行器之间的总变换矩阵${}^{B}_{H}\boldsymbol{T}$，试图求出 $\theta_1,\theta_2,\cdots,\theta_n$，是一个非线性问题。同任何非线性方程组一样，必须考虑其解的存在性、多重解性以及求解方法。

1）解的存在性

逆运动学解是否存在取决于机械臂的任务空间。任务空间是机械臂末端执行器所能到达的范围。若解存在，则被指定的目标点必须在任务空间内。任务空间分为灵巧任务空间和可达任务空间。灵巧任务空间是指机器人的末端执行器能够从各个方向到达的空间区域，可达任务空间是机器人至少从一个方向上有一个方位可以达到的空间。灵巧任务空间是可达任务空间的子集。

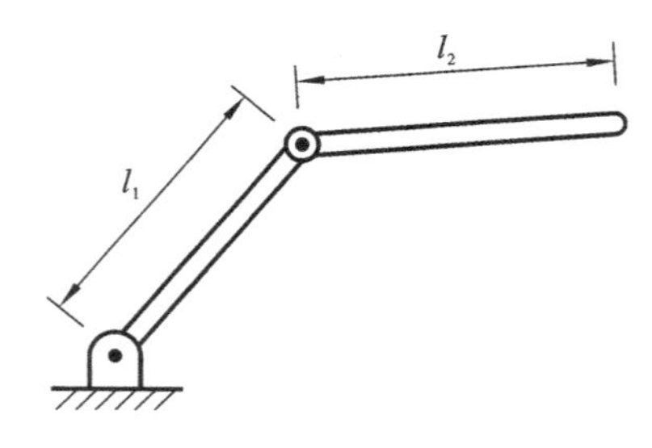

图 2.15 连杆长度为 l_1 和 l_2 的两连杆机械臂

如图 2.15 所示为两连杆机械臂的任务空间，假设所有关节能够旋转 360°，两杆长度分别为 l_1 和 l_2。如果两连杆长度相等，则可达任务空间是半径为杆长两倍的圆，而灵巧任务空间仅是原点。如果两连杆长度不相等，则没有灵巧任务空间，可达任务空间为一外径为两连杆长度之和、内径为两连杆长度差的圆环。在可达任务空间内部，末端执行器有两种可能的方位，在任务空间的边界上只有一种可能的方位。当关节旋转角度不能达到 360°时，显然任务空间的范围或可能的姿态的数目相应减小。

当一个机械臂少于 6 个自由度时，它在三维空间内不能达到全部位姿。显然，图 2.15 中的平面机械臂不能伸出平面。在很多实际情况中，具有 4 个或 5 个自由度的机械臂能够超出平面操作，但显然不能达到全部目标点。

2）多重解问题

在求解逆运动学问题时可能遇到的另一个问题就是多重解问题。当给定适当的连杆长度和大的关节运动范围时，一个具有三个旋转关节的平面机械臂，由于从任何方位均可到达任务空间内的任何位置，有较大的灵巧任务空间。图 2.16 所示为在某一位姿下带有末端执行器的三连杆平面机械臂。虚线表示另一个可能的位形，在这个位形下，末端执行器的可达位姿与第一个位形相同。

因为系统最终只能选择一个解，因此要根据实际情况或不同目的进行选择。例如在图 2.17中，如果机械臂处于点 A，我们希望它移动到点 B，在没有障碍的情况下，可选择图 2.17 中上部虚线所示的位形，每一个运动关节的移动量最小。在存在障碍的情况下，"最短行程"解可能发生干涉，这时只能选择"较长行程"解。这样，在图 2.17 中，需要按照下部虚线所示的位形才能到达点 B。

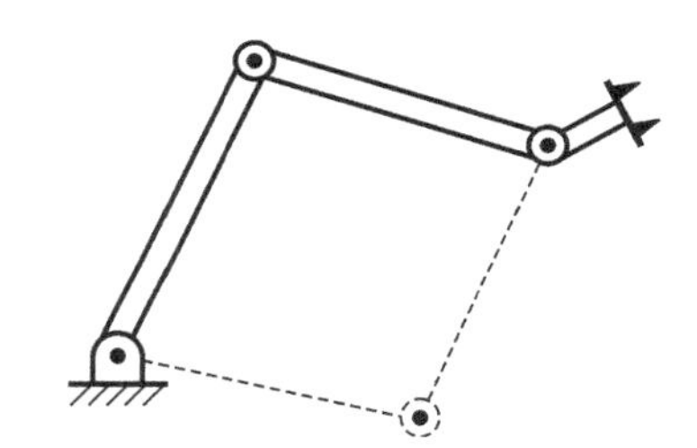

图 2.16　三连杆平面机械臂，虚线代表第二个解

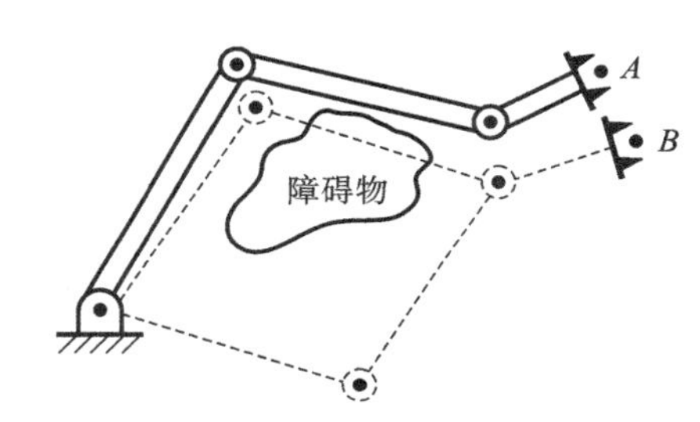

图 2.17　到达点 B 有两个解，其中一个解会引起干涉

运动学逆解的个数取决于机械臂的关节数量。通常，连杆非零参数越多，解的个数也越多。

2.6.2　代数解法与几何解法

机器人逆运动学求解有多种方法，一般分为两类：封闭解法和数值解法。封闭解法计算速度快、效率高、便于实时控制，在求逆解时，总是力求得到封闭解。封闭解法有代数解法和几何解法两种。下面用两种不同方法对一个简单的平面三连杆机械臂进行求解。

1）代数解法

以三连杆平面机械臂为例，如图 2.18 所示，D-H 参数如表 2.4 所示。

表 2.4　平面三连杆机械臂 D-H 参数

i	d_i	θ_i	α_{i-1}	a_{i-1}
1	0	θ_1	0	0
2	0	θ_2	0	l_1
3	0	θ_3	0	l_2

求得机械臂的正运动学方程为

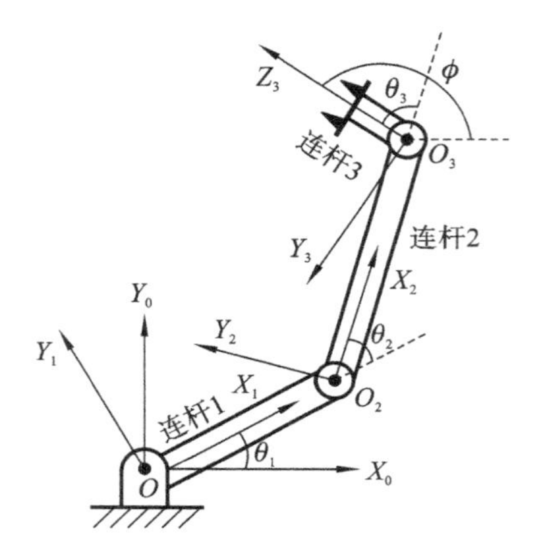

图 2.18　平面三连杆机械臂

$$ {}_W^BT = {}_3^0T = \begin{bmatrix} c_{123} & -s_{123} & 0 & l_1c_1+l_2c_{12} \\ s_{123} & c_{123} & 0 & l_1s_1+l_2s_{12} \\ 0 & 0 & 1 & 0 \\ 0 & 0 & 0 & 1 \end{bmatrix} \tag{2.42} $$

为了讨论逆运动学问题，假设已知末端坐标系相对于基坐标系的变换，即${}_3^0T$。由于我们研究的是平面机械臂，因此通过确定三个量 x,y 和 ϕ 很容易确定目标点的位置，其中 ϕ 是连杆 3 相对于基坐标系的方位角。假定这个矩阵为

$$ {}_3^0T = \begin{bmatrix} c_\phi & -s_\phi & 0 & x \\ s_\phi & c_\phi & 0 & y \\ 0 & 0 & 1 & 0 \\ 0 & 0 & 0 & 1 \end{bmatrix} \tag{2.43} $$

所有可达目标点必须位于式(2.43)描述的子空间内。令式(2.42)和式(2.43)相等，可以求得四个非线性方程，进而求出 θ_1,θ_2 和 θ_3 。

$$ c_\phi = c_{123} = \cos(\theta_1+\theta_2+\theta_3) \tag{2.44} $$

$$ s_\phi = s_{123} = \sin(\theta_1+\theta_2+\theta_3) \tag{2.45} $$

$$ x = l_1c_1 + l_2c_{12} \tag{2.46} $$

$$ y = l_1s_1 + l_2s_{12} \tag{2.47} $$

现在用代数方法求解方程式(2.44)至式(2.47)。将式(2.46)和式(2.47)同时求平方，然后相加，得到

$$ x^2 + y^2 = l_1^2 + l_2^2 + 2l_1l_2c_2 \tag{2.48} $$

由三角函数知识可知，

$$ \begin{cases} c_{12} = c_1c_2 - s_1s_2 \\ s_{12} = c_1s_2 + s_1c_2 \end{cases} \tag{2.49} $$

由式(2.48)求解 c_2 ，得到

$$ c_2 = \frac{x^2+y^2-l_1^2-l_2^2}{2l_1l_2} \tag{2.50} $$

式(2.50)有解的条件是式(2.50)右边的值必须在−1 和 1 之间。在这个解法中，这个约束条件可用来检查解是否存在。如果约束条件不满足，则机械臂无法达到目标点。假定目标点在任务空间内，则 s_2 的表达式为

$$ s_2 = \pm\sqrt{1-c_2^2} \tag{2.51} $$

最后，应用二倍幅角反正切公式计算 θ_2 ，得

$$ \theta_2 = \mathrm{Atan2}(s_2, c_2) \tag{2.52} $$

式(2.52)的符号需根据式(2.51)的正解或负解来确定。在确定 θ_2 时，再次应用求解运动学参数的方法，即常用的先确定期望关节角的正弦和余弦，然后应用二倍幅角反正切公式的方法。这样可确保得出所有的解，且所求的角度是在适当的象限里。求出了 θ_2 ，可以根据式(2.46)和式(2.47)求出 θ_1 ，将式(2.46)和式(2.47)写成如下形式：

$$ x = k_1c_1 - k_2s_1 \tag{2.53} $$

$$ y = k_1s_1 + k_2c_1 \tag{2.54} $$

式中：

$$\begin{cases} k_1 = l_1 + l_2 c_2 \\ k_2 = l_2 s_2 \end{cases}$$

为了求解这种形式的方程，可进行变量代换，实际上就是改变常数 k_1 和 k_2 的形式。

如果

$$r = \sqrt{k_1^2 + k_2^2} \tag{2.55}$$

并且

$$\gamma = \text{Atan2}(k_2, k_1) \tag{2.56}$$

则

$$\begin{cases} k_1 = r\cos\gamma \\ k_2 = r\sin\gamma \end{cases} \tag{2.57}$$

将式(2.57)代入式(2.53)和式(2.54)中，可以写成

$$\frac{x}{r} = \cos\gamma c_1 - \sin\gamma s_1 \tag{2.58}$$

$$\frac{y}{r} = \cos\gamma s_1 + \sin\gamma c_1 \tag{2.59}$$

因此

$$\cos(\gamma + \theta_1) = \frac{x}{r} \tag{2.60}$$

$$\sin(\gamma + \theta_1) = \frac{y}{r} \tag{2.61}$$

利用二倍幅角反正切公式，得

$$\gamma + \theta_1 = \text{Atan2}\left(\frac{y}{r}, \frac{x}{r}\right) = \text{Atan2}(y, x) \tag{2.62}$$

从而

$$\theta_1 = \text{Atan2}(y, x) - \text{Atan2}(k_2, k_1) \tag{2.63}$$

θ_2 符号的不同将导致 k_2 符号的变化，因此影响到 θ_1 。

最后，由式(2.44)和式(2.45)能够求出 θ_1、θ_2、θ_3 的和：

$$\theta_1 + \theta_2 + \theta_3 = \text{Atan2}(s_\phi, c_\phi) = \phi \tag{2.64}$$

由于 θ_1 和 θ_2 已知，从而可以解出 θ_3 。

2）几何解法

在几何方法中，为求出机械臂的解，需将机械臂的空间几何参数分解成为平面几何参数，这种方法在求解大多数机械臂时(特别是当 $\alpha_i = 0$ 或 $\pm 90°$ 时)是比较容易的，再应用平面几何方法就可以求出关节角度。

图 2.19 表示出了由 l_1 和 l_2 所组成的机械臂及连接基坐标系原点和末端坐标系原点的连线。图中虚线表示另一种可能位姿，同样能够达到末端坐标系的位置。对于实线表示的位姿，利用余弦定理求解 θ_2 。

$$x^2 + y^2 = l_1^2 + l_2^2 - 2l_1 l_2 \cos(180° - \theta_2) \tag{2.65}$$

由于 $\cos(180° - \theta_2) = -\cos\theta_2$，所以有

$$\cos\theta_2 = \frac{x^2 + y^2 - l_1^2 - l_2^2}{2l_1 l_2} \tag{2.66}$$

为使该位姿成立，到目标点的距离 $\sqrt{x^2 + y^2}$ 必须小于或等于两个连杆的长度之和 $l_1 + l_2$ ，

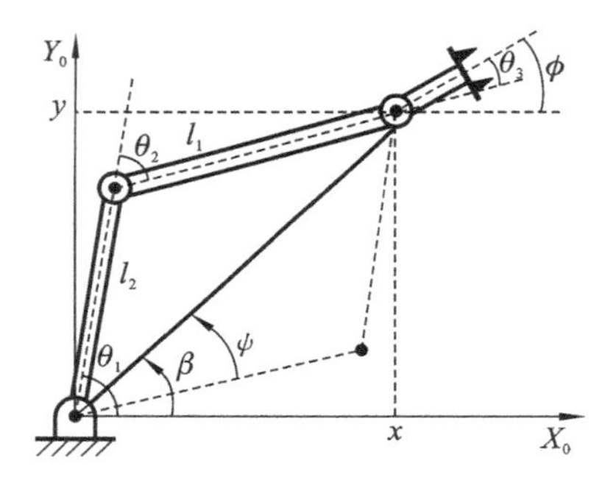

图 2.19　平面三连杆机器人的平面几何关系

可用上述条件计算校核该解是否存在。假设解存在，那么由该方程所解得的 θ_2 应在 0～180°范围内，只有这些值能够使图 2.19 中的位姿成立，另一个可能的解（如虚线所示）可以通过对称关系 $\theta_2' = -\theta_2$ 得到。

为求解 θ_1，需要建立如图 2.19 所示的 ψ 和 β 的表达式。β 可以位于任意象限，由 x 和 y 的符号决定。为此，应用二倍幅角反正切公式可得

$$\beta = \mathrm{Atan2}(y, x) \tag{2.67}$$

再利用余弦定理解出 ψ：

$$\cos\psi = \frac{x^2 + y^2 + l_1^2 - l_2^2}{2l_1\sqrt{x^2 + y^2}} \tag{2.68}$$

再求反余弦，且使 $0 \leqslant \psi \leqslant 180°$，以便令式(2.68)所示的几何关系成立。于是有

$$\theta_1 = \beta \pm \psi \tag{2.69}$$

式中：当 $\theta_2 < 0$ 时，θ_1 取“+”号；当 $\theta_2 > 0$ 时，θ_1 取“−”号。

由于平面内的角度可以相加，因此三个连杆的角度之和即为最后一个连杆的姿态：

$$\theta_1 + \theta_2 + \theta_3 = \phi \tag{2.70}$$

由式(2.70)求出 θ_3，便得到这个机械臂的全部解。

2.6.3　三轴相交的 PIEPER 解法

一般具有 6 个自由度的机器人没有封闭解，但在一些特殊情况下还是可解的。本节将介绍 PIEPER 解法，该方法可用来求解六个关节均为旋转关节且后面三个轴相交的机械臂的逆运动学问题。

对于六自由度机器人，如图 2.12 所示的 PUMA-560 机器人，当最后三根轴相交时，连杆坐标系{4}，{5}和{6}原点均位于这个交点上。这点的基坐标如下：

$$^{0}\boldsymbol{P}_{4\mathrm{ORG}} = {}^{0}_{1}\boldsymbol{T}\,{}^{1}_{2}\boldsymbol{T}\,{}^{2}_{3}\boldsymbol{T}\,{}^{3}\boldsymbol{P}_{4\mathrm{ORG}} = \begin{bmatrix} x \\ y \\ z \\ 1 \end{bmatrix} \tag{2.71}$$

即，对于 $i = 4$，由式(2.27)的机器人运动学变换矩阵可知，

$$^{0}\boldsymbol{P}_{4\mathrm{ORG}} = {}^{0}_{1}\boldsymbol{T}\,{}^{1}_{2}\boldsymbol{T}\,{}^{2}_{3}\boldsymbol{T} \begin{bmatrix} a_3 \\ -d_4\sin\alpha_3 \\ d_4\cos\alpha_3 \\ 1 \end{bmatrix} \tag{2.72}$$

或

$$^{0}\boldsymbol{P}_{4\mathrm{ORG}} = {}^{0}_{1}\boldsymbol{T}\,{}^{1}_{2}\boldsymbol{T} \begin{bmatrix} f_1 \\ f_2 \\ f_3 \\ 1 \end{bmatrix} \tag{2.73}$$

式中：

$$\begin{bmatrix} f_1 \\ f_2 \\ f_3 \\ 1 \end{bmatrix} = {}^2_3\boldsymbol{T} \begin{bmatrix} a_3 \\ -d_4\sin\alpha_3 \\ d_4\cos\alpha_3 \\ 1 \end{bmatrix}$$

在式(2.73)中，由式(2.27)的机器人运动学变换矩阵得出下列 f_i 的表达式：

$$\begin{cases} f_1 = a_3c_3 + d_4\sin\alpha_3 s_3 + a_2 \\ f_2 = a_3\cos\alpha_2 s_3 - d_4\sin\alpha_3\cos\alpha_2 c_3 - d_4\sin\alpha_2\cos\alpha_3 - d_3\sin\alpha_2 \\ f_3 = a_3\sin\alpha_2 s_3 - d_4\sin\alpha_3\sin\alpha_2 c_3 + d_4\cos\alpha_2\cos\alpha_3 + d_3\cos\alpha_2 \end{cases} \tag{2.74}$$

在式(2.73)中，对${}^0_1\boldsymbol{T}$ 和${}^1_2\boldsymbol{T}$ 应用机器人运动学变换矩阵式(2.27)可得

$$^0\boldsymbol{P}_{4\mathrm{ORG}} = \begin{bmatrix} c_1g_1 - s_1g_2 \\ s_1g_1 + c_1g_2 \\ g_3 \\ 1 \end{bmatrix} \tag{2.75}$$

式中：

$$g_1 = c_2f_1 - s_2f_2 + a_1$$
$$g_2 = s_2\cos\alpha_1 f_1 + c_2\cos\alpha_1 f_2 - \sin\alpha_1 f_3 - d_2\sin\alpha_1$$
$$g_3 = s_2\sin\alpha_1 f_1 + c_2\sin\alpha_1 f_2 + \cos\alpha_1 f_3 + d_2\cos\alpha_1$$

现在写出$^0\boldsymbol{P}_{4\mathrm{ORG}}$平方的表达式，这里 $r = x^2 + y^2 + z^2$ ，从式(2.75)可以看出

$$r = g_1^2 + g_2^2 + g_3^2 \tag{2.76}$$

由式(2.75)得

$$r = f_1^2 + f_2^2 + f_3^2 + a_1^2 + d_2^2 + 2d_2f_3 + 2a_1(c_2f_1 - s_2f_2) \tag{2.77}$$

现在，由式(2.75)写出 z 方向分量方程，这个系统的两个方程如下：

$$\begin{cases} r = (k_1c_2 + k_2s_2)2a_1 + k_3 \\ z = (k_1s_2 - k_2c_2)\sin\alpha_1 + k_4 \end{cases} \tag{2.78}$$

式中：

$$k_1 = f_1$$
$$k_2 = -f_2$$
$$k_3 = f_1^2 + f_2^2 + f_3^2 + a_1^2 + d_2^2 + 2d_2f_3$$
$$k_4 = f_3\cos\alpha_1 + d_2\cos\alpha_1$$

式(2.78)消去了关节变量 θ_1 ，并且简化了关节变量 θ_2 的形式。

现在分三种情况讨论如何由式(2.78)求解 θ_3 。

(1) 若 $a_1 = 0$ ，则 $r = k_3$，r 是已知的。k_3 的右边仅是关于 θ_3 的函数。经过几何变换后，由包含 $\tan\dfrac{\theta_3}{2}$的一元二次方程可以解出 θ_3 。

(2) 若 $\sin\alpha_1 = 0$，则 $z = k_4$，z 是已知的。再次经过几何变换后，利用步骤(1)的一元二次方程可以解出 θ_3 。

(3) 否则，从方程式(2.78)中消去 s_2 和 c_2 ，得到

$$\frac{(r-k_3)^2}{4a_1^2} + \frac{(z-k_4)^2}{\sin^2\alpha_1} = k_1^2 + k_2^2 \tag{2.79}$$

解出 θ_3 ，可得到一个四次方程，由此可解出 θ_3 。解出 θ_3 后，就可以根据式(2.78)解出 θ_2 。

还需要求出 θ_4、θ_5、θ_6。由于这些轴相交，故这些关节角只影响最后一根连杆的方位，只需计算指定目标的方向${}^0_6\boldsymbol{R}$。当求出 θ_1、θ_2、θ_3 时，若 $\theta_4=0$，可以由连杆坐标系{4}相对于基坐标系的方位计算出${}^0_4\boldsymbol{R}|_{\theta_4=0}$。坐标系{6}的期望方位与连杆坐标系{4}的方位差别取决于最后三个关节。由于${}^0_6\boldsymbol{R}$已知，因此这个问题可以通过如下计算得出结果。

$$ {}^4_6\boldsymbol{R}\,|_{\theta_4=0} = {}^0_4\boldsymbol{R}^{-1}\,|_{\theta_4=0}\,{}^0_6\boldsymbol{R} \tag{2.80}$$

对于任何一个 4、5、6 轴相交的机械臂，最后三个关节角均能组成一组欧拉角。最后的三个关节通常有两种解，因此这种机械臂解的总数就是前三个关节解的数量的两倍。

2.6.4 PUMA 机器人逆运动学

按照前面介绍的 D-H 参数的定义及齐次变换矩阵的相关知识，已通过本章 2.5.2 节得到 PUMA-560 机器人 D-H 参数和各个连杆的坐标变换矩阵。根据给定的末端位姿式(2.81)，求解机器人各个关节的关节角 $\theta_1 \sim \theta_6$。

$$\boldsymbol{T}=\begin{bmatrix} n_x & o_x & a_x & p_x \\ n_y & o_y & a_y & p_y \\ n_z & o_z & a_z & p_z \\ 0 & 0 & 0 & 1 \end{bmatrix} \tag{2.81}$$

1) 求解 θ_1

由 $\boldsymbol{T}=\boldsymbol{A}_1\boldsymbol{A}_2\boldsymbol{A}_3\boldsymbol{A}_4\boldsymbol{A}_5\boldsymbol{A}_6$，可得

$$\boldsymbol{A}_1^{-1}\boldsymbol{T}=\boldsymbol{A}_2\boldsymbol{A}_3\boldsymbol{A}_4\boldsymbol{A}_5\boldsymbol{A}_6 \tag{2.82}$$

将等式两端分别展开，得到式(2.83)和式(2.84)。由于在这个等式中，我们只关心矩阵第四列的计算结果，所以在式(2.83)和式(2.84)中没有写出具体的计算结果，而是用一些变量来代替。

$$\begin{aligned}\boldsymbol{A}_1^{-1}\boldsymbol{T}&=\begin{bmatrix} c_1 & s_1 & 0 & 0 \\ -s_1 & c_1 & 0 & 0 \\ 0 & 0 & 1 & 0 \\ 0 & 0 & 0 & 1 \end{bmatrix}\begin{bmatrix} n_x & o_x & a_x & p_x \\ n_y & o_y & a_y & p_y \\ n_z & o_z & a_z & p_z \\ 0 & 0 & 0 & 1 \end{bmatrix}\\ &=\begin{bmatrix} t_{11} & t_{12} & t_{13} & c_1p_x+s_1p_y \\ t_{21} & t_{22} & t_{23} & -s_1p_x+c_1p_y \\ t_{31} & t_{32} & t_{33} & p_z \\ 0 & 0 & 0 & 1 \end{bmatrix}\end{aligned} \tag{2.83}$$

$$\boldsymbol{A}_2\boldsymbol{A}_3\boldsymbol{A}_4\boldsymbol{A}_5\boldsymbol{A}_6=\begin{bmatrix} m_{11} & m_{12} & m_{13} & a_2c_2+a_3c_{23}-d_4s_{23} \\ m_{21} & m_{22} & m_{23} & d_2 \\ m_{31} & m_{32} & m_{33} & -a_2s_2-a_3s_{23}-d_4c_{23} \\ 0 & 0 & 0 & 1 \end{bmatrix} \tag{2.84}$$

由式(2.83)和式(2.84)的第二行第四列的对应元素相等，可以得到

$$-s_1p_x+c_1p_y=d_2 \tag{2.85}$$

令

$$\begin{cases} p_x = \rho\cos\varphi \\ p_y = \rho\sin\varphi \\ \rho = \sqrt{p_x^2 + p_y^2} \\ \varphi = \mathrm{Atan2}(p_y, p_x) \end{cases} \tag{2.86}$$

将式(2.86)代入式(2.85),利用三角函数公式得到

$$\begin{cases} \sin(\varphi - \theta_1) = \dfrac{d_2}{\rho} \\ \cos(\varphi - \theta_1) = \pm\sqrt{1 - \left(\dfrac{d_2}{\rho}\right)^2} \end{cases} \tag{2.87}$$

由式(2.87),利用二倍幅角反正切函数得到 $\varphi - \theta_1$:

$$\varphi - \theta_1 = \mathrm{Atan2}\left[\frac{d_2}{\rho}, \pm\sqrt{1 - \left(\frac{d_2}{\rho}\right)^2}\right] \tag{2.88}$$

将式(2.86)中的 φ 代入式(2.88)中,得到 θ_1 的两个解:

$$\begin{aligned} \theta_1 &= \mathrm{Atan2}(p_y, p_x) - \mathrm{Atan2}\left[\frac{d_2}{\rho}, \pm\sqrt{1 - \left(\frac{d_2}{\rho}\right)^2}\right] \\ &= \mathrm{Atan2}(p_y, p_x) - \mathrm{Atan2}\left(d_2, \pm\sqrt{p_x^2 + p_y^2 - d_2^2}\right) \end{aligned} \tag{2.89}$$

2) 求解 θ_3

由式(2.83)和式(2.84)第四列前三行的对应元素相等,可以得到

$$\begin{cases} c_1 p_x + s_1 p_y = a_2 c_2 + a_3 c_{23} - d_4 s_{23} \\ -s_1 p_x + c_1 p_y = d_2 \\ p_z = -a_2 s_2 - a_3 s_{23} - d_4 c_{23} \end{cases} \tag{2.90}$$

对式(2.90)求平方和,得到

$$-s_3 d_4 + a_3 c_3 = k \tag{2.91}$$

式中:$k = (p_x^2 + p_y^2 + p_z^2 - a_2^2 - a_3^2 - d_2^2 - d_4^2)/2a_2$ 。

参考式(2.85)中 θ_1 的求解方法,由式(2.91)可以得到 θ_3 的两个解:

$$\theta_3 = \mathrm{Atan2}(a_3, d_4) - \mathrm{Atan2}\left(k, \pm\sqrt{a_3^2 + d_4^2 - k^2}\right) \tag{2.92}$$

3) 求解 θ_2

由式(2.82),进一步可得

$$\boldsymbol{A}_3^{-1}\boldsymbol{A}_2^{-1}\boldsymbol{A}_1^{-1}\boldsymbol{T} = \boldsymbol{A}_4\boldsymbol{A}_5\boldsymbol{A}_6 \tag{2.93}$$

在式(2.93)中,等式的左边还有一个未知参数 θ_2,由等式右边的常数项与等式左边含有的 θ_2 项相等,就可以求出 θ_2 。将式(2.93)左右两侧分别展开,得到式(2.94)和式(2.95),由于第一列和第二列的数据对求取 θ_2 无用,这里为了简化计算,没有列出,只用一些变量代替。

$$\boldsymbol{A}_3^{-1}\boldsymbol{A}_2^{-1}\boldsymbol{A}_1^{-1}\boldsymbol{T} = \begin{bmatrix} t_{11} & t_{12} & c_1 c_{23} a_x + s_1 c_{23} a_y - s_{23} a_z & c_1 c_{23} p_x + s_1 c_{23} p_y - s_{23} p_z - a_2 c_3 \\ t_{21} & t_{22} & -c_1 s_{23} a_x - s_1 s_{23} a_y - c_{23} a_z & -c_1 s_{23} p_x - s_1 s_{23} p_y - c_{23} p_z + a_2 s_3 \\ t_{31} & t_{32} & -s_1 a_x + c_1 a_y & -s_1 p_x + c_1 p_y - d_2 \\ 0 & 0 & 0 & 1 \end{bmatrix} \tag{2.94}$$

$$\boldsymbol{A}_4\boldsymbol{A}_5\boldsymbol{A}_6 = \begin{bmatrix} m_{11} & m_{12} & -c_4 s_5 & a_3 \\ m_{21} & m_{22} & c_5 & d_4 \\ m_{31} & m_{32} & s_4 s_5 & 0 \\ 0 & 0 & 0 & 1 \end{bmatrix} \tag{2.95}$$

式(2.95)第四列第一行和第二行的元素与式(2.94)中的对应项相等,可得

$$\begin{cases} c_1 c_{23} p_x + s_1 c_{23} p_y - s_{23} p_z - a_2 c_3 = a_3 \\ -c_1 s_{23} p_x - s_1 s_{23} p_y - c_{23} p_z + a_2 s_3 = d_4 \end{cases} \tag{2.96}$$

在式(2.96)中,可以将 s_{23} 和 c_{23} 看成是两个变量,则式(2.96)可以转换成线性方程,由线性方程组求解,可以得到 s_{23} 和 c_{23} 。

$$\begin{cases} s_{23} = \dfrac{(-a_3 - a_2 c_3) p_z + (c_1 p_x + s_1 p_y)(a_2 s_3 - d_4)}{p_z^2 + (c_1 p_x + s_1 p_y)^2} \\ c_{23} = \dfrac{(-d_4 - a_2 s_3) p_z - (c_1 p_x + s_1 p_y)(-a_2 c_3 - a_3)}{p_z^2 + (c_1 p_x + s_1 p_y)^2} \end{cases} \tag{2.97}$$

由式(2.97)可以得到 θ_2 的解:

$$\begin{aligned} \theta_2 = \operatorname{Atan2}[&(-a_3 - a_2 c_3) p_z + (c_1 p_x + s_1 p_y)(a_2 s_3 - d_4), \\ &(-d_4 - a_2 s_3) p_z - (c_1 p_x + s_1 p_y)(-a_2 c_3 - a_3)] - \theta_3 \end{aligned} \tag{2.98}$$

由于 θ_1 和 θ_3 各有两组解,所以 θ_2 有四组解。

4) 求解 θ_4

由式(2.94)第三列第一行元素及第三列第三行元素与式(2.95)中的对应项相等,可以得到:

$$\begin{cases} c_1 c_{23} a_x + s_1 c_{23} a_y - s_{23} a_z = -c_4 s_5 \\ -s_1 a_x + c_1 a_y = s_4 s_5 \end{cases} \tag{2.99}$$

$s_5 \neq 0$,由式(2.99)可以得到 θ_4 的两组解:

$$\begin{cases} \theta_{41} = \operatorname{Atan2}(-s_1 a_x + c_1 a_y, -c_1 c_{23} a_x - s_1 c_{23} a_y + s_{23} a_z) \\ \theta_{42} = \theta_{41} + \pi \end{cases} \tag{2.100}$$

当 $\theta_5 = 0$ 时,有无穷多组 θ_4 和 θ_6 构成同一位姿,即逆运动学求解会有无穷多组解。

5) 求解 θ_5

由式(2.82)进一步可得

$$\boldsymbol{A}_4^{-1}\boldsymbol{A}_3^{-1}\boldsymbol{A}_2^{-1}\boldsymbol{A}_1^{-1}\boldsymbol{T} = \boldsymbol{A}_5\boldsymbol{A}_6 \tag{2.101}$$

求解出 $\theta_1 \sim \theta_4$ 后,在式(2.101)的左边已经没有未知数。等式右边展开后可得式(2.102),利用第三列第一行、第三行的元素与等式左边展开后的对应项相等,可得式(2.103),由式(2.103)就可以得到 θ_5 。

$$\boldsymbol{A}_5\boldsymbol{A}_6 = \begin{bmatrix} c_5 c_6 & -c_5 s_6 & -s_5 & 0 \\ s_6 & c_6 & 0 & 0 \\ s_5 s_6 & -s_5 c_6 & c_5 & 0 \\ 0 & 0 & 0 & 1 \end{bmatrix} \tag{2.102}$$

$$\begin{cases} s_5 = -(c_1 c_{23} c_4 + s_1 s_4) a_x - (s_1 c_{23} c_4 - c_1 s_4) a_y + s_{23} c_4 a_z \\ c_5 = -c_1 s_{23} a_x - s_1 s_{23} a_y - c_{23} a_z \end{cases} \tag{2.103}$$

$$\theta_5 = \operatorname{Atan2}(s_5, c_5) \tag{2.104}$$

6) 求解 θ_6

由式(2.82)进一步得到

$$\boldsymbol{A}_5^{-1}\boldsymbol{A}_4^{-1}\boldsymbol{A}_3^{-1}\boldsymbol{A}_2^{-1}\boldsymbol{A}_1^{-1}\boldsymbol{T} = \boldsymbol{A}_6 \tag{2.105}$$

在求得 $\theta_1 \sim \theta_5$ 后,式(2.105)的左边已没有未知数。等式右边的 $\boldsymbol{A}_6$ 前面已计算得到,利用式(2.94)两边第一列第一行、第三行的元素对应相等,可得

$$\begin{cases} s_6 = -(c_1c_{23}s_4 - s_1c_4)n_x - (s_1c_{23}s_4 + c_1c_4)n_y + s_{23}s_4n_z \\ c_6 = [(c_1c_{23}c_4 + s_1s_4)c_5 - c_1s_{23}s_5]n_x + [(s_1c_{23}c_4 - c_1s_4)c_5 - s_1s_{23}s_5]n_y - (s_{23}c_4c_5 + c_{23}s_5)n_z \end{cases} \tag{2.106}$$

由式(2.106)可得

$$\theta_6 = \mathrm{Atan2}(s_6, c_6) \tag{2.107}$$

PUMA机器人的逆运动学共有8组解,由于机械约束,这8组解中部分解处于机器人的不可达空间。在实际应用中,根据机器人的实际可达空间,以及机器人当前的运动情况,确定所需要的逆运动学的解。

2.7 速度雅可比矩阵与速度分析

2.7.1 刚体的线速度与角速度

描述刚体的运动可以在刚体上设定固定坐标系,因此,刚体运动等同于一个坐标系相对于参考坐标系的运动,从而可在此基础上求解刚体的线速度与角速度。

1) 线速度

把坐标系$\{B\}$固连在一刚体上,描述点Q相对于参考坐标系$\{A\}$运动的线速度,如图2.20所示。

坐标系$\{B\}$相对于坐标系$\{A\}$的位姿用位置矢量${}^A\boldsymbol{P}_{BORG}$和旋转矩阵${}^A_B\boldsymbol{R}$来描述。假定方位${}^A_B\boldsymbol{R}$不随时间变化,则点$Q$相对于坐标系$\{A\}$的运动是由于${}^A\boldsymbol{P}_{BORG}$或${}^B\boldsymbol{Q}$随时间的变化引起的。

坐标系$\{A\}$中点Q的线速度为坐标系$\{A\}$中的两个速度分量之和:

$${}^A\boldsymbol{V}_Q = {}^A\boldsymbol{V}_{BORG} + {}^A_B\boldsymbol{R}\,{}^B\boldsymbol{V}_Q \tag{2.108}$$

式(2.108)只适用于坐标系$\{B\}$和坐标系$\{A\}$的相对方位保持不变的情况。

2) 角速度

假设两坐标系的原点重合、相对线速度为零,而且它们的原点始终保持重合,其中一个或这两个坐标系都固连在刚体上。坐标系$\{B\}$相对于坐标系$\{A\}$的方位随时间变化。如图2.21所示,用矢量${}^A\boldsymbol{\Omega}_B$来表示$\{B\}$相对于$\{A\}$的旋转角速度。坐标系$\{B\}$中一个固定点的位置由矢量${}^B\boldsymbol{Q}$确定。

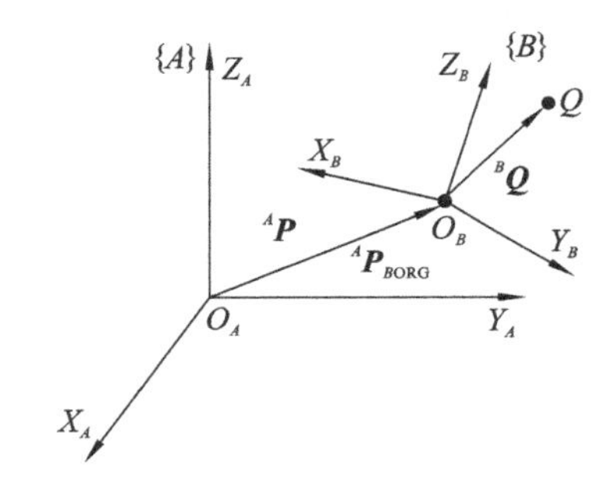

图2.20 坐标系$\{B\}$以速度${}^A\boldsymbol{V}_{BORG}$相对于坐标系$\{A\}$平移

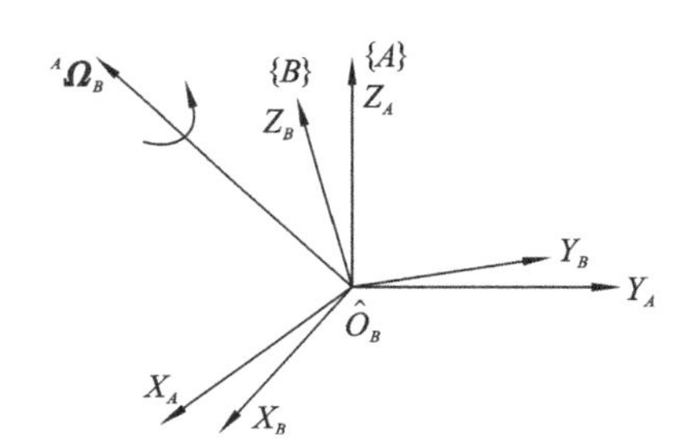

图2.21 角速度方向

固定在坐标系$\{B\}$中的矢量$^{B}\boldsymbol{Q}$以角速度$^{A}\boldsymbol{\Omega}_{B}$相对于坐标系$\{A\}$旋转，假设矢量$\boldsymbol{Q}$在坐标系$\{B\}$中的速度为零，即

$$^{B}\boldsymbol{V}_{Q}=\boldsymbol{0} \tag{2.109}$$

则点$\boldsymbol{Q}$在坐标系$\{A\}$中的速度为旋转角速度$^{A}\boldsymbol{\Omega}_{B}$。从坐标系$\{A\}$中观测到的$^{A}\boldsymbol{V}_{Q}$为

$$^{A}\boldsymbol{V}_{Q}={}^{A}\boldsymbol{\Omega}_{B}\times{}^{A}\boldsymbol{Q} \tag{2.110}$$

在一般情况下，矢量$\boldsymbol{Q}$是相对于坐标系$\{B\}$变化的，因此，

$$^{A}\boldsymbol{V}_{Q}={}^{A}\boldsymbol{\Omega}_{B}\times{}^{A}\boldsymbol{Q}+{}^{A}({}^{B}\boldsymbol{V}_{Q}) \tag{2.111}$$

由于任一瞬时矢量$^{A}\boldsymbol{Q}$可以描述为${}_{B}^{A}\boldsymbol{R}^{B}\boldsymbol{Q}$，因此可以得到

$$^{A}\boldsymbol{V}_{Q}={}_{B}^{A}\boldsymbol{R}^{B}\boldsymbol{V}_{Q}+{}^{A}\boldsymbol{\Omega}_{B}\times{}_{B}^{A}\boldsymbol{R}^{B}\boldsymbol{Q} \tag{2.112}$$

3）线速度和角速度同时存在的情况

通过把原点的线速度加到式(2.112)中去，可以非常容易地将式(2.111)扩展到原点不重合的情况，坐标系$\{B\}$中固定速度矢量在坐标系$\{A\}$中表达的普遍公式为

$$^{A}\boldsymbol{V}_{Q}={}^{A}\boldsymbol{V}_{\mathrm{BORG}}+{}_{B}^{A}\boldsymbol{R}^{B}\boldsymbol{V}_{Q}+{}^{A}\boldsymbol{\Omega}_{B}\times{}_{B}^{A}\boldsymbol{R}^{B}\boldsymbol{Q} \tag{2.113}$$

方程式(2.113)表示的是从固定坐标系观测运动坐标系中的速度矢量。

2.7.2　机器人连杆运动分析

在机器人的运动分析中，一般定义连杆坐标系$\{0\}$为基坐标系。$\boldsymbol{v}_i$表示连杆i的线速度，$\boldsymbol{\omega}_i$表示连杆i的角速度。任一时刻，机器人的每个连杆都具有一定的线速度和角速度。机械臂的链式结构导致其中每一个连杆的运动都与它的相邻杆有关。我们可以从基坐标系依次计算各连杆的速度。连杆$i+1$的速度等于连杆i的速度加上那些附加到关节$i+1$上的新的速度分量。图2.22所示为连杆i和$i+1$，以及在连杆坐标系中定义的速度矢量，$^{i}\boldsymbol{\omega}_{i}$和$^{i+1}\boldsymbol{\omega}_{i+1}$分别表示连杆$i$和连杆$i+1$的角速度，$^{i}\boldsymbol{v}_{i}$和$^{i+1}\boldsymbol{v}_{i+1}$分别表示连杆$i$和连杆$i+1$的线速度，$\theta_{i+1}$表示连杆$i+1$相对于关节$i+1$的转角，坐标系$\{i+1\}$相对于坐标系$\{i\}$的位置矢量用向量$^{i}\boldsymbol{P}_{i+1}$来表示。如果两个角速度矢量均是相对于同一个坐标系而言的，那么这些角速度可以相加。于是，连杆$i+1$的角速度等于连杆i的角速度与一个由关节$i+1$的角速度引起的分量的和。上述关系可写成

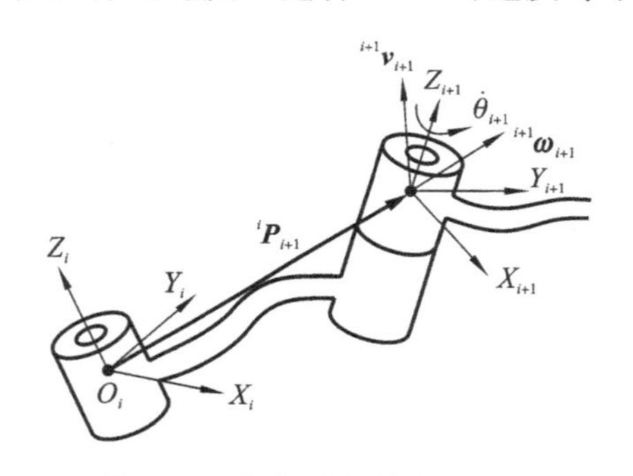

图2.22　相邻连杆的速度矢量

$$^{i}\boldsymbol{\omega}_{i+1}={}^{i}\boldsymbol{\omega}_{i}+{}_{i+1}^{i}\boldsymbol{R}\,\dot{\theta}_{i+1}{}^{i+1}\boldsymbol{Z}_{i+1} \tag{2.114}$$

其中，

$$\dot{\theta}_{i+1}{}^{i+1}\boldsymbol{Z}_{i+1}={}^{i+1}\begin{bmatrix}0\\0\\\dot{\theta}_{i+1}\end{bmatrix}$$

方程(2.114)两边同时左乘${}_{i}^{i+1}\boldsymbol{R}$，得到连杆$i+1$的角速度相对于坐标系$\{i+1\}$的表达式：

$$^{i+1}\boldsymbol{\omega}_{i+1}={}_{i}^{i+1}\boldsymbol{R}\,{}^{i}\boldsymbol{\omega}_{i}+\dot{\theta}_{i+1}{}^{i+1}\boldsymbol{Z}_{i+1} \tag{2.115}$$

坐标系$\{i+1\}$原点的线速度等于坐标系$\{i\}$原点的线速度加上一个由连杆i的角速度引起的新的分量。因此有

$$ {}^{i}\boldsymbol{v}_{i+1} = {}^{i}\boldsymbol{v}_i + {}^{i}\boldsymbol{\omega}_i \times {}^{i}\boldsymbol{P}_{i+1} \tag{2.116} $$

式(2.116)两边同时左乘${}^{i+1}_{i}\boldsymbol{R}$,得

$$ {}^{i+1}\boldsymbol{v}_{i+1} = {}^{i+1}_{i}\boldsymbol{R}({}^{i}\boldsymbol{v}_i + {}^{i}\boldsymbol{\omega}_i \times {}^{i}\boldsymbol{P}_{i+1}) \tag{2.117} $$

当关节 $i+1$ 为移动关节时,连杆 $i+1$ 的角速度和线速度相对坐标系$\{i+1\}$的表达式为

$$ \begin{aligned} {}^{i+1}\boldsymbol{\omega}_{i+1} &= {}^{i+1}_{i}\boldsymbol{R}\,{}^{i}\boldsymbol{\omega}_i \\ {}^{i+1}\boldsymbol{v}_{i+1} &= {}^{i+1}_{i}\boldsymbol{R}({}^{i}\boldsymbol{v}_i + {}^{i}\boldsymbol{\omega}_i \times {}^{i}\boldsymbol{P}_{i+1}) + \dot{d}_{i+1}\,{}^{i+1}\boldsymbol{Z}_{i+1} \end{aligned} \tag{2.118} $$

其中,d_{i+1} 表示连杆 $i+1$ 相对于关节 $i+1$ 的移动距离。依次应用这些公式,可以计算出最后一个连杆的角速度和线速度。

2.7.3　速度雅可比矩阵

假设有 6 个函数,每个函数都有 6 个独立的变量,

$$ \begin{cases} y_1 = f_1(x_1, x_2, x_3, x_4, x_5, x_6) \\ y_2 = f_2(x_1, x_2, x_3, x_4, x_5, x_6) \\ \vdots \\ y_6 = f_6(x_1, x_2, x_3, x_4, x_5, x_6) \end{cases} \tag{2.119} $$

用矢量符号表示这些等式:

$$ \boldsymbol{Y} = \boldsymbol{F}(\boldsymbol{X}) \tag{2.120} $$

应用多元函数求导法则计算 y_i 的微分关于 x_j 的微分的函数,得到

$$ \begin{cases} \delta y_1 = \dfrac{\partial f_1}{\partial x_1}\delta x_1 + \dfrac{\partial f_1}{\partial x_2}\delta x_2 + \cdots + \dfrac{\partial f_1}{\partial x_6}\delta x_6 \\ \delta y_2 = \dfrac{\partial f_2}{\partial x_1}\delta x_1 + \dfrac{\partial f_2}{\partial x_2}\delta x_2 + \cdots + \dfrac{\partial f_2}{\partial x_6}\delta x_6 \\ \vdots \\ \delta y_6 = \dfrac{\partial f_6}{\partial x_1}\delta x_1 + \dfrac{\partial f_6}{\partial x_2}\delta x_2 + \cdots + \dfrac{\partial f_6}{\partial x_6}\delta x_6 \end{cases} \tag{2.121} $$

将式(2.121)写成更为简单的矢量表达式:

$$ \delta\boldsymbol{Y} = \frac{\partial \boldsymbol{F}}{\partial \boldsymbol{X}}\delta\boldsymbol{X} \tag{2.122} $$

定义式(2.122)中的 6×6 偏导数矩阵$\dfrac{\partial \boldsymbol{F}}{\partial \boldsymbol{X}}$为雅可比矩阵$\boldsymbol{J}(\boldsymbol{X})$。如果 $f_i(\boldsymbol{X})$均为非线性函数,则以上这些偏导数都是 x_i 的函数,因此式(2.122)可以表示为

$$ \delta\boldsymbol{Y} = \boldsymbol{J}(\boldsymbol{X})\delta\boldsymbol{X} \tag{2.123} $$

将式(2.123)两端对时间求一阶导数,雅可比矩阵看成是 $\boldsymbol{X}$ 中的速度向 $\boldsymbol{Y}$ 中速度的映射:

$$ \dot{\boldsymbol{Y}} = \boldsymbol{J}(\boldsymbol{X})\dot{\boldsymbol{X}} \tag{2.124} $$

任一瞬时,$\boldsymbol{X}$ 均为一个确定的值,$\boldsymbol{J}(\boldsymbol{X})$属于线性变换。如果 $\boldsymbol{X}$ 改变,线性变换也随之而变,雅可比矩阵是时变的线性变换。

在机器人学中,通常使用雅可比矩阵建立关节速度与机械臂末端的笛卡儿速度关系,即

$$ {}^{0}\boldsymbol{V} = {}^{0}\boldsymbol{J}(\boldsymbol{\Theta})\dot{\boldsymbol{\Theta}} \tag{2.125} $$

式中:$\boldsymbol{\Theta}$ 是机械臂关节矢量相对基坐标系的描述;${}^{0}\boldsymbol{V}$ 是笛卡儿速度矢量相对于基坐标的描述。笛卡儿速度矢量是指速度矢量在笛卡儿坐标系中的表达。对于任意已知机械臂位形,关节速

度和机械臂末端笛卡儿速度呈线性关系，且为瞬时线性关系，雅可比矩阵会随时间变化。对于六关节机器人，雅可比矩阵是 6×6 的矩阵，$\dot{\boldsymbol{\Theta}}$ 和 ${}^{0}\boldsymbol{V}$ 均为 6×1 的矩阵。笛卡儿速度矢量由 3×1 的线速度矢量和 3×1 的角速度矢量组成。

$$ {}^{0}\boldsymbol{V}=\begin{bmatrix} {}^{0}\boldsymbol{v} \\ {}^{0}\boldsymbol{\omega} \end{bmatrix} \tag{2.126} $$

下面介绍雅可比矩阵参考坐标系的变换，已知坐标系$\{B\}$中的雅可比矩阵${}^{B}\boldsymbol{J}(\boldsymbol{\Theta})$，即

$$ \begin{bmatrix} {}^{B}\boldsymbol{v} \\ {}^{B}\boldsymbol{\omega} \end{bmatrix}={}^{B}\boldsymbol{V}={}^{B}\boldsymbol{J}(\boldsymbol{\Theta})\dot{\boldsymbol{\Theta}} \tag{2.127} $$

可以通过式(2.128)的变换得到坐标系$\{B\}$中的 6×1 笛卡儿速度矢量相对于坐标系$\{A\}$的表达式：

$$ \begin{bmatrix} {}^{A}\boldsymbol{v} \\ {}^{A}\boldsymbol{\omega} \end{bmatrix}=\begin{bmatrix} {}^{A}_{B}\boldsymbol{R} & 0 \\ 0 & {}^{A}_{B}\boldsymbol{R} \end{bmatrix}\begin{bmatrix} {}^{B}\boldsymbol{v} \\ {}^{B}\boldsymbol{\omega} \end{bmatrix} \tag{2.128} $$

因此，可以得到

$$ \begin{bmatrix} {}^{A}\boldsymbol{v} \\ {}^{A}\boldsymbol{\omega} \end{bmatrix}=\begin{bmatrix} {}^{A}_{B}\boldsymbol{R} & 0 \\ 0 & {}^{A}_{B}\boldsymbol{R} \end{bmatrix}{}^{B}\boldsymbol{J}(\boldsymbol{\Theta})\dot{\boldsymbol{\Theta}} \tag{2.129} $$

雅可比矩阵参考坐标系的变换可由下式表示：

$$ {}^{A}\boldsymbol{J}(\boldsymbol{\Theta})=\begin{bmatrix} {}^{A}_{B}\boldsymbol{R} & 0 \\ 0 & {}^{A}_{B}\boldsymbol{R} \end{bmatrix}{}^{B}\boldsymbol{J}(\boldsymbol{\Theta}) \tag{2.130} $$

2.7.4 机器人奇异位形

2.7.3 节介绍了雅可比矩阵，如果这个矩阵是非奇异的，就可以对该矩阵 $\boldsymbol{J}(\boldsymbol{\Theta})$求逆计算出关节的速度。

$$ \dot{\boldsymbol{\Theta}}=\boldsymbol{J}^{-1}(\boldsymbol{\Theta})\boldsymbol{V} \tag{2.131} $$

当雅可比矩阵并非对所有的 $\boldsymbol{\Theta}$ 值都是可逆的时，这些位置就称为机构的奇异位形或简称奇异状态。所有机械臂在任务空间的边界都存在奇异位形，并且大多数机械臂在它们的任务空间内也有奇异位形。奇异性大致分为两类：

(1) 出现在机械臂完全展开或者收回时，末端执行器非常接近任务空间边界的奇异位形；

(2) 出现在远离任务空间边界的任务空间内部的奇异位形，通常是由两个或两个以上的关节轴线共线引起的。

当一个机械臂处于奇异位形时，它会失去一个或多个自由度，无论选择什么样的关节速度，都不能使机器人手臂在该自由度运动。当出现奇异位形时，雅可比矩阵的逆不存在，关节速度会趋向于无穷大。

2.8 力雅可比矩阵与静力计算

2.8.1 机械臂静力分析

机械臂静力分析是指在稳定结构中，为了保持机械臂的静态平衡，分析需要对各关节轴依

次施加多大的静力或静力矩。在本节中，不考虑作用在连杆上的重力，所讨论的关节静力和静力矩是由施加在最后一个连杆上的静力和静力矩引起的。

用 $\boldsymbol{f}_i$ 表示连杆 $i-1$ 施加在连杆 i 上的力，$\boldsymbol{M}_i$ 表示连杆 $i-1$ 施加在连杆 i 上的力矩。建立连杆坐标系，图 2.23 所示为施加在连杆 i 上的静力和静力矩。将这些力相加并令其和为 $\boldsymbol{0}$，有

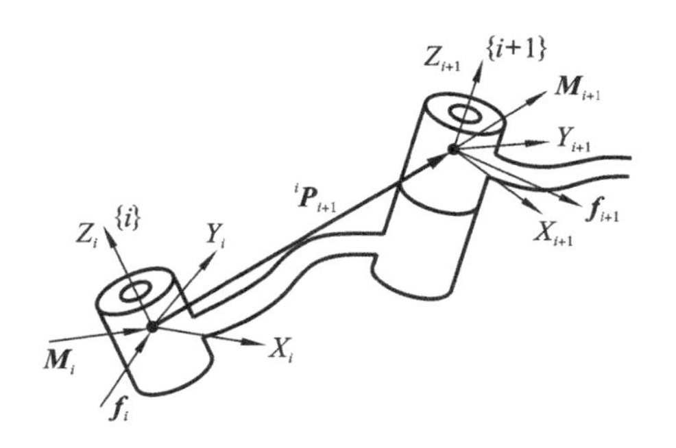

图 2.23　单连杆的静力和静力平衡关系

$$ {}^i\boldsymbol{f}_i - {}^i\boldsymbol{f}_{i+1} = \boldsymbol{0} \tag{2.132} $$

式中：${}^i\boldsymbol{f}_i$ 和 ${}^i\boldsymbol{f}_{i+1}$ 表示力 $\boldsymbol{f}_i$ 和 $\boldsymbol{f}_{i+1}$ 相对于坐标系 i 的表达。

将绕坐标系 $\{i\}$ 原点的力矩相加，令其和为 $\boldsymbol{0}$，有

$$ {}^i\boldsymbol{M}_i - {}^i\boldsymbol{M}_{i+1} - {}^i\boldsymbol{P}_{i+1} \times {}^i\boldsymbol{f}_{i+1} = \boldsymbol{0} \tag{2.133} $$

式中：${}^i\boldsymbol{M}_i$ 和 ${}^i\boldsymbol{M}_{i+1}$ 表示力矩 $\boldsymbol{M}_i$ 和 $\boldsymbol{M}_{i+1}$ 相对于坐标系 i 的表达；${}^i\boldsymbol{f}_{i+1}$ 表示力 $\boldsymbol{f}_{i+1}$ 相对于坐标系 i 的表达；${}^i\boldsymbol{P}_{i+1}$ 表示坐标系 $\{i+1\}$ 相对于坐标系 $\{i\}$ 的位置矢量。

整理式(2.132)和式(2.133)，以便从高序号连杆到低序号连杆进行迭代求解，结果如下：

$$ {}^i\boldsymbol{f}_i = {}^i\boldsymbol{f}_{i+1} \tag{2.134} $$

$$ {}^i\boldsymbol{M}_i = {}^i\boldsymbol{M}_{i+1} + {}^i\boldsymbol{P}_{i+1} \times {}^i\boldsymbol{f}_{i+1} \tag{2.135} $$

将坐标系 $\{i+1\}$ 相对于坐标系 $\{i\}$ 描述的旋转矩阵进行变换，得到连杆之间的静力“传递”表达式：

$$ {}^i\boldsymbol{f}_i = {}_{i+1}^{i}\boldsymbol{R}\,{}^{i+1}\boldsymbol{f}_{i+1} \tag{2.136} $$

$$ {}^i\boldsymbol{M}_i = {}_{i+1}^{i}\boldsymbol{R}\,{}^{i+1}\boldsymbol{M}_{i+1} + {}^i\boldsymbol{P}_{i+1} \times {}^i\boldsymbol{f}_i \tag{2.137} $$

为了平衡施加在连杆上的力和力矩，需要在关节上施加力矩。除了绕关节轴的力矩外，力和力矩矢量的所有分量都可以由机械臂机构本身来平衡。因此，为了求出保持系统静平衡所需的关节力矩，应计算关节轴矢量和施加在连杆上的力矩矢量的点积：

$$ \boldsymbol{\tau}_i = {}^i\boldsymbol{M}_i\,{}^i\boldsymbol{Z}_i \tag{2.138} $$

如果关节 i 为移动关节，则关节驱动力矩为

$$ \boldsymbol{\tau}_i = {}^i\boldsymbol{f}_i\,{}^i\boldsymbol{Z}_i \tag{2.139} $$

通常将使关节角增大的旋转方向定义为关节力矩的正方向。由式(2.136)至式(2.139)可以计算静态下用机械臂末端执行器施加力和力矩所需的关节力。

2.8.2　力雅可比矩阵

在静态下，可知关节力矩完全与在末端执行器上的力平衡。在多维空间，功是一个力或力矩矢量与位移矢量的点积。于是有

$$ \boldsymbol{F} \cdot \delta\boldsymbol{\chi} = \boldsymbol{\tau} \cdot \delta\boldsymbol{\Theta} \tag{2.140} $$

式中，$\boldsymbol{F}$ 是一个作用在末端执行器上的 6×1 的笛卡儿力-力矩矢量，$\delta\boldsymbol{\chi}$ 是末端执行器的 6×1 的无穷小笛卡儿位移矢量，$\boldsymbol{\tau}$ 是 6×1 的关节力矩矢量，$\delta\boldsymbol{\Theta}$ 是 6×1 的无穷小的关节矢量。式(2.140)也可写成

$$ \boldsymbol{F}^{\mathrm{T}} \cdot \delta\boldsymbol{\chi} = \boldsymbol{\tau}^{\mathrm{T}} \cdot \delta\boldsymbol{\Theta} \tag{2.141} $$

将力雅可比矩阵定义为

$$\delta\boldsymbol{\chi} = \boldsymbol{J}(\boldsymbol{\Theta})\delta\boldsymbol{\Theta} \tag{2.142}$$

因此可写出

$$\boldsymbol{F}^{\mathrm{T}}\boldsymbol{J}(\boldsymbol{\Theta})\delta\boldsymbol{\Theta} = \boldsymbol{\tau}^{\mathrm{T}}\delta\boldsymbol{\Theta} \tag{2.143}$$

对所有的 $\delta\boldsymbol{\Theta}$,式(2.143)均成立,因此有

$$\boldsymbol{F}^{\mathrm{T}}\boldsymbol{J}(\boldsymbol{\Theta}) = \boldsymbol{\tau}^{\mathrm{T}} \tag{2.144}$$

对式(2.144)两边取转置,可得

$$\boldsymbol{\tau} = \boldsymbol{J}^{\mathrm{T}}(\boldsymbol{\Theta})\boldsymbol{F} \tag{2.145}$$

当得到相对于坐标系{0}的雅可比矩阵后,可以由式(2.146)对坐标系{0}中的力-力矩矢量进行变换得到关节力矩矢量:

$$\boldsymbol{\tau} = {}^{0}\boldsymbol{J}^{\mathrm{T}}(\boldsymbol{\Theta}){}^{0}\boldsymbol{F} \tag{2.146}$$

当力雅可比矩阵不满秩时,即雅可比奇异时,存在某些特定的方向,末端执行器在这些方向上不能施加期望的静态力。

2.9　工业机器人动力学分析

考虑一个关节机器人,其动态性能可由二阶非线性微分方程描述,即其动力学方程的标准形式为

$$\boldsymbol{H}(\boldsymbol{q})\ddot{\boldsymbol{q}} + \boldsymbol{C}(\boldsymbol{q},\dot{\boldsymbol{q}})\dot{\boldsymbol{q}} + \boldsymbol{g}(\boldsymbol{q}) + \boldsymbol{F}(\dot{\boldsymbol{q}}) + \boldsymbol{\tau}_{\mathrm{d}} = \boldsymbol{\tau} \tag{2.147}$$

式中:$\boldsymbol{q}\in\mathbf{R}^n$,为关节角位移量;$\boldsymbol{H}(\boldsymbol{q})\in\mathbf{R}^{n\times n}$,为机器人的惯性矩阵;$\boldsymbol{C}(\boldsymbol{q},\dot{\boldsymbol{q}})\in\mathbf{R}^{n\times n}$,表示离心力和科氏力,$\boldsymbol{g}(\boldsymbol{q})\in\mathbf{R}^n$,为重力项;$\boldsymbol{F}(\dot{\boldsymbol{q}})\in\mathbf{R}^n$,表示摩擦力矩;$\boldsymbol{\tau}\in\mathbf{R}^n$,为控制力矩;$\boldsymbol{\tau}_{\mathrm{d}}\in\mathbf{R}^n$,为外加扰动。

机器人动力学描述了机器人运动与作用力之间的关系,工业机器人动力学建模方法主要包括两大类,分别为拉格朗日建模方法和牛顿-欧拉建模方法,下面将对两种建模方法进行详细介绍。

2.9.1　拉格朗日方程建模

采用拉格朗日方程的系统动力学建模是借助于广义坐标(即关节变量)按照能量原理来描述的。

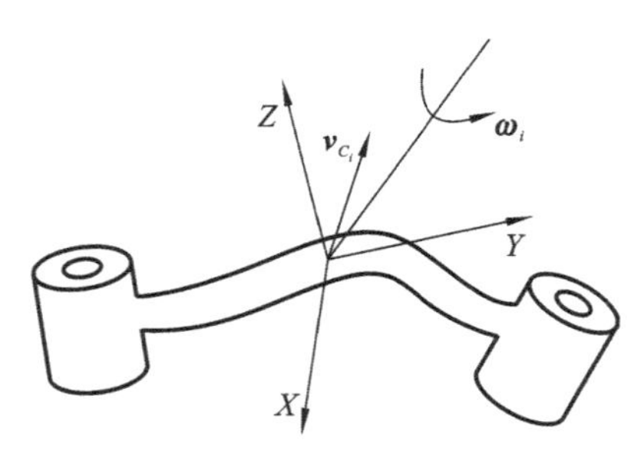

图 2.24　连杆的速度和角速度

首先讨论机械臂动能的表达式。如图 2.24 所示,第 i 根连杆的动能 E_{k_i} 可以表示为

$$E_{\mathrm{k}_i} = \frac{1}{2}m_i\boldsymbol{v}_{C_i}^{\mathrm{T}}\boldsymbol{v}_{C_i} + \frac{1}{2}\,{}^{i}\boldsymbol{\omega}_i^{\mathrm{T}}\,{}^{C_i}\boldsymbol{I}_i\,{}^{i}\boldsymbol{\omega}_i \tag{2.148}$$

式中右端第一项是由连杆质心线速度 $\boldsymbol{v}_{C_i}$ 产生的动能,m_i为第 i 个连杆的质量。第二项是由连杆的角速度产生的动能,其中,${}^{C_i}\boldsymbol{I}_i$ 为连杆 i 相对于其质心的转动惯量,${}^{i}\boldsymbol{\omega}_i$ 为连杆的角速度。整个机械臂的动能是各个连杆动能之和,即

$$E_{\mathrm{k}} = \sum_{i=1}^{n} E_{\mathrm{k}_i} \tag{2.149}$$

式(2.148)中的 $\boldsymbol{v}_{C_i}$ 和 ${}^i\boldsymbol{\omega}_i$ 分别为 $\boldsymbol{\Theta}$ 和 $\dot{\boldsymbol{\Theta}}$ 的函数，$\boldsymbol{\Theta}$ 为关节矢量。事实上，机械臂的动能可以写成

$$E_{\mathrm{k}}(\boldsymbol{\Theta},\dot{\boldsymbol{\Theta}}) = \frac{1}{2}\dot{\boldsymbol{\Theta}}^{\mathrm{T}}\boldsymbol{H}(\boldsymbol{\Theta})\dot{\boldsymbol{\Theta}} \tag{2.150}$$

式中：$\boldsymbol{H}(\boldsymbol{\Theta})$是 $n\times n$ 的机械臂的惯性矩阵。

第 i 根连杆的势能 E_{p_i} 可以表示为

$$E_{\mathrm{p}_i} = -m_i {}^0\boldsymbol{g}^{\mathrm{T}} \cdot {}^0\boldsymbol{P}_{C_i} + u_{\mathrm{ref}i} \tag{2.151}$$

式中：${}^0\boldsymbol{g}$ 为 3×1 的重力矢量；${}^0\boldsymbol{P}_{C_i}$ 为第 i 根连杆质心的矢量；$u_{\mathrm{ref}i}$是使 E_{p_i} 的最小值为零的常数。机械臂的总势能为各个连杆势能之和，即

$$E_{\mathrm{p}}(\boldsymbol{\Theta}) = \sum_{i=1}^{n} E_{\mathrm{p}_i}(\boldsymbol{\Theta}) \tag{2.152}$$

因为式(2.151)中的${}^0\boldsymbol{P}_{C_i}$是 $\boldsymbol{\Theta}$ 的函数，由此可以看出机械臂的势能 E_{p} 可以描述为关节位置的标量函数。

机械臂的拉格朗日函数可表示为

$$\mathcal{L}(\boldsymbol{\Theta},\dot{\boldsymbol{\Theta}}) = E_{\mathrm{k}}(\boldsymbol{\Theta},\dot{\boldsymbol{\Theta}}) - E_{\mathrm{p}}(\boldsymbol{\Theta}) \tag{2.153}$$

则机械臂的动力学方程为

$$\frac{\mathrm{d}}{\mathrm{d}t}\frac{\partial \mathcal{L}}{\partial \dot{\boldsymbol{\Theta}}} - \frac{\partial \mathcal{L}}{\partial \boldsymbol{\Theta}} = \boldsymbol{\tau} \tag{2.154}$$

式中：$\boldsymbol{\tau}$ 是 $n\times 1$ 的驱动力矩矢量。对于机械臂来说，将式(2.153)代入式(2.154)，则

$$\frac{\mathrm{d}}{\mathrm{d}t}\frac{\partial E_{\mathrm{k}}}{\partial \dot{\boldsymbol{\Theta}}} - \frac{\partial E_{\mathrm{k}}}{\partial \boldsymbol{\Theta}} + \frac{\partial E_{\mathrm{p}}}{\partial \boldsymbol{\Theta}} = \boldsymbol{\tau} \tag{2.155}$$

2.9.2 牛顿方程和欧拉方程建模

一般将组成机械臂的连杆看作刚体。已知连杆质心的位置和惯性张量，要使连杆运动，必须对连杆施加力的作用。连杆运动所需的力是连杆期望加速度及其质量分布的函数。牛顿方程以及描述旋转运动的欧拉方程描述了力、惯量和加速度之间的关系。

1）牛顿方程

图 2.25 所示的刚体质心以加速度 $\dot{\boldsymbol{v}}_C$ 做加速运动。此时，由牛顿方程可得，作用在质心上的力 $\boldsymbol{F}$ 为

$$\boldsymbol{F} = m\dot{\boldsymbol{v}}_C \tag{2.156}$$

式中，m 代表刚体的总质量。

2）欧拉方程

图 2.26 所示为一个旋转刚体，其角速度和角加速度分别为 $\boldsymbol{\omega}$、$\dot{\boldsymbol{\omega}}$。由欧拉方程可得作用在刚体上的力矩 $\boldsymbol{M}$ 引起刚体的转动为

$$\boldsymbol{M} = {}^C\boldsymbol{I}\dot{\boldsymbol{\omega}} + \boldsymbol{\omega} \times {}^C\boldsymbol{I}\boldsymbol{\omega} \tag{2.157}$$

式中：${}^C\boldsymbol{I}$ 是刚体在坐标系$\{C\}$中的惯性张量。刚体的质心位于坐标系$\{C\}$的原点上。

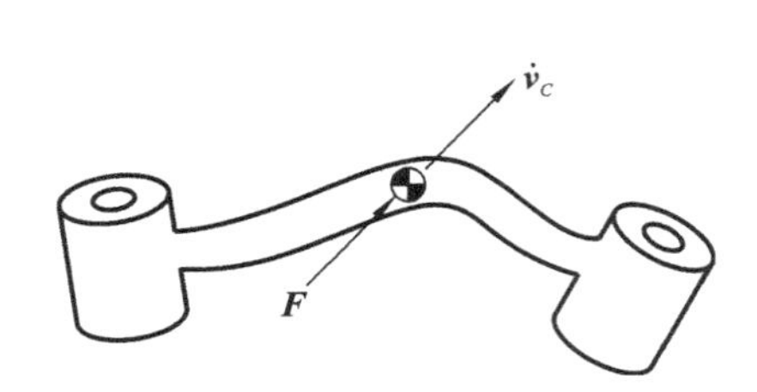

图 2.25　作用在刚体质心上的力 F 引起刚体加速度

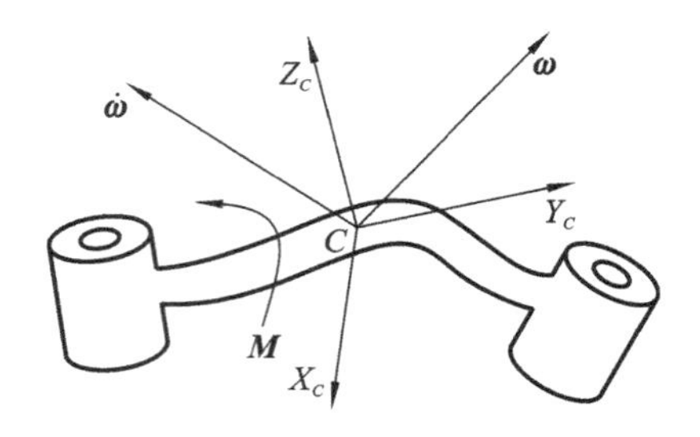

图 2.26　作用在刚体上的力矩 $\boldsymbol{M}$,刚体旋转角速度 $\boldsymbol{\omega}$ 和角加速度 $\dot{\boldsymbol{\omega}}$

2.9.3　牛顿-欧拉迭代法建模

假设已知关节的位置、速度和加速度 $\boldsymbol{\Theta},\dot{\boldsymbol{\Theta}},\ddot{\boldsymbol{\Theta}}$,结合机器人运动学和质量分布方面的知识,可以计算出驱动关节运动所需的力矩。

1) 计算速度和加速度的向外迭代法

为了计算作用在连杆上的惯性力,需要计算机械臂每个连杆在某一时刻的角速度、线加速度和角加速度,可应用迭代方法完成这些计算。首先对连杆 1 进行计算,接着计算下一个连杆,这样一直向外迭代到连杆 n,即向外迭代法。

关于角速度在连杆之间的"传递"问题,有(对于第 $i+1$ 个关节的旋转运动)

$$^{i+1}\boldsymbol{\omega}_{i+1}={}^{i+1}_{i}\boldsymbol{R}\,{}^{i}\boldsymbol{\omega}_{i}+\dot{\theta}_{i+1}\,{}^{i+1}\boldsymbol{Z}_{i+1}\tag{2.158}$$

式中:${}^{i+1}_{i}\boldsymbol{R}$ 为连杆坐标系$\{i\}$相对于坐标系$\{i+1\}$的旋转变换;${}^{i+1}\boldsymbol{Z}_{i+1}$为连杆坐标系$\{i+1\}$的 Z 轴的单位矢量。式(2.158)等号两边同时对时间求导,可以得到连杆之间角加速度变换的方程:

$$^{i+1}\dot{\boldsymbol{\omega}}_{i+1}={}^{i+1}_{i}\boldsymbol{R}\,{}^{i}\dot{\boldsymbol{\omega}}_{i}+{}^{i+1}_{i}\boldsymbol{R}\,{}^{i}\boldsymbol{\omega}_{i}\times\dot{\theta}_{i+1}\,{}^{i+1}\boldsymbol{Z}_{i+1}+\ddot{\theta}_{i+1}\,{}^{i+1}\boldsymbol{Z}_{i+1}\tag{2.159}$$

当第 $i+1$ 个关节是移动关节时,式(2.159)可简化为

$$^{i+1}\dot{\boldsymbol{\omega}}_{i+1}={}^{i+1}_{i}\boldsymbol{R}\,{}^{i}\dot{\boldsymbol{\omega}}_{i}\tag{2.160}$$

得到每个连杆坐标系原点的线加速度(公式推导见上方二维码资源):

$$^{i+1}\dot{\boldsymbol{v}}_{i+1}={}^{i+1}_{i}\boldsymbol{R}[{}^{i}\dot{\boldsymbol{\omega}}_{i}\times{}^{i}\boldsymbol{P}_{i+1}+{}^{i}\boldsymbol{\omega}_{i}\times({}^{i}\boldsymbol{\omega}_{i}\times{}^{i}\boldsymbol{P}_{i+1})+{}^{i}\dot{\boldsymbol{v}}_{i}]\tag{2.161}$$

其中,${}^{i}\dot{\boldsymbol{\omega}}_{i}\times{}^{i}\boldsymbol{P}_{i+1}+{}^{i}\boldsymbol{\omega}_{i}\times({}^{i}\boldsymbol{\omega}_{i}\times{}^{i}\boldsymbol{P}_{i+1})$表示连杆 $i+1$ 相对连杆 i 的线加速度。

当第 $i+1$ 个关节是移动关节时,式(2.161)可简化为(公式推导见上方二维码资源)

$$^{i+1}\dot{\boldsymbol{v}}_{i+1}={}^{i+1}_{i}\boldsymbol{R}[{}^{i}\dot{\boldsymbol{\omega}}_{i}\times{}^{i}\boldsymbol{P}_{i+1}+{}^{i}\boldsymbol{\omega}_{i}\times({}^{i}\boldsymbol{\omega}_{i}\times{}^{i}\boldsymbol{P}_{i+1})+{}^{i}\dot{\boldsymbol{v}}_{i}]+2\,{}^{i+1}\boldsymbol{\omega}_{i+1}\times\dot{d}_{i+1}\,{}^{i+1}\boldsymbol{Z}_{i+1}+\ddot{d}_{i+1}\,{}^{i+1}\boldsymbol{Z}_{i+1}\tag{2.162}$$

得到每个连杆质心的线加速度:

$$^{i}\dot{\boldsymbol{v}}_{C_i}={}^{i}\dot{\boldsymbol{\omega}}_{i}\times{}^{i}\boldsymbol{P}_{C_i}+{}^{i}\boldsymbol{\omega}_{i}\times({}^{i}\boldsymbol{\omega}_{i}+{}^{i}\boldsymbol{P}_{C_i})+{}^{i}\dot{\boldsymbol{v}}_{i}\tag{2.163}$$

假定坐标系$\{C_i\}$固连于连杆 i 上,坐标系原点位于连杆质心,且各坐标轴方位与原连杆坐标系$\{i\}$方位相同。

2) 作用在连杆上的力和力矩

计算出每个连杆质心的线加速度和角加速度之后,运用牛顿-欧拉公式便可以计算出作用在连杆上的惯性力和力矩。即

$$\begin{cases}\boldsymbol{F}_i=m\dot{\boldsymbol{v}}_{C_i}\\ \boldsymbol{M}_i={}^{C_i}\boldsymbol{I}\dot{\boldsymbol{\omega}}_i+\boldsymbol{\omega}_i\times{}^{C_i}\boldsymbol{I}\boldsymbol{\omega}_i\end{cases}\tag{2.164}$$

式中:坐标系{ C_i }的原点位于连杆质心,各坐标轴方位与原连杆坐标系{i}方位相同。

3) 计算力和力矩的向内迭代法

计算出作用在每个连杆上的力和力矩之后,需要计算关节力矩,它们是实际施加在连杆上的力和力矩。

根据典型连杆在无重力状态下的受力分析,列出力平衡方程和力矩平衡方程。每个连杆都受到相邻连杆的作用力和力矩以及附加的惯性力和力矩。$\boldsymbol{f}_i$ 表示连杆 $i-1$ 施加在连杆 i 上的力,$\boldsymbol{M}_i$ 表示连杆 $i-1$ 施加在连杆 i 上的力矩。连杆从高序号向低序号迭代求解,即向内迭代法。

如图 2.27 所示,$\boldsymbol{f}_i$ 和 $\boldsymbol{f}_{i+1}$ 表示作用在关节上的力,$\boldsymbol{\tau}_i$ 和 $\boldsymbol{\tau}_{i+1}$ 表示作用在关节上的扭矩,$\boldsymbol{F}_i$ 和 $\boldsymbol{M}_i$ 分别表示作用在连杆上的力和力矩,将所有作用在连杆 i 上的力相加,得到力平衡方程:

$$ {}^i\boldsymbol{F}_i = {}^i\boldsymbol{f}_i - {}_{i+1}^{\ i}\boldsymbol{R}\,{}^{i+1}\boldsymbol{f}_{i+1} \tag{2.165} $$

将所有作用在质心上的力矩相加,并且令它们的和为零,得到力矩平衡方程:

$$ {}^i\boldsymbol{M}_i = {}^i\boldsymbol{\tau}_i - {}^i\boldsymbol{\tau}_{i+1} + (-{}^i\boldsymbol{P}_{C_i}) \times {}^i\boldsymbol{f}_i - ({}^i\boldsymbol{P}_{i+1} - {}^i\boldsymbol{P}_{C_i}) \times {}^i\boldsymbol{f}_{i+1} \tag{2.166} $$

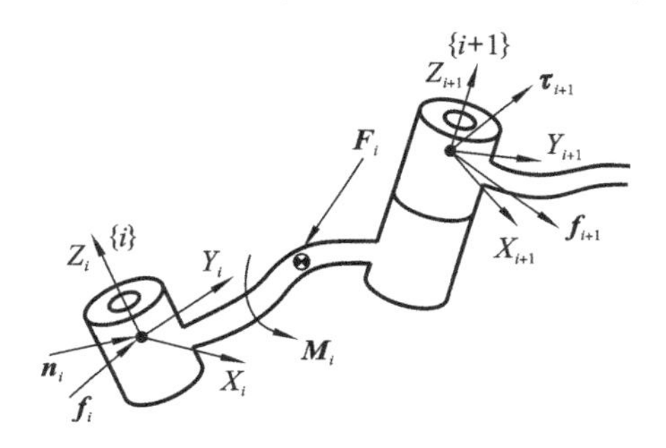

图 2.27 单连杆受力分析

利用力平衡方程的结果以及附加旋转矩阵的办法,式(2.166)可写成

$$ {}^i\boldsymbol{M}_i = {}^i\boldsymbol{\tau}_i - {}_{i+1}^{\ i}\boldsymbol{R}\,{}^{i+1}\boldsymbol{\tau}_{i+1} - {}^i\boldsymbol{P}_{C_i} \times {}^i\boldsymbol{F}_i - {}^i\boldsymbol{P}_{i+1} \times {}_{i+1}^{\ i}\boldsymbol{R}\,{}^{i+1}\boldsymbol{f}_{i+1} \tag{2.167} $$

最后重新排列力和力矩方程,形成连杆从高序号向低序号排列的迭代关系:

$$ {}^i\boldsymbol{f}_i = {}_{i+1}^{\ i}\boldsymbol{R}\,{}^{i+1}\boldsymbol{f}_{i+1} + {}^i\boldsymbol{F}_i \tag{2.168} $$

$$ {}^i\boldsymbol{\tau}_i = {}^i\boldsymbol{M}_i + {}_{i+1}^{\ i}\boldsymbol{R}\,{}^{i+1}\boldsymbol{\tau}_{i+1} + {}^i\boldsymbol{P}_{C_i} \times {}^i\boldsymbol{F}_i + {}^i\boldsymbol{P}_{i+1} \times {}_{i+1}^{\ i}\boldsymbol{R}\,{}^{i+1}\boldsymbol{f}_{i+1} \tag{2.169} $$

应用这些方程对连杆依次求解,从连杆 n 开始向内迭代一直到机器人基座。为了求出保持系统平衡所需的关节力矩,应计算关节轴矢量和施加在连杆上的力矩矢量的点积:

$$ \boldsymbol{\tau}_i = {}^i\boldsymbol{\tau}_i^{\mathrm{T}}\,{}^i\boldsymbol{Z}_i \tag{2.170} $$

对于移动关节 i ,有

$$ \boldsymbol{\tau}_i = {}^i\boldsymbol{f}_i^{\mathrm{T}}\,{}^i\boldsymbol{Z}_i \tag{2.171} $$

如果机器人与环境接触,环境作用在机器人上的力和力矩不为零,力平衡方程中就包含了接触力和力矩。

4) 牛顿-欧拉迭代动力学算法

由关节运动计算关节力矩的完整算法由两部分组成。第一部分是对每个连杆应用牛顿-欧拉方程,从连杆 1 到连杆 n 向外迭代计算连杆的速度和加速度。第二部分是从连杆 n 到连杆 1 向内迭代计算连杆间的相互作用力和力矩以及关节驱动力矩。对于转动关节来说,这个算法归纳如下。

向外迭代(i:0→$n-1$)。

$$ {}^{i+1}\boldsymbol{\omega}_{i+1}={}^{i+1}_{i}\boldsymbol{R}\,{}^{i}\boldsymbol{\omega}_{i}+\dot{\theta}_{i+1}{}^{i+1}\boldsymbol{Z}_{i+1} \tag{2.172}$$

$$ {}^{i+1}\dot{\boldsymbol{\omega}}_{i+1}={}^{i+1}_{i}\boldsymbol{R}\,{}^{i}\dot{\boldsymbol{\omega}}_{i}+{}^{i+1}_{i}\boldsymbol{R}\,{}^{i}\boldsymbol{\omega}_{i}\times\dot{\theta}_{i+1}{}^{i+1}\boldsymbol{Z}_{i+1}+\ddot{\theta}_{i+1}{}^{i+1}\boldsymbol{Z}_{i+1} \tag{2.173}$$

$$ {}^{i+1}\dot{\boldsymbol{v}}_{i+1}={}^{i+1}_{i}\boldsymbol{R}[{}^{i}\dot{\boldsymbol{\omega}}_{i}\times{}^{i}\boldsymbol{P}_{i+1}+{}^{i}\boldsymbol{\omega}_{i}\times({}^{i}\boldsymbol{\omega}_{i}\times{}^{i}\boldsymbol{P}_{i+1})+{}^{i}\dot{\boldsymbol{v}}_{i}] \tag{2.174}$$

$$ {}^{i+1}\dot{\boldsymbol{v}}_{C_{i+1}}={}^{i+1}\dot{\boldsymbol{\omega}}_{i+1}\times{}^{i+1}\boldsymbol{P}_{C_{i+1}}+{}^{i+1}\boldsymbol{\omega}_{i+1}\times({}^{i+1}\boldsymbol{\omega}_{i+1}\times{}^{i+1}\boldsymbol{P}_{C_{i+1}})+{}^{i+1}\dot{\boldsymbol{v}}_{i+1} \tag{2.175}$$

$$ {}^{i+1}\boldsymbol{F}_{i+1}=m_{i+1}{}^{i+1}\dot{\boldsymbol{v}}_{C_{i+1}} \tag{2.176}$$

$$ {}^{i+1}\boldsymbol{M}_{i+1}={}^{C_{i+1}}\boldsymbol{I}_{i+1}{}^{i+1}\dot{\boldsymbol{\omega}}_{i+1}+{}^{i+1}\boldsymbol{\omega}_{i+1}\times{}^{C_{i+1}}\boldsymbol{I}_{i+1}{}^{i+1}\boldsymbol{\omega}_{i+1} \tag{2.177}$$

向内迭代(i:n→1)。

$$ {}^{i}\boldsymbol{f}_{i}={}^{i}_{i+1}\boldsymbol{R}\,{}^{i+1}\boldsymbol{f}_{i+1}+{}^{i}\boldsymbol{F}_{i} \tag{2.178}$$

$$ {}^{i}\boldsymbol{\tau}_{i}={}^{i}\boldsymbol{M}_{i}+{}^{i}_{i+1}\boldsymbol{R}\,{}^{i+1}\boldsymbol{\tau}_{i+1}+{}^{i}\boldsymbol{P}_{C_i}\times{}^{i}\boldsymbol{F}_{i}+{}^{i}\boldsymbol{P}_{i+1}\times{}^{i}_{i+1}\boldsymbol{R}\,{}^{i+1}\boldsymbol{f}_{i+1} \tag{2.179}$$

$$ \boldsymbol{\tau}_{i}={}^{i}\boldsymbol{\tau}_{i}^{\mathrm{T}}\,{}^{i}\boldsymbol{Z}_{i} \tag{2.180}$$

5) 计及重力的动力学算法

令${}^{0}\dot{\boldsymbol{v}}_{i}=\boldsymbol{g}$就可以很简单地将作用在连杆上的重力因素包括到动力学方程中去,其中$\boldsymbol{g}$与重力矢量大小相等,而方向相反,这等效于机器人以1个$\boldsymbol{g}$的加速度做向上加速运动。这个假想的向上加速度与重力作用在连杆上的效果是相同的,因而,不需要其他额外的计算就可以对重力影响进行计算。

2.9.4 二自由度机械臂动力学建模举例

下面以图2.28所示的二自由度机器人为例,说明机器人动力学方程的推导过程。

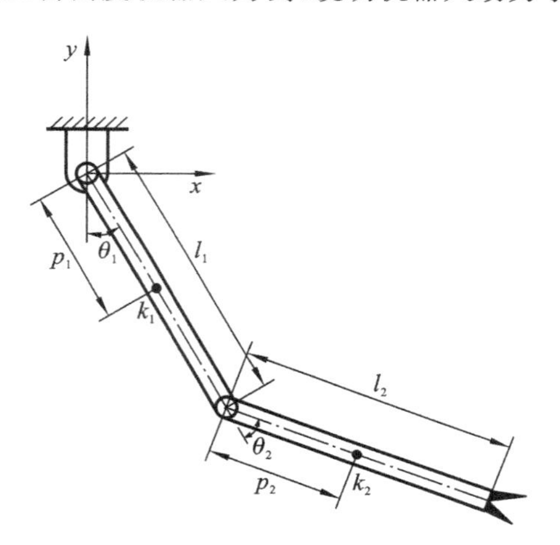

图2.28 二自由度机器人动力学方程的建立

1) 选定广义关节变量和广义力

选取笛卡儿坐标系。连杆1和连杆2的关节变量分别是转角θ_1和θ_2,关节1和关节2相应的力矩是τ_1和τ_2。连杆1和连杆2的质量分别是m_1和m_2,杆长分别为l_1和l_2,质心分别在k_1和k_2处,离关节中心的距离分别为p_1和p_2。因此,杆1质心k_1的位置坐标为

$$\begin{cases}X_1=p_1s_1\\Y_1=-p_1c_1\end{cases} \tag{2.181}$$

杆1质心k_1速度的平方为

$$\dot{X}_1^2 + \dot{Y}_1^2 = (p_1\dot{\theta}_1 c_1)^2 + (p_1\dot{\theta}_1 s_1)^2 = (p_1\dot{\theta}_1)^2 \tag{2.182}$$

杆 2 质心 k_2 的位置坐标为

$$\begin{cases} X_2 = l_1 s_1 + p_2 s_{12} \\ Y_2 = -l_1 c_1 - p_2 c_{12} \end{cases} \tag{2.183}$$

杆 2 质心 k_2 速度的平方为

$$\begin{aligned} \dot{X}_2^2 + \dot{Y}_2^2 &= [l_1\dot{\theta}c_1 + p_2(\dot{\theta}_1 + \dot{\theta}_2)c_{12}]^2 + [l_1\dot{\theta}s_1 + p_2(\dot{\theta}_1 + \dot{\theta}_2)s_{12}]^2 \\ &= (l_1\dot{\theta}_1)^2 + [p_2(\dot{\theta}_1 + \dot{\theta}_2)]^2 + 2l_1 p_2(\dot{\theta}_1^2 + \dot{\theta}_1\dot{\theta}_2)c_2 \end{aligned} \tag{2.184}$$

2）系统动能

根据式(2.148)可得

$$E_k = \sum E_{k_i} \quad i = 1,2$$

杆 1 的动能：

$$E_{k_1} = \frac{1}{2}m_1 p_1^2\dot{\theta}_1^2 \tag{2.185}$$

杆 2 的动能：$E_{k_2} = \frac{1}{2}m_2 p_2^2(\dot{\theta}_1 + \dot{\theta}_2)^2 + \frac{1}{2}m_2 l_1^2\dot{\theta}_1^2 + m_2 l_1 p_2(\dot{\theta}_1^2 + \dot{\theta}_1\dot{\theta}_2)c_2$

3）系统势能

根据式(2.151)可得

$$E_p = \sum E_{p_i} \quad i = 1,2$$

杆 1 的势能：

$$E_{p_1} = m_1 g p_1(1 - c_1) \tag{2.186}$$

杆 2 的势能：

$$E_{p_2} = m_2 g l_1(1 - c_1) + m_2 g p_2(1 - c_{12})$$

4）拉格朗日函数

$$\begin{aligned} \mathcal{L} &= E_k - E_p \\ &= \frac{1}{2}(m_1 p_1^2 + m_2 l_1^2)\dot{\theta}_1^2 + m_2 l_1 p_2(\dot{\theta}_1^2 + \dot{\theta}_1\dot{\theta}_2)c_2 \\ &\quad + \frac{1}{2}m_2 p_2^2(\dot{\theta}_1 + \dot{\theta}_2)^2 - (m_1 p_1 + m_2 l_1)g(1 - c_1) \\ &\quad - m_2 g p_2(1 - c_{12}) \end{aligned} \tag{2.187}$$

5）系统动力学方程

根据拉格朗日方程式计算各关节上的力矩，得到系统动力学方程。

所以，关节 1 上的力矩 τ_1：

$$\begin{aligned} \tau_1 &= \frac{\mathrm{d}}{\mathrm{d}t}\frac{\partial \mathcal{L}}{\partial \dot{\theta}_1} - \frac{\partial \mathcal{L}}{\partial \theta_1} \\ &= \frac{\mathrm{d}}{\mathrm{d}t}[(m_1 p_1{}^2 + m_2 l_1{}^2)\dot{\theta}_1 + m_2 l_1 p_2(2\dot{\theta}_1 + \dot{\theta}_2)c_2 + m_2 p_2^2(\dot{\theta}_1 + \dot{\theta}_2)] \\ &\quad + (m_1 p_1 + m_2 l_1)g s_1 + m_2 g p_2 s_{12} \\ &= D_{11}\ddot{\theta}_1 + D_{12}\ddot{\theta}_2 + D_{112}\dot{\theta}_1\dot{\theta}_2 + D_{122}\dot{\theta}_2^2 + D_1 \end{aligned} \tag{2.188}$$

式中：

$$\begin{aligned} D_{11} &= m_1 p_1^2 + m_2 p_2^2 + m_2 l_1^2 + 2m_2 l_1 p_2 c_2 \\ D_{12} &= m_2 p_2^2 + m_2 l_1 p_2 c_2 \\ D_{112} &= -2m_2 l_1 p_2 s_2 \\ D_{122} &= -m_2 l_1 p_2 s_2 \end{aligned}$$

$$D_1 = (m_1 p_1 + m_2 l_1) g s_1 + m_2 p_2 g s_{12}$$

关节 2 上的力矩 τ_2：

$$\begin{aligned}\tau_2 &= \frac{\mathrm{d}}{\mathrm{d}t}\frac{\partial \mathcal{L}}{\partial \dot{\theta}_2} - \frac{\partial \mathcal{L}}{\partial \theta_2} \\ &= \frac{\mathrm{d}}{\mathrm{d}t}[m_2 l_1 p_2 \dot{\theta}_1 c_2 + m_2 p_2^2 (\dot{\theta}_1 + \dot{\theta}_2)] + m_2 l_1 p_2 (\dot{\theta}_1 \dot{\theta}_2 + \dot{\theta}_1^2) s_2 + m_2 g p_2 s_{12} \\ &= D_{21}\ddot{\theta}_1 + D_{22}\ddot{\theta}_2 + D_{212}\dot{\theta}_1\dot{\theta}_2 + D_{211}\dot{\theta}_1^2 + D_2\end{aligned} \tag{2.189}$$

式中：

$$\begin{aligned}D_{21} &= m_2 p_2^2 + m_2 l_1 p_2 c_2 \\ D_{22} &= m_2 p_2^2 \\ D_{212} &= - m_2 l_1 p_2 s_2 + m_2 l_1 p_2 s_2 = 0 \\ D_{211} &= m_2 l_1 p_2 s_2 \\ D_2 &= m_2 g p_2 s_{12}\end{aligned}$$

2.9.5 码垛机器人动力学建模举例

上述采用拉格朗日方程对二自由度机械臂的动力学方程建模进行了分析，前面介绍了码垛机器人，下面采用牛顿-欧拉法建立码垛机器人动力学方程。

由图 1.5 所示的码垛机器人的结构可知，每个连杆质心的位置矢量为

$${}^1\boldsymbol{P}_{C_1} = l_1 \boldsymbol{e}_{X1} \tag{2.190}$$

$${}^2\boldsymbol{P}_{C_2} = l_2 \boldsymbol{e}_{X2} \tag{2.191}$$

式中：$\boldsymbol{e}_{X1}$ 和 $\boldsymbol{e}_{X2}$ 分别表示 X_1 和 X_2 两个坐标轴的单位方向向量。

相邻两杆坐标系之间的相对转动由下式给出，

$${}_{i+1}^{\ \ i}\boldsymbol{R} = \begin{bmatrix} c_{i+1} & -s_{i+1} & 0 \\ s_{i+1} & c_{i+1} & 0 \\ 0 & 0 & 1 \end{bmatrix} \tag{2.192}$$

$${}_{\ \ i}^{i+1}\boldsymbol{R} = \begin{bmatrix} c_{i+1} & s_{i+1} & 0 \\ -s_{i+1} & c_{i+1} & 0 \\ 0 & 0 & 1 \end{bmatrix} \tag{2.193}$$

用牛顿-欧拉方程分析时，动力学方程可写为

$$\boldsymbol{H}(\theta)\ddot{\theta} + \boldsymbol{C}(\theta,\dot{\theta}) + \boldsymbol{g}(\theta) = \boldsymbol{\tau} \tag{2.194}$$

式中：$\boldsymbol{H}(\theta)$ 为惯性矩阵；$\boldsymbol{C}(\theta,\dot{\theta})$ 为离心力和科氏力矢量；$\boldsymbol{g}(\theta)$ 是重力矢量。其中，对连杆 1、连杆 2 用向外、向内迭代法分别求解，得关节力矩：

$$\begin{aligned}\tau_1 = {} & m_2 l_2^2 (\ddot{\theta}_1 + \ddot{\theta}_2) + m_2 l_1 l_2 c_2 (2\ddot{\theta}_1 + \ddot{\theta}_2) + (m_1 + m_2) l_1^2 \ddot{\theta}_1 - m_2 l_1 l_2 s_2 \dot{\theta}_2^2 - \\ & 2 m_2 l_1 l_2 s_2 \dot{\theta}_1 \dot{\theta}_2 + m_2 l_2 g c_{12} + (m_1 + m_2) l_1 g c_1\end{aligned} \tag{2.195}$$

$$\tau_2 = m_2 l_1 l_2 c_2 \ddot{\theta}_1 + m_2 l_1 l_2 s_2 \dot{\theta}_1^2 + m_2 l_2 g c_{12} + m_2 l_2^2 (\ddot{\theta}_1 + \ddot{\theta}_2) \tag{2.196}$$

惯性矩阵为

$$\boldsymbol{H}(\theta) = \begin{bmatrix} m_2 d_2^2 s_2 c_2 + m_3 d_3^2 s_2^2 + m_3 d_3^2 c_{23}^2 & 0 & 0 \\ 0 & m_2 d_2^2 + 2 m_3 d_3^2 & m_3 d_3^2 \\ 0 & m_3 d_3^2 & m_3 d_3^2 \end{bmatrix} \tag{2.197}$$

离心力和科氏力矩阵为

$$\boldsymbol{C}(\theta,\dot{\theta})=\begin{bmatrix}(2m_3d_3^2-2m_2d_2^2)s_2c_2\dot{\theta}_1\dot{\theta}_2-2m_3d_3^2s_{23}c_{23}\dot{\theta}_1(\dot{\theta}_1+\dot{\theta}_3)\\(m_2d_2^2s_2c_2+m_3d_3^2s_3)\dot{\theta}_1^2\\m_3d_3^2s_{23}c_{23}\dot{\theta}_1^2\end{bmatrix}\tag{2.198}$$

重力矢量为

$$\boldsymbol{g}(\theta)=\begin{bmatrix}0\\m_3gs_2d_3\\0\end{bmatrix}\tag{2.199}$$

因此，将上述公式代入式(2.194)，推得

$$\begin{bmatrix}\tau_1\\\tau_2\\\tau_3\end{bmatrix}=\begin{bmatrix}m_2d_2^2s_2c_2+m_3d_3^2s_2^2+m_3d_3^2c_{23}^2 & 0 & 0\\0 & m_2d_2^2+2m_3d_3^2 & m_3d_3^2\\0 & m_3d_3^2 & m_3d_3^2\end{bmatrix}\begin{bmatrix}\ddot{\theta}_1\\\ddot{\theta}_2\\\ddot{\theta}_3\end{bmatrix}+$$
$$\begin{bmatrix}(2m_3d_3^2-2m_2d_2^2)s_2c_2\dot{\theta}_1\dot{\theta}_2-2m_3d_3^2s_{23}c_{23}\dot{\theta}_1(\dot{\theta}_1+\dot{\theta}_3)\\(m_2d_2^2s_2c_2+m_3d_3^2s_3)\dot{\theta}_1^2\\m_3d_3^2s_{23}c_{23}\dot{\theta}_1^2\end{bmatrix}+\begin{bmatrix}0\\m_3gs_2d_3\\0\end{bmatrix}\tag{2.200}$$

小　　结

本章由机器人位姿描述和坐标变换等基础知识点逐渐深入主题，介绍了机器人运动学、静力学及动力学问题的解决方法。机器人运动学和动力学研究的是机器人的运动特性，涉及位置、速度、加速度以及位置变量的高阶导数。机器人动力学研究了机器人运动和力的关系，机器人的动力学方程是其研究建模和控制的关键和基础。

习　　题

2.1　简述机器人静力学、运动学和动力学关系。

2.2　请简述拉格朗日方程的一般表达形式。

2.3　如图 2.29 所示为某一机械臂的示意图，其中关节轴 1 与另外两轴不平行，转轴 1 和转轴 2 之间的夹角为 90°，求解连杆参数和运动学方程${}^B_W\boldsymbol{T}$。

2.4　如图 2.30 所示为一个三连杆机械臂，已知腕部坐标系相对于基坐标系的变换矩阵，D-H 参数见表 2.5，操作手末端坐标为(x,y)，求解 θ_2。

表 2.5　D-H 参数

i	α_{i-1}	a_{i-1}	d_i	θ_i
1	0	0	0	θ_1
2	0	l_1	0	θ_2
3	0	l_2	0	θ_3

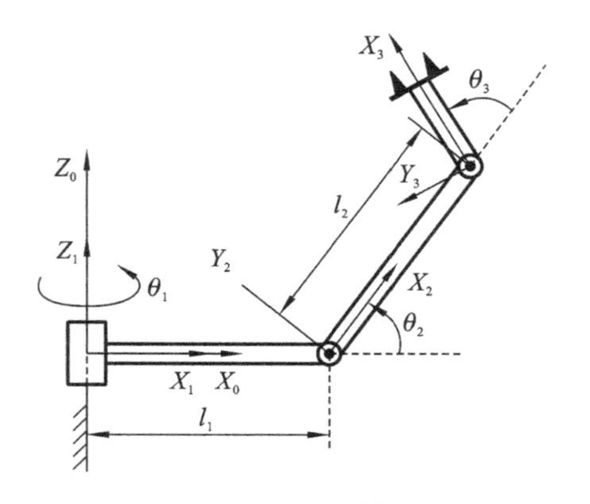

图 2.29　3R 非正交轴机器人

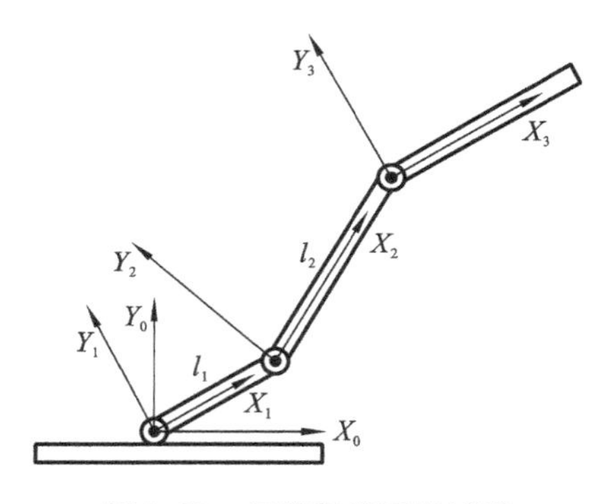

图 2.30　三连杆平面机械臂

$$
{}_{W}^{B}\boldsymbol{T}=\begin{bmatrix} c_{123} & -s_{123} & 0 & l_1c_1+l_2c_2 \\ s_{123} & c_{123} & 0 & l_1s_1+l_2s_{12} \\ 0 & 0 & 1 & 0 \\ 0 & 0 & 0 & 1 \end{bmatrix}
$$

2.5　建立如图 2.31 所示的二连杆非平面机械臂的动力学方程。假设每个连杆的质量均可视为集中于连杆末端(最外端)的集中质量,质量分别为 m_1 和 m_2 ,连杆长度为 l_1 和 l_2 。

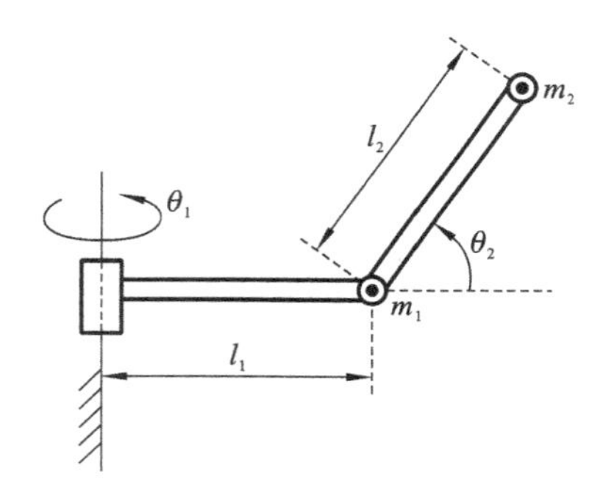

图 2.31　质量集中于连杆末端的二连杆非平面机械臂

第 3 章　机械臂的轨迹规划

3.1　概　　述

机械臂精准的轨迹规划可以实现快速、精确和高质量的生产任务。在抓取和放置操作中，如码垛、上下料等，机械臂的末端执行器只须考虑工作空间中两个特定的位置，可不考虑两个位置之间的路径，这种运动称点到点运动(point to point motion)。在路径跟踪操作中，如焊接、切削和喷涂等，末端执行器必须在额定的速度下，遵循特定的轨迹运动，即连续路径运动(continuous-path motion，CPM)或轮廓运动(contour motion)。因此，在机械臂操作过程中必须进行轨迹规划。

3.1.1　规划的作用与问题分解途径

所谓轨迹是指机械臂在运动过程中每时每刻的位移、速度和加速度确定的路径。而轨迹规划是指根据作业任务的要求，计算出预期的运动轨迹。为了完成指定的机械臂任务，需要考虑运动规划算法的主要特征。轨迹规划的目的是生成运动控制系统的参考输入，以确保末端执行器完成规划的轨迹。通常将机械臂的运动看作工具坐标系$\{T\}$相对于工件(用户)坐标系$\{S\}$的运动。这种描述方法既适用于各种机械臂，也适用于同一机械臂上装夹的各种工具。对于移动工作台(例如传送带)，这种方法同样适用。这时，工件(用户)坐标系$\{S\}$的位姿随时间而变化。

对于点位作业(pick-and-place operation)的工业机械臂(如用于上下料的工业机械臂)，只需要描述它的初始状态和目标状态，即工具坐标系的初始值$\{T_0\}$和目标值$\{T_f\}$。在此，用"点"这个词表示工具坐标系的位姿，例如起点和终点等。对于另外一些作业，如弧焊和曲线曲面加工等，不仅要规定机械臂的起点和终点，而且要指明两点之间的若干中间点(称路径点)、机械臂必须沿特定的路径运动(路径约束)。这类运动称为连续路径运动或轮廓运动，如机械臂弧焊和打磨等。

3.1.2　机械臂规划系统的任务与轨迹规划方法

机械臂在完成给定的作业任务之前，应该规定它的操作顺序、行动步骤和作业进程。规划实际上就是一种问题求解技术，即从某个特定问题的初始状态出发，构造一系列操作步骤(也称算子)，达到解决该问题的目标状态。如图 3.1 所示，任务规划器根据输入的任务说明，规划执行任务所需的参数，此参数作为机械臂控制器的输入信息。控制器根据机械臂的运动学模型和动力学模型以及传感器(包括视觉)在线采集的数据产生控制指令。

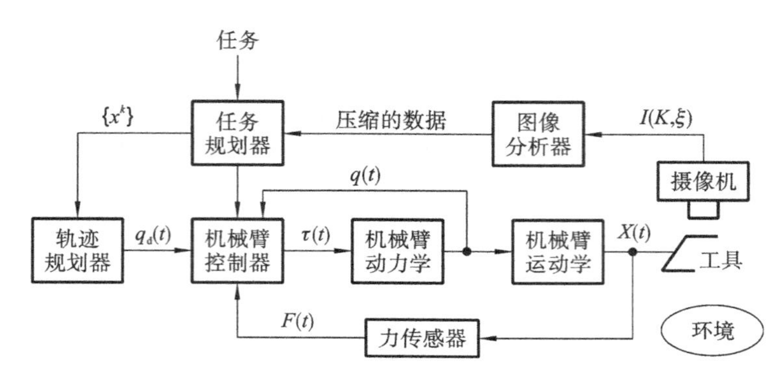

图 3.1 任务规划器

图 3.1 中,各符号含义如下:$\{x^k\}$为目标位置,$q_d(t)$为期望轨迹,$\tau(t)$为系统输出,$q(t)$为实际轨迹,$F(t)$为各关节作用力,$X(t)$为机械臂末端位置,$I(K,\xi)$为获得的图像。对于机械臂的轨迹规划问题,首先应对机械臂的任务、运动路径和轨迹进行描述。轨迹规划器可使编程简单化,只要求用户输入有关路径、轨迹的若干约束和简单描述,而复杂的细节问题则由轨迹规划器解决。例如,用户只需给出末端执行器的目标位姿,让轨迹规划器确定到达该目标的路径点、持续时间和运动速度等轨迹参数,并且,在计算机内部描述所要求的轨迹,即选择习惯规定及合理的软件数据结构。最后,对于计算机内部描述的轨迹,实时计算机械臂运动的位移、速度和加速度,生成运动轨迹。

目前,机械臂轨迹规划方法包括关节空间轨迹规划法和笛卡儿坐标系下的轨迹规划法。

3.2 关节空间轨迹规划

3.2.1 轨迹规划应考虑的问题

在规划机械臂的运动时,需要弄清楚在其路径上是否存在障碍物(障碍约束)。路径约束和障碍约束的组合将机械臂的规划与控制方式划分为四类,如表 3.1 所示。本章主要讨论连续路径的无障碍轨迹规划方法。

表 3.1 机械臂规划方式

路径约束	障碍约束	控制方式
有	有	离线无碰撞路径规划+在线路径跟踪
有	无	离线路径规划+在线路径跟踪
无	有	位置控制+在线障碍探测和避障
无	无	位置控制

轨迹规划器可形象地看成一个黑箱,如图 3.2 所示,其输入包括路径设定和路径约束,输出机械臂末端执行器的位姿序列,表示末端执行器在各离散时刻的中间位姿,其中 $q(t)$、$\dot{q}(t)$和 $\ddot{q}(t)$ 分别表示机械臂末端执行器的位置、速度和加速度。

机械臂最常用的轨迹规划方法有两种。第一种方法,对于选定的轨迹节点(插值点)上的位姿、速度和加速度,用户给出一组显式约束(例如连续性和光滑程度等),轨迹规划器从一类函数(例如 n 次多项式)中选取参数化轨迹,对节点进行插值,并满足约束条件。在该种方法中,约束的设定和轨迹规划均在关节空间中进行。由于对机械臂末端执行器(笛卡儿坐标中)没有施加任何约束,用户很难弄清末端执行器的实际路径,因此末端执行器可能会与障碍物相碰。第二种方法,用户给出运动路径的解析式,如笛卡儿坐标系中的直线路径,轨迹规划器在关节空间或笛卡儿坐标系中确定一条轨迹来逼近预定的路径。第二种方法的路径约束是在笛卡儿坐标系中给定的,而关节驱动器是在关节空间中受控的。因此,为了得到与给定路径十分接近的轨迹,首先必须采用某种函数逼近的方法将笛卡儿坐标路径约束转化为关节坐标路径约束,然后确定满足关节坐标路径约束的参数化路径。

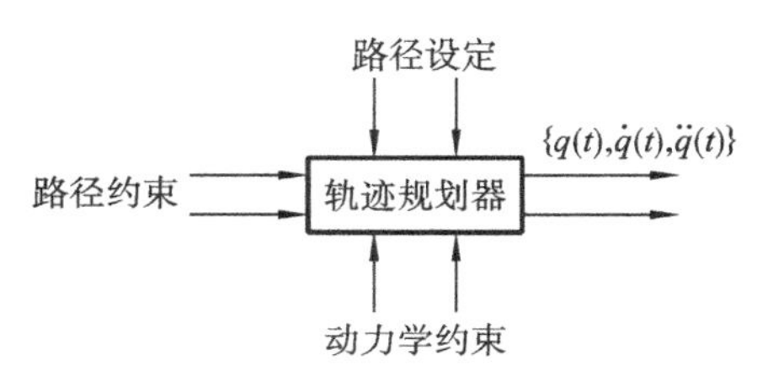

图 3.2　轨迹规划器

由此可知,轨迹规划既可在关节空间中进行,也可在笛卡儿坐标系中进行,但是所规划的轨迹函数都必须连续和平滑,使机械臂的运动平稳。在关节空间中进行规划时,是将关节变量表示成时间的函数,并规划它的一阶和二阶时间导数;在笛卡儿坐标系下进行规划时,是将末端执行器的位姿、速度和加速度表示为时间的函数,而相应的关节位移、速度和加速度由末端执行器的信息导出。通常通过运动学逆解得出关节位移,用逆雅可比矩阵求出关节速度,用逆雅可比矩阵及其导数求解关节加速度。

总之,在笛卡儿坐标系中,当用户根据作业任务给出各个路径节点后,轨迹规划器的任务就是解变换方程、进行运动学逆解和插值运算等;在关节空间中,轨迹规划器主要是对关节变量进行插值运算。

3.2.2　关节空间描述与笛卡儿坐标系描述

考虑一个机械臂末端从空间位置点 A 向点 B 运动,使用机械臂逆运动学方程,可以计算出机械臂达到新位置时各个关节的关节角度,机械臂控制器利用所算出的关节角度值驱动机械臂到达新的关节角度,从而使机械臂末端执行器运动到新的位置。采用关节角度值来描述机械臂的运动称为关节空间描述。虽然在这种情形下机械臂可以移动到期望位置,但机械臂在这两点之间的运动是不可预知的。

如图 3.3 所示,假设在 A、B 两点之间画一直线,希望机械臂末端从点 A 沿该直线运动到点 B。为达到此目的,必须将图 3.3 中的直线分为许多小段,并使机械臂的运动经过所有中间点。为完成这一任务,在每个中间点处都要求解机械臂逆运动学方程,计算出一系列的关节角度值,然后由控制器驱动关节到达下一个目标点。当所有线段都完成时,机械臂便到达所希望的点 B。然而,与前面提到的关节空间描述不同,这里机械臂在所有时刻的运动都是已知的。机械臂所产生的运动序列首先在笛卡儿坐标系中进行描述,然后转化为关节空间描述的计算量。可以看出,笛卡儿坐标系描述的计算量远大于关节空间描述的计算量,然而使用该方法能得到一条可控且可预知的路径。关节空间描述和笛卡儿坐标系描述都已经应用于工业生产中。

每种方法各有所长,由于笛卡儿空间轨迹在常见的笛卡儿坐标系中表示,因此非常直观,人们能很容易地看到机械臂末端执行器的轨迹。然而,笛卡儿坐标系下的轨迹规划计算量大,需要较快的处理速度才能得到类似关节空间轨迹的计算精度。此外,虽然在笛卡儿坐标系下

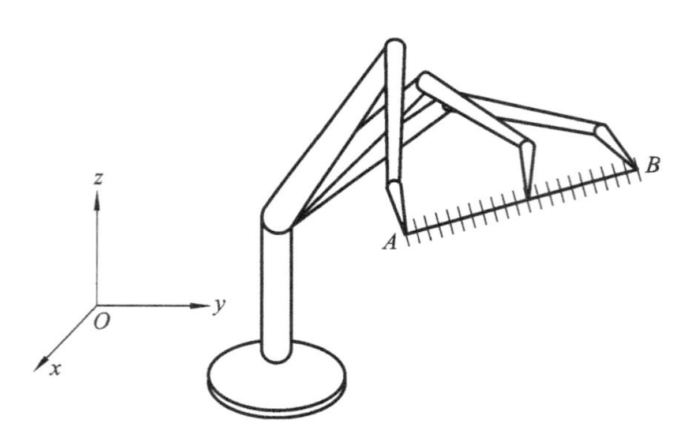

图 3.3　机械臂沿直线运动

的轨迹非常直观，但难以确保不存在奇异点。例如，指定的轨迹穿入机械臂自身或使轨迹到达工作空间之外，这些显然是不可能实现的，而且也不可能求解。但由于在机械臂运动之前无法事先得知其位姿，这种情况完全有可能发生。此外，两点间的运动有可能使机械臂关节角度值发生突变，这也是不可能实现的。对于上述问题，可以指定机械臂必须通过中间点来避开障碍物或其他奇异点。

3.2.3　轨迹规划的基本原理

这里以简单的二自由度机械臂为例，说明关节空间和笛卡儿坐标系下进行轨迹规划的基本原理。如图 3.4 所示，要求机械臂末端从点 A 运动到点 B。机械臂在点 A 时的关节角度分别为 $\alpha=20°$，$\beta=30°$。假设已算出机械臂末端到达点 B 时的关节角度分别是 $\alpha=40°$，$\beta=80°$，同时已知机械臂两个关节运动的最大速率均为 10°/s。机械臂末端从点 A 运动到点 B 的一种方法是使所有关节都以其最大速度运动，这就是说，机械臂下端的连杆 l_1 用 2 s 即可完成运动，而如图 3.4 所示，上方的连杆 l_2 还需要再运动 3 s 到达点 B。图 3.4 中画出了末端执行器的轨迹，可见其路径是不规则的，末端执行器走过的距离也是不均匀的。

假设机械臂两个关节的运动用一个公共因子做归一化处理，使其运动范围较小的关节运动成比例地减慢，从而两个关节能够同步地开始和结束运动。这时两个关节以不同速度一起连续运动，即分别以 4°/s、10°/s 的速度运动。从图 3.5 可以看出，得出的轨迹与前面不同。该运动轨迹的各部分比以前更加均衡，但是所得路径仍然是不规则的。原因是第二种方法只关注关节量，而忽略机械臂末端执行器的位置。因此，这两种方法都是在关节空间中进行规划的，所需的计算仅是运动终点的关节量，而第二种方法中还进行了关节速率的归一化处理。

现在假设机械臂的末端可以沿点 A 到点 B 之间的一条已知路径运动，比如说沿一条直线运动。最简单的解决方法是首先在点 A 和点 B 之间画一条直线，再将这条直线等分为几部分，例如分为 5 等分，如图 3.6 所示，然后计算出各点所需要的 α 和 β 值，这一过程称为在点 A 和点 B 之间插值。可以看出，这时的路径是一条直线，而关节角并非均匀变化的。虽然得到的运动是一条已知的直线轨迹，但必须计算直线上每个点的关节量。显然，如果路径分割的部分太少，将不能保证机械臂在每段内严格地沿直线运动。为获得更好的精度，就需要对路径进行更多分割，也就需要计算更多的关节点。由于机械臂轨迹的所有运动段都是基于笛卡儿坐标进行计算的，因此称为笛卡儿坐标系下的轨迹规划。

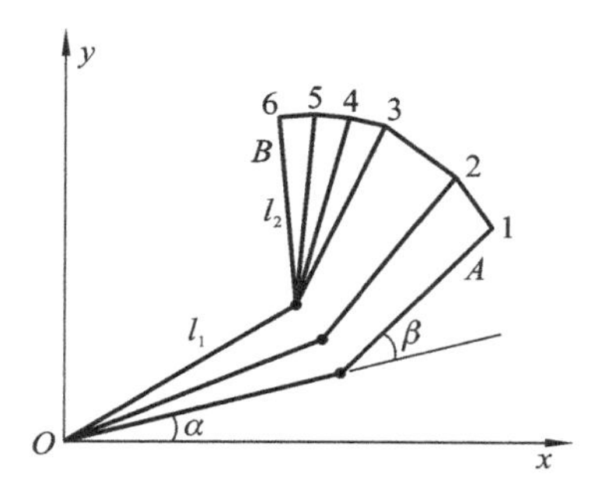

图 3.4 二自由度机械臂关节空间非归一化处理

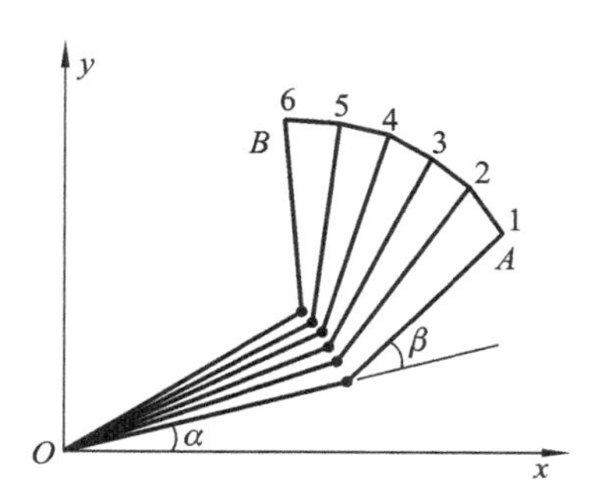

图 3.5 二自由度机械臂关节空间归一化处理

在前面的例子中均假设机械臂的驱动装置能够提供足够大的功率来满足关节所需的速度和加速度，如前面假设机械臂在路径第一段运动的一开始就可以立刻加速到所需的期望速度。如果这一点不成立，机械臂所沿循的将是一条不同于前面所设想的轨迹，即在加速到期望速度之前的轨迹将稍稍落后于设想的轨迹。此外，需要注意的是两个连续关节量之间的差值大于规定的最大关节速度 10°/s，显然，这是不可能达到的。同样必须注意，关节 1 在向上移动前首先向下移动。

为了改进这一状况，可对路径进行不同方法的分段，即机械臂开始加速运动时的路径分段较小，随后使其以恒定速度运动，而在接近点 B 时再在较小的分段上减速（见图 3.7）。当然，对于路径上的每一点仍需求解机械臂的逆运动学方程，这与前面几种情况类似。在图 3.7 中，不是将直线段 AB 等分，而是在开始时，基于方程 $x=\frac{1}{2}at^2$ 进行划分，直到其到达所需要的运动速度 $v=at$ 时为止，末端运动则依据减速过程类似地进行划分。

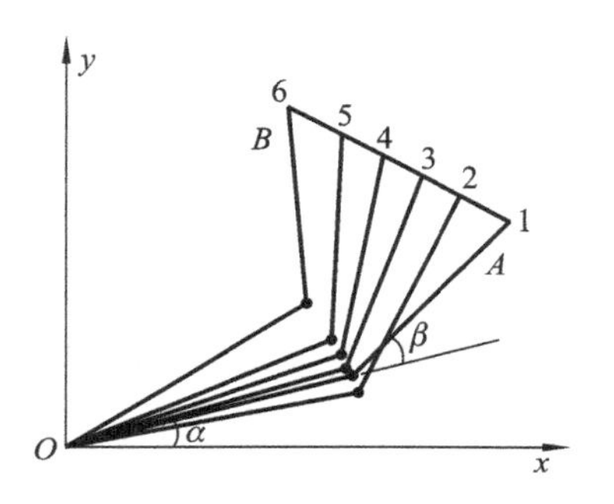

图 3.6 二自由度机械臂笛卡儿坐标系下的运动

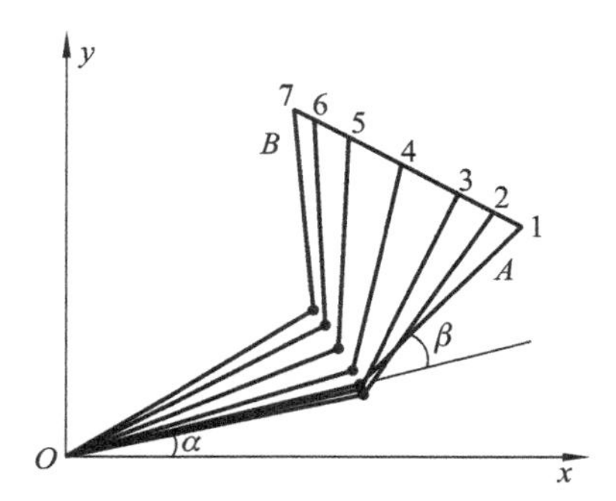

图 3.7 具有加速和减速的轨迹规划

还有一种情况是轨迹规划的路径并非直线，而是某个期望路径，这时，必须基于期望路径计算出每一段的坐标，并进而计算相应的关节量，才能规划出机械臂沿期望路径的轨迹。

至此只考虑了机械臂在点 A 和点 B 之间的运动，而在多数情况下，可能要求机械臂顺序通过许多点，包括中间点或过渡点。下面进一步讨论多点间的轨迹，并最终实现连续运动。

如图 3.8 所示，假设机械臂从点 A 经过点 B 运动到点 C。一种方法是从点 A 向点 B 先加速，再匀速，接近点 B 时减速并在到达点 B 时停止，然后由点 B 到点 C 重复这一过程。这其中包含了不平稳运动和不必要的停止动作。另一种可行的方法是将点 B 两边的运动进行平滑过渡。机械臂先接近点 B，然后沿着平滑过渡的路径重新加速，最终到达并停在点 C。平滑过渡的路径使机械臂的运动更加平稳，降低了机械臂在启停过程中所受的冲击应力，并且减少了能量消耗。如果机械臂的运动由许多段组成，所有中间运动段都可以采用过渡的方式平滑连接在一起。但必须注意，由于采用了平滑过渡曲线，机械臂经过的可能不是原来的点 B 而是点 B'，如图 3.8(a)所示。如果要求机械臂精确经过点 B，可事先设定一个不同的点 B''，使得平滑过渡曲线正好经过点 B，如图 3.8(b)所示；另一种方法如图 3.9(b)所示，在点 B 前后各加过渡点 D 和点 E，使得点 B 落在连线 DE 上，确保机械臂能够经过点 B。

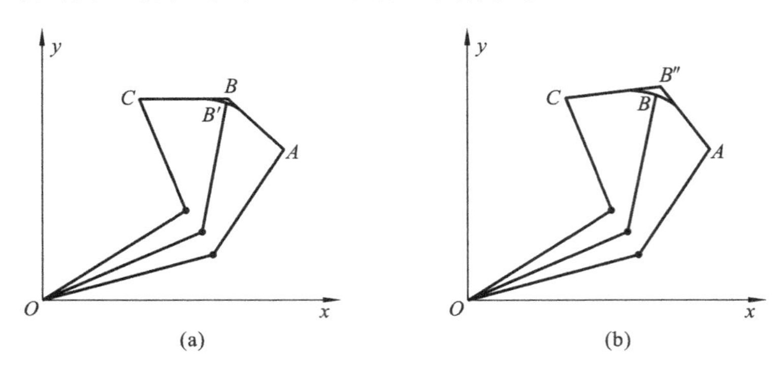

图 3.8　具有平滑过渡的轨迹规划

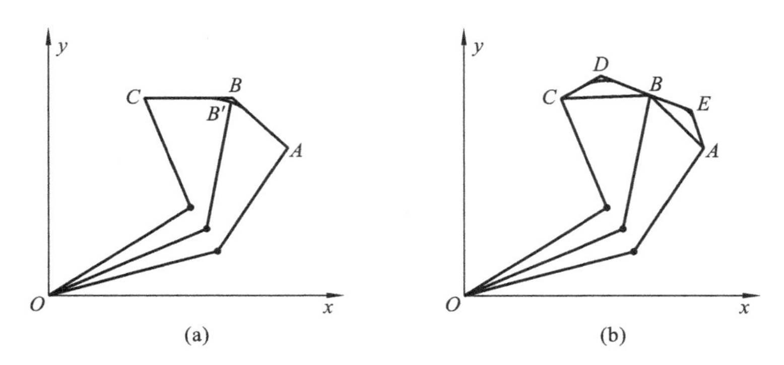

图 3.9　连线 DE 经过中间点 B

下两节将详细讨论不同的轨迹规划方法。通常使用高次多项式来表示两个路径之间每点的位置、速度和加速度。当规划路径后，控制器通过路径信息求解逆运动学方程得到关节量，并操纵机械臂做相应的运动。如果机械臂的路径非常复杂，无法用一个方程来表示，这时可手动移动机械臂，并记录下每个关节的运动状态，并将记录的关节量用于以后驱动机械臂的运动。对于示教机械臂，常常采用这种方式来完成任务，例如汽车喷漆、焊接及其他类似任务。

3.3　关节空间法

本节将研究如何利用受控参数实现在关节空间中规划机械臂的运动。有许多不同阶次的多项式函数及抛物线过渡的线性函数可用于实现这个目的，下面将具体讨论在关节空间中轨迹规划的一些方法。特别需要说明的是，这些轨迹给定点均为关节量（即转角值）而非笛卡儿坐标量（即位置）。在笛卡儿坐标下的轨迹规划将在 3.3 节和 3.4 节讨论。

3.3.1　三次多项式轨迹规划

这里假设机械臂的初始位姿是已知的，通过求解逆运动学方程可求得机械臂末端期望位姿对应的关节变量。然而，机械臂每个关节的运动都必须单独规划。若考虑其中某一关节在运动开始时刻 t_0 的转角为 θ_0，希望该关节在时刻 t_f 运动到新的转角 θ_f。关节空间轨迹规划的一种方法是使用多项式函数，以使初始和末端的边界条件与已知条件相匹配。这些已知条件为 θ_0 和 θ_f 及机械臂在运动开始和结束时的速度，这些速度通常为0(或其他已知数值)。这4个已知信息可用来求解下列三次多项式方程中的4个未知量 a_0、a_1、a_2、a_3：

$$\theta(t)=a_0+a_1t+a_2t^2+a_3t^3 \tag{3.1}$$

其中，起点和终点的边界条件是

$$\begin{cases}\theta(t_0)=\theta_0, t_0=0\\ \theta(t_f)=\theta_f\\ \dot{\theta}(t_0)=0, t_0=0\\ \dot{\theta}(t_f)=0\end{cases} \tag{3.2}$$

对多项式(3.1)求解一阶导数可得

$$\dot{\theta}(t)=a_1+2a_2t+3a_3t^2 \tag{3.3}$$

将起点和终点的边界条件代入式(3.1)和式(3.3)可得

$$\begin{cases}\theta(t_0)=a_0=\theta_0\\ \theta(t_f)=a_0+a_1t_f+a_2t_f^2+a_3t_f^3\\ \dot{\theta}(t_0)=a_1=0\\ \dot{\theta}(t_f)=a_1+2a_2t_f+3a_3t_f^2=0\end{cases} \tag{3.4}$$

设 $\theta(t_0)=\theta_0, \dot{\theta}(t_0)=\dot{\theta}_0, \theta(t_f)=\theta_f, \dot{\theta}(t_f)=\dot{\theta}_f$，以上结果用矩阵形式可表示为

$$\begin{bmatrix}\theta_0\\ \dot{\theta}_0\\ \theta_f\\ \dot{\theta}_f\end{bmatrix}=\begin{bmatrix}1 & 0 & 0 & 0\\ 0 & 1 & 0 & 0\\ 1 & t_f & t_f^2 & t_f^3\\ 0 & 1 & 2t_f & 3t_f^2\end{bmatrix}\begin{bmatrix}a_0\\ a_1\\ a_2\\ a_3\end{bmatrix} \tag{3.5}$$

通过联立求解这4个方程，得到方程中4个未知的数值，这样便可算出任意时刻的关节位置，控制器则据此驱动关节到达所需的位置。尽管每个关节是用同样步骤分别进行规划的，但所有关节自始至终都是同步驱动的。如果机械臂起点和终点的速率不为零，同样可以通过给定数据得到未知量 a_0、a_1、a_2、a_3 的数值。因此，三次多项式能用于产生驱动每个关节的运动轨迹。

如果要求机械臂依次地通过两个以上的点，那么每段末端求解出的边界速度和位置都可用来作为下一段的初始条件，每段的轨迹均可用类似的三次多项式加以规划。然而，尽管位置和速度都是连续的，但加速度并不连续，这也可能会产生问题。

例3.1　求一个六自由度机械臂的第一关节在5 s内从初始角30°运动到终止角75°，用三次多项式计算在1 s、2 s、3 s和4 s时关节的转角。

解：将边界条件代入式(3.4)可得

$$\begin{cases}\theta(t_0)=a_0=30\\ \theta(t_f)=a_0+5a_1+25a_2+125a_3=75\\ \dot{\theta}(t_0)=a_1=0\\ \dot{\theta}(t_f)=a_1+10a_2+75a_3=0\end{cases}$$

解得

$$\begin{cases}a_0=30\\ a_1=0\\ a_2=5.4\\ a_3=-0.72\end{cases}$$

由此得到关节转角、关节速度和关节加速度的多项式方程如下：

$$\begin{cases}\theta(t)=30+5.4t^2-0.72t^3\\ \dot{\theta}(t)=10.8t-2.16t^2\\ \ddot{\theta}(t)=10.8-4.32t\end{cases}$$

代入时间，得

$$\theta(1)=34.68°,\theta(2)=45.84°,\theta(3)=59.16°,\theta(4)=70.32°$$

该关节转角、关节速度和关节加速度曲线如图 3.10 所示。可以看出，本例中需要的初始加速度为 $10.8°/s^2$，运动 5 s 后的加速度为 $-10.8°/s^2$。

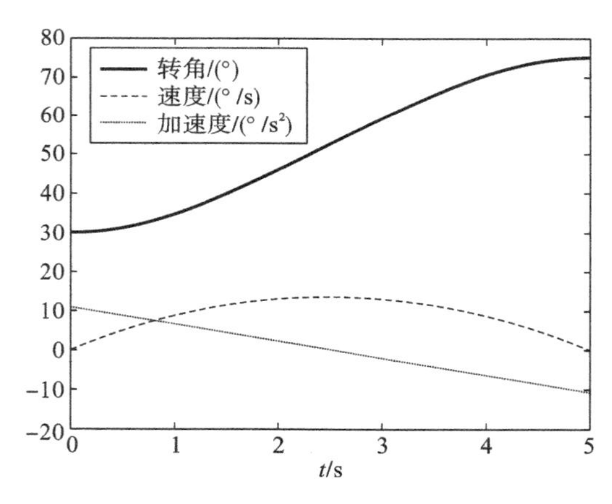

图 3.10 关节转角、关节速度和关节加速度曲线

例 3.2 假设例 3.1 中的机械臂在前面运动的基础上继续运动，要求在其后的 3 s 内关节角到达 105°。画出该运动的关节转角、速度和加速度曲线。

解：已经知道第一运动段终点的关节位置和速度，将它们作为下一运动段的初始条件，可得

$$\begin{cases}\theta(t)=a_0+a_1t+a_2t^2+a_3t^3\\ \dot{\theta}(t)=a_1+2a_2t+3a_3t^2\\ \ddot{\theta}(t)=2a_2+6a_3t\end{cases}$$

其中

$$t_0=5\text{ s 时},\theta_0=75°,\dot{\theta}_0=0$$
$$t_f=8\text{ s 时},\theta_f=105°,\dot{\theta}_f=0$$

可以求得

$$\begin{cases} a_0 = 602.78 \\ a_1 = -266.67 \\ a_2 = 43.33 \\ a_3 = -2.222 \end{cases}$$

$$\begin{cases} \theta(t) = 602.78 - 266.67t + 43.33t^2 - 2.222t^3 \\ \dot{\theta}(t) = -266.67 + 86.66t - 6.666t^2 \\ \ddot{\theta}(t) = 86.66 - 13.332t \end{cases}$$

图 3.11 画出了整个运动过程的转角、速度和加速度，可以看出边界条件恰恰是所希望的值。但是也可以看到，虽然速度曲线是连续的，但在中间点上速度曲线的斜率由负变正，导致了加速度的突变。机械臂能否产生这样的加速度依赖于机械臂自身的能力。为保证机械臂的加速度不超过其自身能力，在计算到达目标所需时间时必须考虑加速度限制。

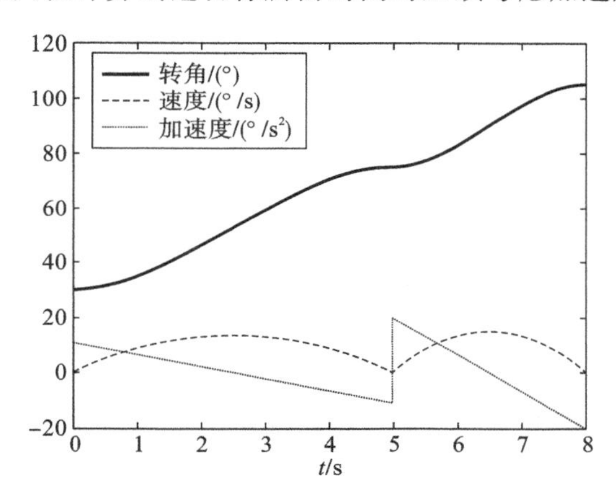

图 3.11　关节转角、关节速度和关节加速度曲线

据此可计算出机械臂到达目标点所需要的时间。这里需要注意的是，中间点的速度不必为 0，中间点的上一段终止速度就等于下一段的初始速度，必须使用这些值来计算三次多项式的系数。

3.3.2　抛物线过渡的关节空间轨迹规划

在关节空间进行轨迹规划的另一种方法是让机械臂关节以恒定的速度在起点和终点位置之间运动，轨迹方程相当于一次多项式，其速度是常数，加速度为零。这表示在运动段的起点和终点的加速度必须为无穷大，才能在边界点瞬间产生所需的速度。为了避免这种情况，线性运动段在起点和终点处可以用抛物线来进行过渡，从而产生如图 3.12 所示的连续转角和速度。假设在 $t_0=0$ 和 t_f 时刻对应的起点和终点转角分别为 θ_0 和 θ_f，抛物线与直线部分的过渡段在时刻 t_a 和 t_f-t_a 处是对称的，由此可得

$$\begin{cases} \theta(t) = a_0 + a_1 t + \dfrac{1}{2}a_2 t^2 \\ \dot{\theta}(t) = a_1 + a_2 t \\ \ddot{\theta}(t) = a_2 \end{cases} \tag{3.6}$$

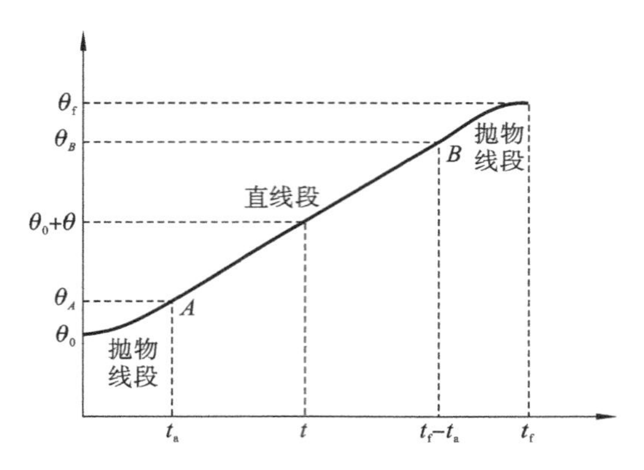

图 3.12　抛物线过渡的直线段

显然，这里抛物线运动段的加速度是一常数，并在公共点 A 和 B 上产生连续的速度。将边界条件代入抛物线段的方程可得到

$$\begin{cases}\theta(t=0)=\theta_0=a_0\\ \dot{\theta}(t=0)=0=a_1\\ \ddot{\theta}(t)=a_2\end{cases}\quad \text{即}\quad \begin{cases}a_0=\theta_0\\ a_1=0\\ a_2=\ddot{\theta}\end{cases}$$

从而给出抛物线段的方程为

$$\begin{cases}\theta(t)=\theta_0+\dfrac{1}{2}a_2t^2\\ \dot{\theta}(t)=a_2t\\ \ddot{\theta}(t)=a_2\end{cases}\tag{3.7}$$

图中抛物线 A 段和抛物线 B 段均可用抛物线方程式(3.7)表示。显然，对于直线段，速度将保持为常值，它可以根据驱动器的物理性能来加以选择。将初始速度、线性段已知的常值速度 ω 及末端速度代入式(3.7)，可得到 A、B 及终点处的关节转角和速度：

$$\begin{cases}\theta_A=\theta_0+\dfrac{1}{2}a_2t_a^2\\ \dot{\theta}_A=a_2t_a=\omega\\ \theta_B=\theta_A+\omega[(t_f-t_a)-t_a]=\theta_A+\omega(t_f-2t_a)\\ \dot{\theta}_B=\dot{\theta}_A=\omega\\ \theta_f=\theta_B+(\theta_A-\theta_0)\\ \dot{\theta}_f=0\end{cases}\tag{3.8}$$

由式(3.8)可以求得

$$\begin{cases}a_2=\dfrac{\omega}{t_a}\\ \theta_f=\theta_0+a_2t_a^2+\omega(t_f-2t_a)\end{cases}\tag{3.9}$$

进而由式(3.9)可以解得过渡时间 t_a：

$$t_a=\frac{\theta_0-\theta_f+\omega t_f}{\omega}\tag{3.10}$$

显然，t_a 不能大于总时间 t_f 的一半，否则在整个过程中将没有直线运动段而只有抛物线加速段和抛物线减速段。由式(3.10)可以计算出对应的最大速度 $\omega_{max}=\dfrac{2(\theta_f-\theta_0)}{t_f}$。应该说明，如果运动段的初始时间不是0而是$t_a$，则可采用平移时间轴的办法使初始时间为0。

终点的抛物线段与起点的抛物线段是对称的，只是其加速度为负。因此可表示为

$$\theta(t)=\theta_f-\frac{1}{2}a_2(t_f-t)^2$$

其中$a_2=\frac{\omega}{t_a}$，因此有

$$\begin{cases}\theta(t)=\theta_f-\frac{1}{2}\frac{\omega}{t_a}(t_f-t)^2\\ \dot{\theta}(t)=\frac{\omega}{t_a}(t_f-t)\\ \ddot{\theta}(t)=-\frac{\omega}{t_a}\end{cases}\tag{3.11}$$

例3.3　在例3.1中，假设六轴机械臂的关节1以速度10°/s在5 s内从初始角$\theta_0=30°$运动到终止角$\theta_f=70°$。求解所需的过渡时间并绘制关节转角、速度和加速度曲线。

解：由题可知$\theta_0=30°$，$\theta_f=70°$，由式(3.7)、式(3.10)和式(3.11)可得

$$t_a=\frac{\theta_0-\theta_f+\omega t_f}{\omega}=1\ \text{s}$$

当$\theta=\theta_0\sim\theta_A$时，有

$$\begin{cases}\theta(t)=30+5t^2\\ \dot{\theta}(t)=10t\\ \ddot{\theta}(t)=10\end{cases}$$

故$t_a=1$ s时，$\theta_A=35°$；当$\theta=\theta_A\sim\theta_B$时，有

$$\begin{cases}\theta(t)=\theta_A+10(t-1)\\ \dot{\theta}(t)=10\\ \ddot{\theta}(t)=0\end{cases}$$

故$t_f-t_a=4$ s时，$\theta_A=65°$；当$\theta=\theta_B\sim\theta_f$时，有

$$\begin{cases}\theta(t)=70-5(5-t)^2\\ \dot{\theta}(t)=10(5-t)\\ \ddot{\theta}(t)=-10\end{cases}$$

图3.13表示了该关节的转角、速度和加速度曲线。

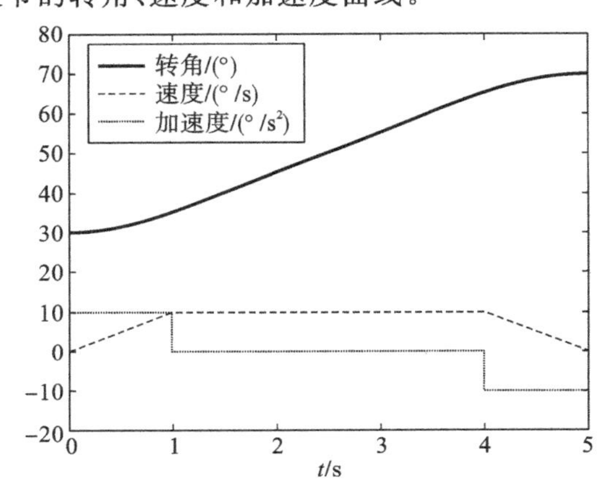

图3.13　关节的转角、速度和加速度曲线

3.3.3 具有中间点及抛物线过渡的关节空间轨迹规划

如果运动段不止一个，即机械臂运动到第一运动段终点后，还将向下一点运动，那么该点既可能是终点也可能是另一中间点。正如前面所讨论的，要采用各种运动段间过渡方法来避免时停时走的运动。这里也是这样，机械臂在初始时间 t_0 的关节角是已知的，且使用逆运动学方程可以求得中间点和终点的关节角。在各段之间进行过渡时，使用每一点的边界条件来计算抛物线段的系数。例如，已知机械臂开始运动时关节的转角和速度，在第一运动段的末端点转角和速度必须连续，它们可作为中间点的边界条件，进而可对新的运动段进行计算，重复这一过程直至计算出所有运动段并到达终点。显然，对于每个运动段，必须基于给定的关节速度求出新的 t_a，同时还必须检验加速度值是否超过限定值。

3.4 笛卡儿坐标空间轨迹规划

机械臂末端执行器在笛卡儿空间中的描述，包括位置描述与姿态描述，因此其插补算法中也包括位置插补与姿态插补。其中，姿态插补一般采取线性方式，即把末端执行器在曲线上的终点和起点的方位差均匀地分配到插补的每一步。位置插补方式，包括直线插补、圆弧插补、抛物线插补和样条线插补等，其中直线插补和圆弧插补算法最为基础。

目前，机械臂基本操作方式是示教再现，即首先教机械臂如何做，机械臂就记住了这个过程，于是它可以根据需要重复这个动作。为了保证运动的平稳性，在示教点之间采用插值或插补算法，插入中间点，再用机械臂逆运动学算法算出各个关节的角度，对机械臂进行控制，从而得到要求的轨迹位姿，具体流程如图 3.14 所示。

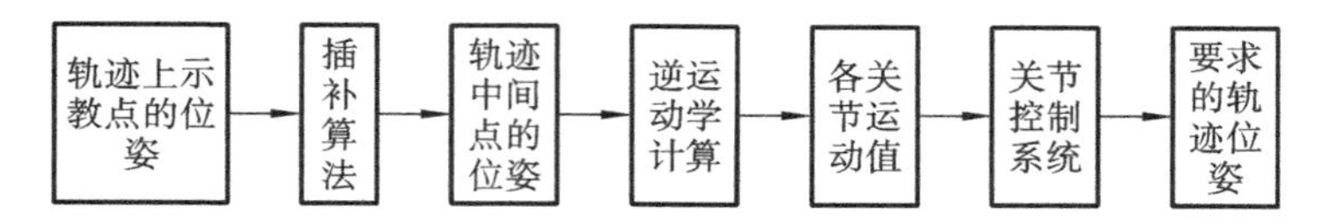

图 3.14　机械臂轨迹规划控制流程

笛卡儿坐标空间轨迹与机械臂相对于笛卡儿坐标系的运动有关，如机械臂末端执行器的位姿便是沿笛卡儿坐标空间的轨迹。除了简单的直线轨迹以外，也可用许多其他的方法来控制机械臂在不同点之间沿一定轨迹运动。实际上所有用于关节空间轨迹规划的方法都可用于笛卡儿坐标空间的轨迹规划。最根本的区别在于，笛卡儿坐标空间轨迹规划必须反复求解逆运动方程来计算关节角。也就是说，对于关节空间轨迹规划，规划函数生成的值就是关节量，而笛卡儿坐标下的轨迹规划函数生成的值是机械臂末端执行器的位姿，它们需要通过求解逆运动学方程才能化为关节量。

以上过程可以简化为如下的计算循环：

（1）将时间增加一个增量，即 $t=t+\Delta t$；

（2）利用所选择的轨迹函数计算出末端执行器的位姿；

（3）利用机械臂逆运动学方程计算出对应末端执行器位姿的关节量；

（4）将关节信息传递给控制器；

（5）返回到循环的开始。

3.4.1　线性函数插值

在工业应用中，最实用的轨迹是点到点的直线运动轨迹，但也经常遇到多目标点间需要平滑过渡的情况。

为实现一条直线轨迹，必须计算起点和终点位姿之间的变换，并将该变换划分为许多小段。起点构型 $\boldsymbol{T}_{\mathrm{i}}$ 和终点构型 $\boldsymbol{T}_{\mathrm{f}}$ 之间的总变换 $\boldsymbol{T}$ 可通过下面的方程进行计算：

$$\begin{cases}\boldsymbol{T}_{\mathrm{f}}=\boldsymbol{T}_{\mathrm{i}}\boldsymbol{T}\\ \boldsymbol{T}_{\mathrm{i}}^{-1}\boldsymbol{T}_{\mathrm{f}}=\boldsymbol{T}_{\mathrm{i}}^{-1}\boldsymbol{T}_{\mathrm{i}}\boldsymbol{T}\\ \boldsymbol{T}=\boldsymbol{T}_{\mathrm{i}}^{-1}\boldsymbol{T}_{\mathrm{f}}\end{cases}\tag{3.12}$$

至少有以下三种不同的方法可用来将该总变换转化为许多的小段变换。

(1) 希望在起点和终点之间有平滑的线性变换，因此需要大量很小的分段，从而产生了大量的微分运动。利用微分运动方程，可将末端执行器坐标系在每个新段的位姿与微分运动 $\boldsymbol{D}$、雅可比矩阵 $\boldsymbol{J}$ 及关节速度 $\boldsymbol{D}_\theta$通过下列方程联系在一起。其中，$\boldsymbol{T}_{\mathrm{new}}$表示前一时刻，$\boldsymbol{T}_{\mathrm{old}}$表示下一时刻。

$$\begin{cases}\boldsymbol{D}=\boldsymbol{J}\boldsymbol{D}_\theta\\ \boldsymbol{D}_\theta=\boldsymbol{J}^{-1}\boldsymbol{D}\\ \mathrm{d}\boldsymbol{T}=\Delta\boldsymbol{T}\\ \boldsymbol{T}_{\mathrm{new}}=\boldsymbol{T}_{\mathrm{old}}+\mathrm{d}\boldsymbol{T}\end{cases}$$

(2) 在起点和终点之间的变换 $\boldsymbol{T}$ 分解为一个平移和两个旋转。平移是将坐标原点从起点 A 移动到终点 B，第一个旋转是将末端执行器的坐标系与期望姿态对准，而第二个旋转是末端执行器坐标系绕其自身轴转到最终的姿态。这三个变换同时进行。

(3) 在起点和终点之间的变换 $\boldsymbol{T}$ 分解为一个平移和一个旋转。平移仍是将坐标原点从起点移动到终点，而旋转则是将机械臂坐标系与最终的期望姿态对准。两个变换同时进行，如图 3.15 所示。

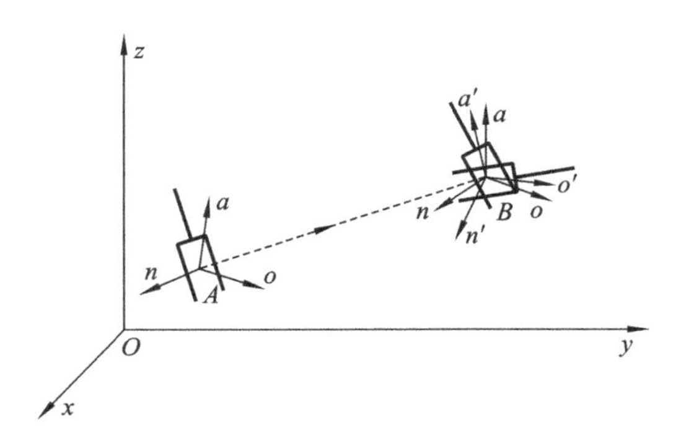

图 3.15　笛卡儿坐标空间中起点和终点之间的变换

例 3.4　一个二自由度平面机械臂要求从起点(3,10)沿直线运动到终点(8,14)。假设路径分为 10 段，求出机械臂的关节变量 θ_1 和 θ_2。每一根连杆的长度为 9 m。

解：笛卡儿坐标空间中起点和终点间的直线可以描述为

$$k=\frac{y-14}{x-8}=\frac{10-14}{3-8}=0.8$$

$$y = 0.8x + 7.6$$

中间点的坐标可以通过将起点和终点的 x 和 y 坐标之差简单地加以分割得到，然后通过求解逆运动学方程得到对应每个中间点的两个关节角（求解过程见二维码中资源），结果见表 3.2。

表 3.2　机械臂的坐标及关节角

中间点	x/m	y/m	θ_1/(°)	θ_2/(°)
1	3	10	18.8	109
2	3.5	10.4	19	104
3	4	10.8	19.5	100.4
4	4.5	11.2	20.2	95.8
5	5	11.6	21.3	90.9
6	5.5	12	22.5	85.7
7	6	12.4	24.1	80.1
8	6.5	12.8	26	74.2
9	7	13.2	28.2	67.8
10	7.5	13.6	30.8	60.7
11	8	14	33.9	52.8

3.4.2　圆弧插值

对于任意空间圆弧插补，就是求在一个插补周期 T 内，机械臂末端执行器从当前位置 (x_i, y_i, z_i) 和姿态 $(\alpha_i, \beta_i, \gamma_i)$ 沿圆弧割线截取弦长 $f = FT$（F 为步长）后，所到达的下一个插补点的位置 $(x_{i+1}, y_{i+1}, z_{i+1})$ 和姿态 $(\alpha_{i+1}, \beta_{i+1}, \gamma_{i+1})$ 。

姿态的插补一般采取线性方式，即把末端执行器在圆弧终点和起点的姿态差均匀地分配到插补的每一步，圆弧的插补过程如下。

首先求出圆心和半径，然后再计算插补点的坐标。对于任意空间圆弧，其圆弧起点 $P_0(x_0, y_0, z_0)$ 、中间点 $P_1(x_1, y_1, z_1)$ 和圆弧的终点 $P_2(x_2, y_2, z_2)$ 如图 3.16 所示。

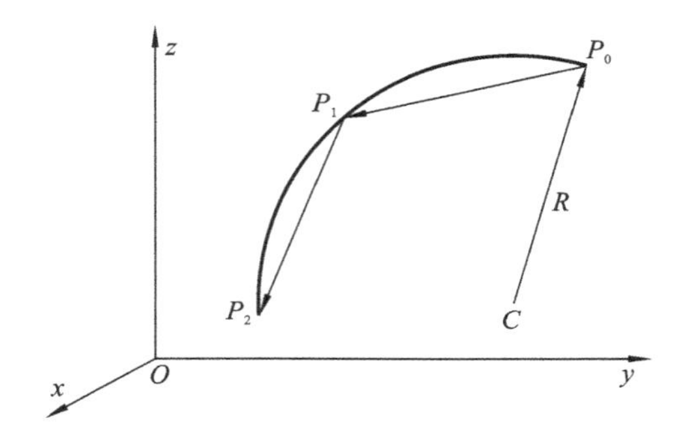

图 3.16　空间圆弧

设圆心坐标为 $C(x_C, y_C, z_C)$ ，半径为 R ，则有

$$CP_0 = CP_1 = CP_2 = R \tag{3.13}$$

$$\overrightarrow{CP_0} \times \overrightarrow{P_0P_1} = \lambda(\overrightarrow{P_0P_1} \times \overrightarrow{P_1P_2}) \tag{3.14}$$

式中：λ 为常数。

由式(3.13)和式(3.14)求得圆心坐标 (x_C, y_C, z_C) 和半径 R 。

用 $\overrightarrow{P_0P_1} \times \overrightarrow{P_1P_2}$ 表示空间三点圆弧所在平面的法矢量 $\boldsymbol{n}$，设 $\boldsymbol{n}=u\boldsymbol{i}+v\boldsymbol{j}+w\boldsymbol{k}$，则

$$\begin{cases} u = (y_1 - y_0)(z_2 - z_1) - (z_1 - z_0)(y_2 - y_1) \\ v = (z_1 - z_0)(x_2 - x_1) - (x_1 - x_0)(z_2 - z_1) \\ w = (x_1 - x_0)(y_2 - y_1) - (y_1 - y_0)(x_2 - x_1) \end{cases} \tag{3.15}$$

空间三点圆弧上任一点 $P_i(x_i, y_i, z_i)(i = 0,1,2,\cdots)$ 处沿前进方向的切矢量为

$$\boldsymbol{\tau} = \boldsymbol{n} \times \overrightarrow{CP_i} = m_i\boldsymbol{i} + n_i\boldsymbol{j} + l_i\boldsymbol{k} \tag{3.16}$$

设经过一个插补周期后，机械臂的末端执行器从 $P_i(x_i, y_i, z_i)$ 沿圆弧切向移动 FT 后（F 为编程速度），到达 $P'_{i+1}(x'_{i+1}, y'_{i+1}, z'_{i+1})$，如图 3.17 所示，则

$$\begin{cases} x'_{i+1} = x_i + \Delta x'_i = x_i + Em_i \\ y'_{i+1} = y_i + \Delta y'_i = y_i + En_i \\ z'_{i+1} = z_i + \Delta z'_i = z_i + El_i \end{cases} \tag{3.17}$$

式中：$E = \dfrac{FT}{\sqrt{(m_i^2 + n_i^2 + l_i^2)}}$。

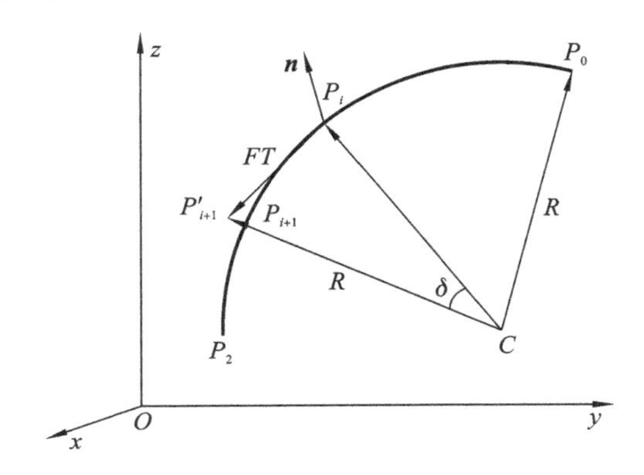

图 3.17　空间圆弧插补原理

从图 3.17 可以看出，点 P'_{i+1} 并不在圆弧上，为使所有插补点都落在圆弧上，需对式(3.17)进行修正。连接 CP'_{i+1} 交圆弧于点 P_{i+1}，以 P_{i+1} 代替 P'_{i+1} 作为插补点，则插补点始终在圆弧上。则有

$$\begin{cases} x_{i+1} = x_C + G(x_i + Em_i - x_C) \\ y_{i+1} = y_C + G(y_i + En_i - y_C) \\ z_{i+1} = z_C + G(z_i + El_i - z_C) \end{cases} \tag{3.18}$$

式中：$G = \dfrac{R}{\sqrt{(R^2 + FT^2)}}$。

计算圆弧插补次数 N，只需算出圆心角 θ 和步距角 δ，以两者的商作为插补次数。步距角 δ 的计算参见图 3.17，有

$$\delta = \arctan\left(\frac{FT}{R}\right) \approx \frac{FT}{R} \tag{3.19}$$

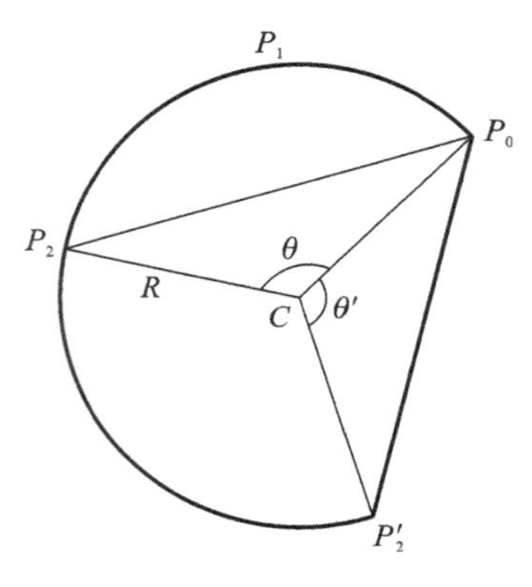

图 3.18　圆心角计算

计算圆心角 θ 则要考虑 $\theta \leqslant \pi$ 和 $\theta > \pi$ 的情况，如图3.18所示（$\theta \leqslant \pi$，圆弧为 $P_0P_1P_2$；$\theta > \pi$，圆弧为 $P_0P_1P'_2$）。

当 $\theta \leqslant \pi$ 时，有

$$\theta = 2\arcsin\frac{\sqrt{(x_2 - x_0)^2 + (y_2 - y_0)^2 + (z_2 - z_0)^2}}{2R} \tag{3.20}$$

当 $\theta > \pi$ 时，有

$$\theta = 2\pi - 2\arcsin\frac{\sqrt{(x_2 - x_0)^2 + (y_2 - y_0)^2 + (z_2 - z_0)^2}}{2R} \tag{3.21}$$

从图 3.18 可以看出，当 $\theta \leqslant \pi$ 时，矢量 $\boldsymbol{n}'(\overrightarrow{CP_0} \times \overrightarrow{P_0P_2})$ 与圆弧所在平面的法矢量 $\boldsymbol{n}$ 方向相同；当 $\theta > \pi$ 时，矢量 $\boldsymbol{n}'(\overrightarrow{CP_0} \times \overrightarrow{P_0P_2})$ 与圆弧所在平面的法矢量 $\boldsymbol{n}$ 方向相反。θ 的范围可用式(3.22)的值的正负进行判断：

$$H = \boldsymbol{n} \cdot \boldsymbol{n}' = uu' + vv' + ww' \tag{3.22}$$

式中：u'、v'、w' 分别为矢量$\overrightarrow{CP_0} \times \overrightarrow{P_0P_2}$在各坐标轴方向上的分量，有

$$\begin{cases} u' = (y_0 - y_C)(z_2 - z_0) - (z_0 - z_C)(y_2 - y_0) \\ v' = (z_0 - z_C)(x_2 - x_0) - (x_0 - x_C)(z_2 - z_0) \\ w' = (x_0 - x_C)(y_2 - y_0) - (y_0 - y_C)(x_2 - x_0) \end{cases} \tag{3.23}$$

当 $H \geqslant 0$ 时，$\theta \leqslant \pi$；反之，$\theta > \pi$。算出 δ 和 θ 后，即可计算插补次数 N（不包括点 P_0），$N = [\theta/\delta] + 1$。然后对插补点利用逆运动学方程求解出各关节量，并对各关节进行控制，从而实现圆弧插补的轨迹规划。

3.5　轨迹的实时生成

3.5.1　关节空间轨迹的生成

3.3 节介绍了几种关节空间轨迹规划的方法，按照这些方法所得的计算结果都是有关各个路径段的数据。控制系统的轨迹规划器利用这些数据依据轨迹更新的速率计算出角度、速度和加速度。

对于三次多项式，轨迹规划器只需要随 t 的变化不断按式(3.1)和式(3.2)计算 θ、$\dot{\theta}$ 和 $\ddot{\theta}$。当到达路径段的终点时，调用新路径段的三次多项式系数，重新把 t 置成零，继续生成轨迹。

对于带抛物线拟合的直线样条曲线，每次更新轨迹时，应产生检测时间 t 的值以判断当前是处在路径段的直线区段还是抛物线拟合区段。处在直线区段时，每个关节的轨迹计算如下。

直线段为

$$\begin{cases} \theta(t) = \theta_A + \omega(t - t_a) \\ \theta_A = \theta_0 + \dfrac{1}{2}a_2 t_a^2 \\ a_2 t_a = \omega \end{cases}$$

则

$$\begin{cases}\theta(t)=\theta_0+\omega\left(t-\dfrac{1}{2}t_a\right)\\ \dot{\theta}(t)=\omega\\ \ddot{\theta}(t)=0\end{cases}\tag{3.24}$$

式中：ω 为根据驱动器性能而选择的定值，t_a 可根据式(3.9)和式(3.10)计算。在起点拟合区段，各关节的轨迹计算如下：

$$\begin{cases}\theta(t)=\theta_0+\dfrac{1}{2}\omega t\\ \dot{\theta}(t)=\dfrac{\omega}{t_a}t\\ \ddot{\theta}(t)=\dfrac{\omega}{t_a}\end{cases}\tag{3.25}$$

终点处的抛物线段与起点处的抛物线段是对称的，只是其加速度为负，因此可按照下式计算：

$$\begin{cases}\theta(t)=\theta_f-\dfrac{1}{2}\dfrac{\omega}{t_a}(t_f-t)^2\\ \dot{\theta}(t)=\dfrac{\omega}{t_a}(t_f-t)\\ \ddot{\theta}(t)=-\dfrac{\omega}{t_a}\end{cases}\tag{3.26}$$

式中：t_f 为该段抛物线终点时间。轨迹规划器按照式(3.24)和式(3.25)随 t 的变化实时生成轨迹。进入新的运动段以后，必须基于给定的关节速度求出新的 t_a，根据边界条件计算抛物线段的系数，然后继续计算，直到计算出所有路径段的数据集合。

3.5.2 笛卡儿坐标系下的轨迹生成

前面已经介绍了笛卡儿坐标空间轨迹规划的方法。在笛卡儿坐标空间的轨迹必须变换为等效的关节空间变量。为此，可以通过运动学逆解得到相应的关节转角，用逆雅可比矩阵计算关节速度，用逆雅可比矩阵及其导数计算加速度。在实际中往往采用简便的方法，即根据逆运动学以轨迹更新速率首先把 x 转换成关节变量 θ，然后再由数值微分根据下式计算 $\dot{\theta}$ 和 $\ddot{\theta}$：

$$\begin{cases}\dot{\theta}(t)=\dfrac{\theta(t)-\theta(t-\Delta t)}{\Delta t}\\ \ddot{\theta}(t)=\dfrac{\dot{\theta}(t)-\dot{\theta}(t-\Delta t)}{\Delta t}\end{cases}\tag{3.27}$$

最后，把轨迹规划器生成的 θ、$\dot{\theta}$ 和 $\ddot{\theta}$ 送往机械臂的控制系统。至此轨迹规划的任务才算完成。

3.6 动力学约束下的运动规划

在上述的轨迹规划方法中，并没有考虑机械臂动力学特性。然而，在实际过程中，机械臂所能达到的加速度与机械臂本身的动力学、驱动电动机的输出力矩等因素有关。同时，大多数电动机的特性并不是依据其最大的输出力矩或最大的加速度所规定的，而是采用速度-力矩关系曲线规定的，因此，在实际过程中，为了避免超出电动机的承受范围，必须合理地选择最大的加速度值。

3.6.1 梯形速度曲线

梯形速度曲线是比较简单的针对位置运动中速度控制的曲线，其运动过程是从给定的位置起点开始，以给定加速度 a_c 运动，当运动到给定的最大速度 v_c 时，以最大速度匀速运动，最后以给定的反向加速度 $-a_c$ 运动到另一个位置终点。

如图 3.19 所示，其速度和加速度可表示为

$$v(t)=\begin{cases}v_0+a_c t & 0\leqslant t\leqslant t_1\\ v_c & t_1\leqslant t\leqslant t_2\\ v_c-a_c t & t_2\leqslant t\leqslant t_3\end{cases} \tag{3.28}$$

式中：$v(t)$ 为 t 时刻的速度；v_0 为初始速度；a_c 为加速度；v_c 为匀速段速度。

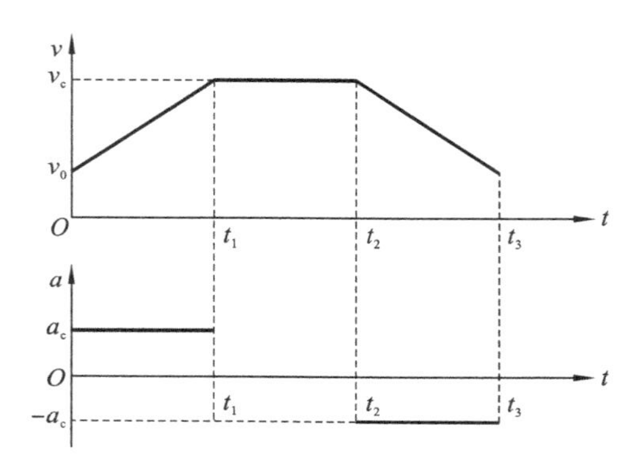

图 3.19 梯形图曲线

空间直线插补是机械臂系统中不可缺少的基本插补算法，当已知一直线始末两点的位置和姿态，要求各轨迹中间点的位置和姿态时，由于大多数情况下机械臂沿直线运动时，其姿态不变，因此不需要姿态插补。

给定直线始末两点的坐标值 $P_1(x_1,y_1,z_1)$、$P_2(x_2,y_2,z_2)$，机械臂从 P_1 经过加速、匀速、减速运动到达 P_2。在固定插补步长 Δl 的条件下，依据直线梯形加减速算法，确定出加速段、匀速段和减速段的插补次数，进而生成变化的进给速度和相应的插补周期，最后形成各坐标轴的运动增量。与通用固定插补周期的方法相比，该方法可以有效地控制精度，充分发挥各关节的加速能力，缩短加减速时间。其中 P_1 和 P_2 是相对于基坐标系的坐标值，设 a 为要求的机械臂的加减速度值，v 为当前时刻的速度。需要插补的直线 P_1P_2 长度为

$$L=\sqrt{(x_2-x_1)^2+(y_2-y_1)^2+(z_2-z_1)^2} \tag{3.29}$$

插补的总次数 N 为

$$N=N_1+N_2+N_3$$

式中：N_1、N_2、N_3 分别为加速段、匀速段和减速段的插补次数。

加速段的距离 L_1 为

$$L_1 = \int_{v_0}^{v_c} v(t)\mathrm{d}t = \frac{\int_{v_0}^{v_c} v(t)\mathrm{d}v}{a} = \frac{v_c^2 - v_0^2}{2a} \tag{3.30}$$

加速段 N_1、匀速段 N_2 和减速段 N_3 的插补次数分别为

$$N_1 = \frac{L_1}{\Delta l} = \mathrm{ent}\left(\frac{v_c^2 - v_0^2}{2a\Delta l}\right) + 1 \quad 0 \leqslant t \leqslant t_1 \tag{3.31}$$

$$N_3 = \mathrm{ent}\left(\frac{v_c^2 - v_0^2}{2a\Delta l}\right) + 1 \quad t_2 \leqslant t \leqslant t_3 \tag{3.32}$$

$$N_2 = N - N_1 - N_3 \qquad t_1 < t < t_2 \tag{3.33}$$

式中:ent 表示向下取整数部分。

可得加速段、匀速段和减速段的速度分别为

$$v(k) = \sqrt{v_0^2 + 2(k-1)a\Delta l} \quad 1 \leqslant k \leqslant N_1 \tag{3.34}$$

$$v(k) = v_c \quad N_1 < k < N_1 + N_2 \tag{3.35}$$

$$v(k) = \sqrt{v_c^2 - 2(k - N_1 - N_2)a\Delta l} \quad N_1 + N_2 \leqslant k \leqslant N \tag{3.36}$$

因 $\Delta l = \int_{k-1}^{k} at\,\mathrm{d}t = \frac{a}{2}(t_{k-1} + t_k)(t_{k-1} - t_k)$,$t = \frac{v}{a}$,可知插补周期 $T_i(k)$ 为

$$T_i(k) = \frac{2\Delta l}{v(k) + v(k-1)} \tag{3.37}$$

插补周期内的行程 Δl 为

$$\Delta l = v_i(k) T_i(k) \tag{3.38}$$

各轴增量 Δx、Δy、Δz 分别为

$$\begin{cases} \Delta x = (x_2 - x_1)/N \\ \Delta y = (y_2 - y_1)/N \\ \Delta z = (z_2 - z_1)/N \end{cases} \tag{3.39}$$

各轴的速度增量 $v_x(k)$、$v_y(k)$、$v_z(k)$ 分别为

$$\begin{cases} v_x(k) = \dfrac{\Delta x}{T_i(k)} = \dfrac{(x_2 - x_1)[v(k) + v(k-1)]}{2N\Delta l} \\ v_y(k) = \dfrac{\Delta y}{T_i(k)} = \dfrac{(y_2 - y_1)[v(k) + v(k-1)]}{2N\Delta l} \\ v_z(k) = \dfrac{\Delta z}{T_i(k)} = \dfrac{(z_2 - z_1)[v(k) + v(k-1)]}{2N\Delta l} \end{cases} \tag{3.40}$$

于是可以实时计算各轴插补点的坐标值 Δx、Δy、Δz,即

$$\begin{cases} \Delta x = x_{i-1} + \Delta x \\ \Delta y = y_{i-1} + \Delta y \\ \Delta z = z_{i-1} + \Delta z \end{cases} \tag{3.41}$$

然后,使用齐次变换矩阵及逆雅可比矩阵求出各关节的角度及相关速度段的速度,从而实现各关节的控制。

3.6.2　正弦加速度曲线

工业机械臂需要在笛卡儿坐标系下进行轨迹位姿的插补和速度、加速度的规划。为了满

足机械臂轨迹平滑性要求，采用正弦加速度曲线，如图 3.20 所示，其加加速度（又称急动度，是描述加速度变化快慢的物理量）曲线为余弦曲线，保证了机械臂末端执行器运动轨迹的平滑性，可减少机械臂关节机构机械振动。

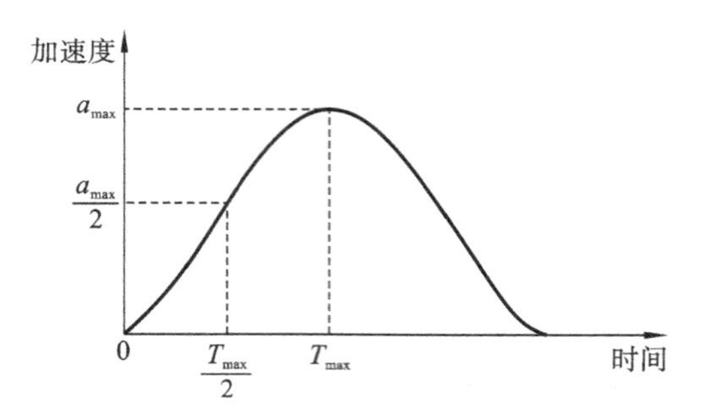

图 3.20 正弦加速度曲线

根据图 3.20 中加速度曲线可得正弦函数方程为

$$a(t)=\frac{a_{max}}{2}\sin\left(\frac{\pi}{T_{max}}t-\frac{\pi}{2}\right)+\frac{a_{max}}{2} \tag{3.42}$$

式中：t 为变化时间；T_{max}为加速度从 0 增加到最大加速度 a_{max}的时间。其加加速度的函数方程为

$$j(t)=\frac{\pi a_{max}}{2T_{max}}\cos\left(\frac{\pi}{T_{max}}t-\frac{\pi}{2}\right) \tag{3.43}$$

当 $t=\frac{T_{max}}{2}$时，加加速度达到最大，即 $j_{max}=\frac{\pi a_{max}}{2T_{max}}$。

在机械臂任务空间中，给定轨迹的始末两点位置 P_s 和 P_e，对应速度分别为 v_s 和 v_e，且 $v_e>v_s>0$，下面采用正弦加速度曲线进行规划。设运行距离为 $D=\|P_e-P_s\|$，则速度增量为 $\Delta v=v_e-v_s$。

加速度曲线又可分为连续正弦加速度曲线和重置正弦加速度曲线两种。

1）连续正弦加速度曲线

连续正弦加速度曲线如图 3.21 所示。

根据图 3.21，可将规划轨迹划分为 3 段，即 D_1（加加速段）、D_2（匀加速段）和 D_3（减加速段），可得三个轨迹段间的两个过渡点的速度 v_a 和 v_b：

$$\begin{cases} v_a=v_s+\dfrac{a_{max}T_{max}}{2} \\ v_b=v_e-\dfrac{a_{max}T_{max}}{2} \end{cases} \tag{3.44}$$

由式(3.44)，可得匀加速段运动时间

$$T_{unif}=\frac{v_b-v_a}{a_{max}}$$

加加速段与匀加速段总时间

$$T_{12}=T_{max}+T_{unif}=T-T_{max}$$

式中：T 为从初始速度 v_s 到终止速度 v_e 的加速总时间。

根据划分的三段 D_1、D_2 和 D_3，可得对应轨迹段的加速度函数，分别为

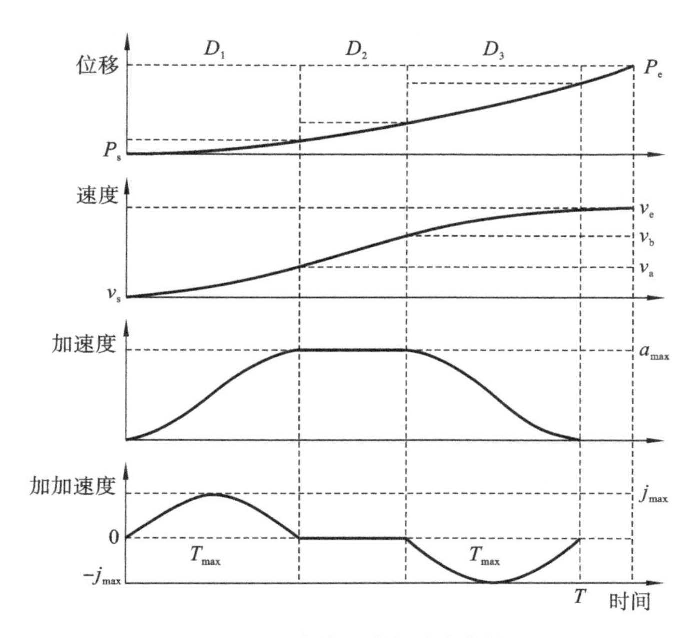

图 3.21 连续正弦加速度曲线

$$a(t)=\begin{cases}\dfrac{a_{\max}}{2}\sin\left(\dfrac{\pi}{T_{\max}}t-\dfrac{\pi}{2}\right)+\dfrac{a_{\max}}{2} & 0\leqslant t\leqslant T_{\max}\\ a_{\max} & T_{\max}\leqslant t\leqslant T_{12}\\ \dfrac{a_{\max}}{2}\sin\left(\dfrac{\pi}{T_{\max}}t-\dfrac{\pi}{2}-\dfrac{\pi T_{\text{unif}}}{T_{\max}}\right)+\dfrac{a_{\max}}{2} & T_{12}\leqslant t\leqslant T\end{cases} \tag{3.45}$$

由式(3.44),可得对应轨迹段的位移量分别为

$$\begin{cases}D_1=a_{\max}T_{\max}^2\left(\dfrac{1}{4}-\dfrac{1}{\pi^2}\right)+v_sT_{\max}\\ D_2=\dfrac{v_b^2-v_a^2}{2a_{\max}}\\ D_3=a_{\max}T_{\max}^2\left(\dfrac{1}{4}+\dfrac{1}{\pi^2}\right)+v_sT_{\max}\end{cases} \tag{3.46}$$

根据式(3.45)和式(3.46)可得随时间变化的位置函数 $q(t)$ 为

$$q(t)=\begin{cases}\int_0^t\left[v_s+\int_0^t a(t)\mathrm{d}t\right]\mathrm{d}t & 0\leqslant t\leqslant T_{\max}\\ D_1+v_at+\dfrac{1}{2}a(t)t^2 & T_{\max}\leqslant t\leqslant T_{12}\\ D_1+D_2+\int_{\mathrm{DT}_{12}}^t\left[v_b+\int_{\mathrm{DT}_{12}}^t a(t)\mathrm{d}t\right]\mathrm{d}t & T_{12}\leqslant t\leqslant T\end{cases} \tag{3.47}$$

2) 重置正弦加速度曲线

当匀加速段距离 $D_2=0$,过渡点速度 $v_a=v_b$ 时,规划的距离 D 最小,速度增量 Δv 最小,即

$$D_{\min}=a_{\max}T_{\max}^2+2v_sT_{\max} \tag{3.48}$$

$$\Delta v_{\min}=a_{\max}T_{\max} \tag{3.49}$$

当机械臂任务空间轨迹的始末两点位置间距离 $D<D_{\min}$ 或者速度增量 $\Delta v<\Delta v_{\min}$ 时，速度和距离将限制轨迹运动，需重置 a_{reset}（最大加速度值）和 T_{reset}（从零到最大加速度时间），减小 $D_{\min}$ 和 $\Delta v_{\min}$，使得始末两点距离和速度能够满足轨迹规划的要求。重置正弦加速度曲线主要包括三种情况：$D<D_{\min}$ 且 $\Delta v>\Delta v_{\min}$、$D>D_{\min}$ 且 $\Delta v<\Delta v_{\min}$、$D<D_{\min}$ 且 $\Delta v<\Delta v_{\min}$。重置正弦加速度曲线如图 3.22 所示。

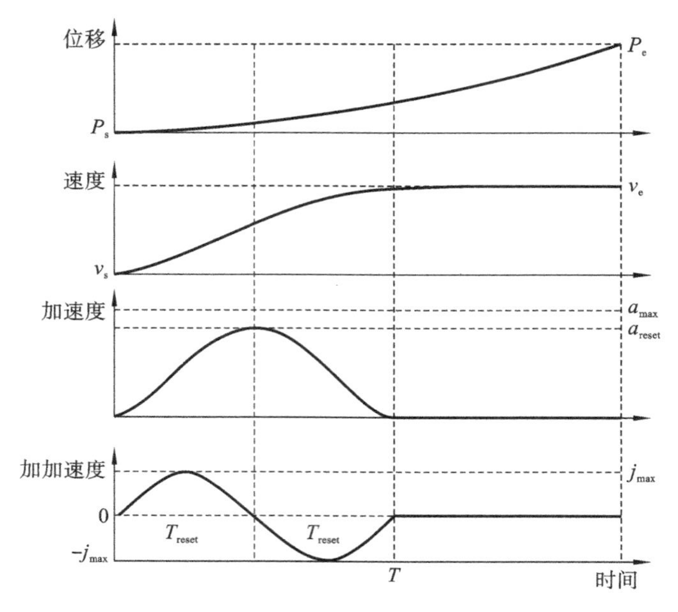

图 3.22　重置正弦加速度曲线

(1) 当满足 $D<D_{\min}$ 且 $\Delta v>\Delta v_{\min}$ 条件时，此时只有距离 D 限制轨迹运动。根据上述分析可得

$$D=\frac{2j_{\max}}{\pi}T_{\text{reset}}^{3}+2v_{\text{s}}T_{\text{reset}} \tag{3.50}$$

式(3.50)为一元三次方程，求解该方程，将得到的实解(其余两个解为虚解)作为 T_{reset}，而 a_{reset} 为

$$a_{\text{reset}}=\frac{2j_{\max}T_{\text{reset}}}{\pi} \tag{3.51}$$

(2) 当满足条件 $D>D_{\min}$ 且 $\Delta v<\Delta v_{\min}$ 时，此时只有速度限制轨迹运动，需要重新设定加速度从 0 增加到 a_{reset} 的必要时间 T_{reset}，可得

$$T_{\text{reset}}=\sqrt{\frac{\pi(v_{\text{e}}-v_{\text{s}})}{2j_{\max}}} \tag{3.52}$$

可以根据式(3.51)求得 a_{reset}。

(3) 当满足条件 $D<D_{\min}$ 且 $\Delta v<\Delta v_{\min}$ 时，此时速度和距离都限制了轨迹运动。为了顺利完成规划，则需要根据式(3.50)和式(3.51)重新设定 T_{reset} 和 a_{reset}；再若 $\Delta v<a_{\text{reset}}T_{\text{reset}}$，根据式(3.51)和式(3.52)，重新设定 a_{reset} 和 T_{reset}，从而实现机械臂轨迹的正弦加减速控制。

小　　结

本章介绍了机械臂如何在预定规划下运动，若没有一个合适规划的轨迹，机械臂的运动就无法预测，机械臂可能与其他物体碰撞，或可能通过不希望经过的点而无法精确地运动。

轨迹规划既可在关节空间也可在笛卡儿坐标系空间中进行，无论在哪个空间中都有很多不同的规划方法，事实上许多方法可在两种空间中通用。然而，虽然笛卡儿坐标系空间中的轨迹比较实用和直观，但是它较难计算和规划。显然，对于指定的像直线运动那样的路径，必须在笛卡儿坐标系空间中进行规划才能生成直线。如果并不要求机械臂跟踪指定的路径，那么在关节空间中的轨迹规划更容易计算并产生实际的运动。

习　题

3.1　要求一个六轴机械臂的第 1 关节用 3 s 由初始角 50°移动到终止角 80°。假设机械臂从静止开始运动，最终停止在目标点上，计算一条三次多项式关节空间轨迹的系数，确定 1 s、2 s、3 s 时的关节角度、速度和加速度。

3.2　要求一个六轴机械臂的第 3 关节用 4 s 由初始角 20°移动到终止角 80°。假设机械臂从静止开始运动，抵达目标点时速度为 5°/s。计算一条三次多项式关节空间轨迹的系数，绘制出关节角度、速度和加速度曲线。

3.3　要求一个六轴机械臂的第 2 关节用 5 s 由初始角 20°移动到 80°中间角，然后再用 5 s 运动到 25°的目标点。假设机械臂从静止开始运动，在中间点停止后再运动，抵达目标点时速度为 5°/s。计算一条三次多项式关节空间轨迹系数，并绘制出关节角度、速度和加速度曲线。

3.4　要求一个六轴机械臂的第 1 关节用 4 s 以速度 30°/s 由初始角 30°移动到终止角 120°。若使用抛物线过渡的线性运动来规划轨迹，求线性段与抛物线段之间所必需的过渡时间，并绘出关节角度、速度和加速度曲线。

3.5　一个二自由度平面机械臂在笛卡儿坐标系空间中沿直线从起点(3,6)运动到终点(12,4)，若将路径划分为 10 段，且每一段连杆长度为 9 m，求该机械臂的关节量。

第4章　工业机器人本体运动控制

4.1　概　　述

现在我们已经了解了工业机器人的运动学、动力学和轨迹规划，那么工业机器人是怎样运动的，又是如何工作的呢？要弄清楚这些问题，就需要对工业机器人的运动控制有一定层次的了解。运动控制系统的主要任务是控制工业机器人在任务空间中的运动位置、姿态、轨迹、操作顺序以及动作的时间等。工业机器人的控制主要分为两大类型：位置控制和力控制，本章主要对工业机器人位置、速度和加速度的控制进行阐述，力控制将在第5章介绍。

本章首先将在4.2节介绍工业机器人关节模型的建立方法。基于关节坐标的伺服控制系统把每一个关节作为单纯的单输入、单输出系统来处理，结构简单，目前大部分工业机器人都是由这种关节伺服系统控制的，4.3节对此将做详细讲解。在第4.4节中，为便于规定工业机器人作业路径、运动方向和速度，将介绍基于笛卡儿坐标系的工业机器人控制方法，输入期望的笛卡儿坐标轨迹、速度和加速度，使各个关节电动机以不同的速度协调配合，控制末端执行器沿笛卡儿坐标空间的任意轨迹运动。4.5节针对工业机器人位置控制问题，设计单关节和多关节位置控制器的结构和控制律。在实际运行中，机械臂的各个关节不是独立运动的，而是协调运动的，即需对各关节以协调的位置和速度进行控制，这就有必要研究工业机器人的分解运动控制问题。分解运动意味着各关节电动机联合运动，并分解为沿关节坐标轴的独立可控运动，这就要求几个关节的驱动电动机必须以不同的时变速度同时运行，以便实现所要求的沿各坐标轴方向的协调运动。分解运动控制能简化为为了完成某个任务而对运动顺序提出的技术要求。4.6和4.7节将分别介绍两种分解运动控制方法。上述提出的工业机器人控制方案中的多数可以被视为将线性化的反馈控制方案应用于非线性系统的计算力矩控制类方案的特例，4.8节将具体介绍计算力矩控制方法。

4.2　工业机器人关节模型和关节控制

由于工业机器人是耦合的非线性动力学系统，严格来说，各关节的控制必须考虑各关节之间的耦合作用，但对于工业机器人，通常还是按照独立关节来考虑的。这是因为工业机器人运动速度不高（通常小于1.5 m/s），由速度项引起的非线性作用可以忽略。另外，工业机器人常用直流伺服电动机作为关节驱动器，由于直流伺服电动机转矩不大，在驱动负载时通常需要减速器，其减速比往往接近100，而负载的变化（如由于工业机器人关节角度的变化，转动惯量发生变化）折算到电动机轴上时要除以减速比的二次方，因此电动机轴上负载变化很小，可以看作定常系统。各关节之间的耦合作用，也会因减速器的存在而受到极大的削弱。下面分析以直流伺服电动机为驱动器的单关节控制问题。

直流伺服电动机驱动机器人关节的简化模型如图 4.1 所示。图中符号含义分别如下：u 为电枢电压(V)，v 为励磁电压(V)，R 为电枢电阻(Ω)，L 为电枢电感(H)，I 为电枢绕组电流(A)，τ_1 为电动机输出转矩(N·m)，τ_2 为通过减速器向负载轴传递的转矩(N·m)，J_1 为电动机轴的转动惯量(kg·m^2)，B_1 为电动机轴的阻尼系数(N·m/(rad·s^{-1}))，θ_1 为电动机轴转角(rad)，θ_2 为负载轴转角(rad)，z_1 为电动机齿轮齿数，z_2 为负载齿轮齿数，J_2 为负载轴的转动惯量(kg·m^2)，B_2 为负载轴的阻尼系数(N·m/(rad·s^{-1}))。

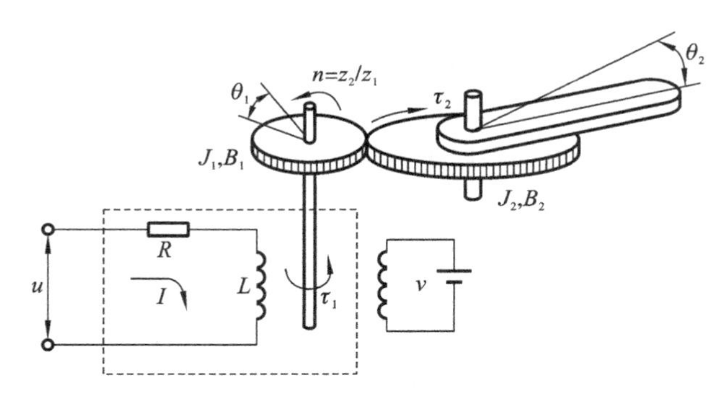

图 4.1　直流伺服电动机驱动机器人关节的简化模型

由图 4.1 可知，直流伺服电动机经传动比为 $n = z_2/z_1$ 的齿轮箱驱动负载，这时负载轴的输出转矩将放大 n 倍，而转速则减至原来的 $1/n$，即 $\tau_2 = n\tau_1$，$\omega_1 = n\omega_2$ 或 $\theta_1 = n\theta_2$ 。

另外，在高速工业机器人中往往不通过减速器而采用电动机直接驱动负载的方式。近年来低速大力矩电气伺服电动机技术不断进步，已可通过将电动机与机械部件(滚珠丝杠)直接连接，使开环传递函数的增益增大，从而实现高速、高精度的位置控制。这种驱动方式称为直接驱动。

下面来推导负载轴转角 $\theta_2(t)$ 与电动机的电枢电压 $u(t)$之间的传递函数。该单关节控制系统的数学模型由三部分组成：机械部分模型由电动机轴和负载轴上的转矩平衡方程描述；电气部分模型由电枢绕组的电压平衡方程描述；机械部分与电气部分相互耦合部分模型由电枢电动机输出转矩与绕组电流的关系方程描述。

电动机轴的转矩平衡方程为

$$\tau_1(t) = J_1 \frac{\mathrm{d}^2\theta_1(t)}{\mathrm{d}t^2} + B_1 \frac{\mathrm{d}\theta_1(t)}{\mathrm{d}t} + \tau_2(t) \tag{4.1}$$

负载轴的转矩平衡方程为

$$n\tau_2(t) = J_2 \frac{\mathrm{d}^2\theta_2(t)}{\mathrm{d}t^2} + B_2 \frac{\mathrm{d}\theta_2(t)}{\mathrm{d}t} \tag{4.2}$$

注意，由于减速器的存在，力矩将增大 n 倍。

电枢绕组电压平衡方程为

$$L \frac{\mathrm{d}I(t)}{\mathrm{d}t} + RI(t) + k_\mathrm{b} \frac{\mathrm{d}\theta_1(t)}{\mathrm{d}t} = u(t) \tag{4.3}$$

式中：k_b 为电动机的反电动势常数(V/(rad·s))。

机械与电气相互耦合部分的平衡方程为

$$\tau_1(t) = k_\mathrm{t} I(t) \tag{4.4}$$

式中：k_t 为机电耦合系数。再考虑转角 θ_1 与 θ_2 的关系：

$$\theta_1(t) = n\theta_2(t) \tag{4.5}$$

通常，与其他参数相比，L 小到可以忽略不计，因此，可令 $L=0$，则由式(4.1)至式(4.5)整理后得

$$J\frac{\mathrm{d}^2\theta(t)}{\mathrm{d}t^2}+B\frac{\mathrm{d}\theta(t)}{\mathrm{d}t}=k_{\mathrm{m}}u(t) \tag{4.6}$$

式中：$\theta(t)=\theta_2(t)$；$J=(n^2J_1+J_2)$；$B=(n^2B_1+B_2)+n^2k_{\mathrm{t}}k_{\mathrm{b}}/R$；$k_{\mathrm{m}}=nk_{\mathrm{t}}/R$。

这里需要注意，电动机轴的转动惯量 J_1 和阻尼系数 B_1 折算到负载侧时与传动比的二次方成正比，因此负载侧的转动惯量和阻尼系数向电动机轴侧折算时要分别除以 n^2。若采用传动比 $n>1$ 的减速机构，则负载的转动惯量值和阻尼系数减小到原来的 $1/n^2$。

式(4.6)表示整个控制对象的运动方程，反映了控制对象的输入电压与关节角位移之间的关系。对式(4.6)的两边在初始值为零时进行拉氏(拉普拉斯)变换，整理后可得到控制对象的传递函数为

$$G(s)=\frac{k_{\mathrm{m}}}{Js^2+Bs} \tag{4.7}$$

这一方程代表了单关节控制系统所加电压与关节角位移之间的传递函数。对于液压或气压传动系统，也可推出与式(4.7)类似的关系式，因此，该方程具有一定的普遍意义。

4.3 基于关节坐标的工业机器人控制

由第2章式(2.147)可知工业机器人动力学方程为

$$\boldsymbol{\tau}=\boldsymbol{H}(\boldsymbol{q})\ddot{\boldsymbol{q}}+\boldsymbol{C}(\boldsymbol{q},\dot{\boldsymbol{q}})+\boldsymbol{B}\dot{\boldsymbol{q}}+\boldsymbol{g}(\boldsymbol{q})$$

式中：$\boldsymbol{H}(\boldsymbol{q})$为 $n\times n$ 正定惯性矩阵；$\boldsymbol{C}(\boldsymbol{q},\dot{\boldsymbol{q}})$为 $n\times 1$ 的离心力和科氏力矢量；$\boldsymbol{B}$ 为黏性摩擦因数矩阵；$\boldsymbol{g}(\boldsymbol{q})$是 $n\times 1$ 重力矢量；$\boldsymbol{\tau}$ 为关节驱动力矢量。

由于各机械臂关节之间存在相互干涉问题，惯性矩阵 $\boldsymbol{H}(\boldsymbol{q})$的对角线以外的元素不为零，而且各元素与关节角度呈非线性关系，随着工业机器人的位姿而变化。各关节之间存在着惯性项和速度项的动态耦合，严格地讲，每个关节都不是单输入、单输出系统。

当减速比较大时，惯性矩阵 $\boldsymbol{H}(\boldsymbol{q})$和黏性摩擦因数矩阵 $\boldsymbol{B}$ 的对角线上各项数值相对增大，起支配作用，非对角线上各项的干扰影响相对减小。这时惯性矩阵 $\boldsymbol{H}(\boldsymbol{q})$可以表示为

$$\boldsymbol{H}(\boldsymbol{q})=\begin{bmatrix} {n_1}^2I_{\mathrm{r}1} & & \\ & \ddots & \\ & & {n_n}^2I_{\mathrm{r}n}\end{bmatrix} \tag{4.8}$$

式中：n_i 为第 i 轴的减速比；$I_{\mathrm{r}i}$为第 i 轴电动机转子的惯性矩。

忽略各机械臂关节惯性耦合的影响，电动机转子的惯性起决定作用，因此惯性矩阵可以近似地转化为对角矩阵。同样，黏性摩擦因数矩阵 $\boldsymbol{B}$ 也可以近似地转化为对角矩阵，而且可以认为速度及重力的影响相对较小，即 $\boldsymbol{C}(\boldsymbol{q},\dot{\boldsymbol{q}})$和 $\boldsymbol{g}(\boldsymbol{q})$可以忽略不计。这样工业机器人动力学方程可以简化为

$$\begin{bmatrix}\tau_1\\ \vdots\\ \tau_n\end{bmatrix}=\begin{bmatrix} {n_1}^2I_{\mathrm{r}1} & & \\ & \ddots & \\ & & {n_n}^2I_{\mathrm{r}n}\end{bmatrix}\begin{bmatrix}\ddot{\theta}_1\\ \vdots\\ \ddot{\theta}_n\end{bmatrix}+\begin{bmatrix} {n_1}^2B_{\mathrm{r}1} & & \\ & \ddots & \\ & & {n_n}^2B_{\mathrm{r}n}\end{bmatrix}\begin{bmatrix}\dot{\theta}_1\\ \vdots\\ \dot{\theta}_n\end{bmatrix} \tag{4.9}$$

式中：$B_{\mathrm{r}i}$为第 i 轴电动机转子的黏性摩擦因数；θ_i 为第 i 个关节转角。

式(4.9)为采用减速器的一般工业机器人的动力学方程，表示各轴之间无干涉、机器人的

参数与机器人的位姿无关的情况，其中各机械臂关节的惯性耦合是作为外部干扰处理的。因此，在控制器中各轴相互独立地构成控制系统，系统中由于模型的简化而产生的误差看作外部干扰，可以通过反馈控制来解决。

基于关节坐标的控制以关节位置或关节轨迹为目标值，令 $\boldsymbol{q}_{\mathrm{d}}$ 为关节角目标值，对有 n 个关节的机械臂，有 $\boldsymbol{q}_{\mathrm{d}}=[q_{\mathrm{d1}} \quad q_{\mathrm{d2}} \quad \cdots \quad q_{\mathrm{d}n}]^{\mathrm{T}}$，其伺服控制系统原理框图如图 4.2 所示。基于关节坐标的伺服控制是目前工业机器人的主流控制方式。由图 4.2 可知，这种伺服控制系统实际上是一个半闭环控制系统，即对关节坐标采用闭环控制方式，由光电码盘提供各关节角位移实际值的反馈信号 q_i。对笛卡儿坐标采用开环控制方式，由笛卡儿坐标期望值 $\boldsymbol{x}_{\mathrm{d}}$ 求解逆运动方程，获得各关节位移的期望值 $q_{\mathrm{d}i}$，作为各关节控制器的参考输入，系统将它与光电码盘检测的关节角位移 q_i 比较后获得关节角位移的偏差，由偏差控制机械臂各关节伺服系统，使机械臂末端执行器实现预定的位姿。在该系统中，目标值以关节角度值给出，各关节可以构成独立的伺服系统，十分简单。关节目标值 $\boldsymbol{q}_{\mathrm{d}}$ 可以根据机器人末端执行器目标值 $\boldsymbol{x}_{\mathrm{d}}$ 由逆运动学方程求出，即

$$\boldsymbol{q}_{\mathrm{d}} = f^{-1}(\boldsymbol{x}_{\mathrm{d}}) \tag{4.10}$$

为简单起见，忽略驱动器的动态性能，机器人全部关节的驱动力可以直接给出，作为一种简单的线性 PD 控制规律可表示为

$$\boldsymbol{\tau} = \boldsymbol{K}_{\mathrm{p}}(\boldsymbol{q}_{\mathrm{d}} - \boldsymbol{q}) - \boldsymbol{K}_{\mathrm{d}}(\dot{\boldsymbol{q}}_{\mathrm{d}} - \dot{\boldsymbol{q}}) + \boldsymbol{g}(\boldsymbol{q}) \tag{4.11}$$

式中：$\boldsymbol{q}=[q_1 \quad q_2 \quad \cdots \quad q_n]^{\mathrm{T}}$；$\boldsymbol{\tau}$ 为关节驱动力矩阵，$\boldsymbol{\tau}=[\tau_1 \quad \tau_2 \quad \cdots \quad \tau_n]^{\mathrm{T}}$；$\boldsymbol{K}_{\mathrm{p}}$ 为位置反馈增益矩阵，$\boldsymbol{K}_{\mathrm{p}}=\mathrm{diag}(K_{\mathrm{p}i})$，其中 $K_{\mathrm{p}i}$ 为第 i 轴的位置反馈增益；$\boldsymbol{K}_{\mathrm{d}}$ 为速度反馈增益矩阵，$\boldsymbol{K}_{\mathrm{d}}=\mathrm{diag}(K_{\mathrm{d}i})$，其中 $K_{\mathrm{d}i}$ 为第 i 轴的速度反馈增益；$\boldsymbol{g}(\boldsymbol{q})$ 为重力补偿项。

基于关节坐标的伺服控制系统把每一个关节作为单纯的单输入、单输出系统来处理，所以结构简单，现在大部分的工业机器人都是由这种基于关节坐标的伺服控制系统控制的。这种控制方式称为局部线性 PD 反馈控制，对非线性多变量的机器人动态性而言，该控制方法是有效的，其闭环系统的平衡点 $\boldsymbol{q}_{\mathrm{d}}$ 可达到渐进稳定，即当时间 $t\to\infty$ 时，$\boldsymbol{q}\to\boldsymbol{q}_{\mathrm{d}}$，亦即经过足够长的时间，保证关节角度收敛于各自的目标值，机械臂末端执行器也收敛于位置目标。

如图 4.2 中，对笛卡儿坐标位置采用开环控制的主要原因是，目前尚无有效、准确获取（检测）机械臂末端执行器位姿的手段。但由于目前采用计算机求解逆运动方程的方法比较成熟，所以控制精度还是很高的，如 MOTOMAN 系列机器人重复定位精度为 ± 0.03 mm。

应该指出的是，目前工业机器人的位置控制是基于运动学而非动力学的控制，只适用于运动速度和加速度较小的场合。对于快速运动、负载变化大和要求力控制的机器人，还必须考虑其动力学行为。

4.3.1　PID 控制

如果用 $e = \theta_{\mathrm{d}}(t) - \theta(t)$ 表示偏差，$\theta_{\mathrm{d}}(t)$ 为关节期望转角，$\theta(t)$ 为关节实际转角，则 PID 控制量为

$$u(t) = K_{\mathrm{p}}e + K_{\mathrm{i}}\int_0^t e(\tau)\mathrm{d}\tau + K_{\mathrm{d}}\dot{e} \tag{4.12}$$

或

$$u(t) = K_{\mathrm{p}}\left[e + \frac{1}{T_{\mathrm{i}}}\int_0^t e(\tau)\mathrm{d}\tau + T_{\mathrm{d}}\dot{e}\right] \tag{4.13}$$

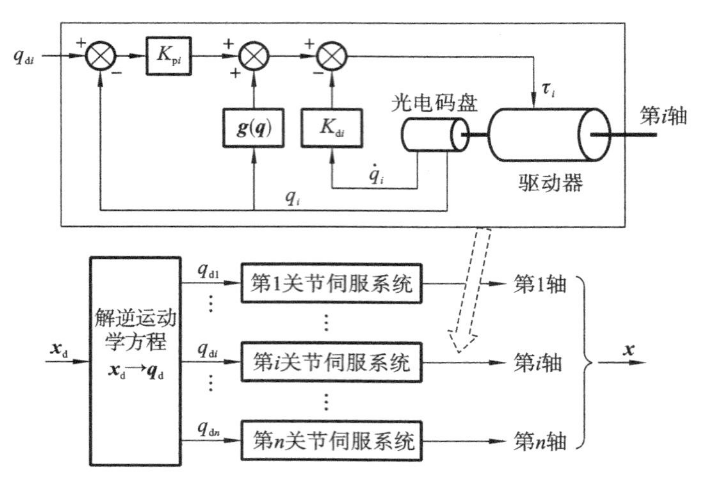

图 4.2　基于关节坐标的伺服控制系统框图

式中：K_p 为比例增益，K_i 为积分增益，K_d 为微分增益，它们统称为反馈增益，反馈增益值的大小影响着控制系统的性能；$T_i = K_p / K_i$ 称为积分时间，$T_d = K_p / K_d$ 称为微分时间，两者均具有时间量纲。

基于式(4.12)和式(4.13)的 PID 控制系统的框图如图 4.3 和图 4.4 所示。

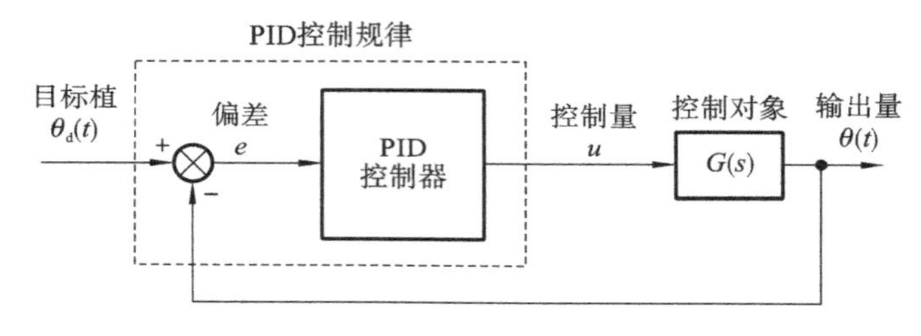

图 4.3　PID 控制基本形式

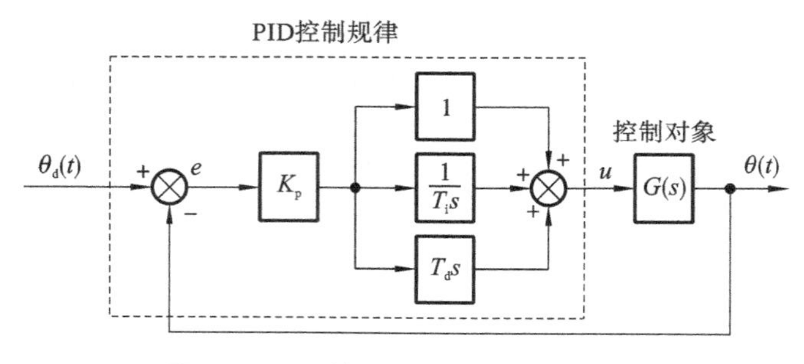

图 4.4　PID 控制基本形式的详细框图

控制器各单元的调节作用分别如下。

(1) 比例单元：比例单元按比例反映系统的偏差，系统一旦出现了偏差，比例单元将立即产生调节作用以减少偏差。比例系数大，可以加快调节、减少误差，但是过大的比例系数会使系统的稳定性下降，甚至造成系统的不稳定。

(2) 积分单元：积分单元可使系统消除稳态误差。只要有误差，积分调节就运行，直至无误差，积分调节停止，输出一常值。积分作用的强弱取决于积分时间常数 T_i。T_i 越小，积分作用就越强;反之,T_i 越大,则积分作用越弱。加入积分单元可使系统稳定性下降,动态响应变慢。

(3) 微分单元:微分单元反映系统偏差信号的变化率,能预见偏差变化的趋势,从而产生超前的控制作用,使偏差在还没有形成之前,已被微分调节作用消除。因此,微分调节可以改善系统的动态性能。在微分时间选择合适的情况下,可以减小超调量和缩短调节时间。微分作用对噪声干扰有放大作用,因此过强的微分调节会削弱系统抗干扰能力。此外,微分单元反映的是变化率,当输入没有变化时,微分单元输出为零。微分单元不能单独使用,需要与比例单元和积分单元相结合,组成 PD 或 PID 控制器。

利用直流伺服电动机自带的光电编码器,可以间接测量关节的回转角度,或者直接在关节处安装角位移传感器,测量出关节的回转角度,通过 PID 控制器构成负反馈控制系统,机器人单关节 PID 控制系统框图如图 4.5 所示。

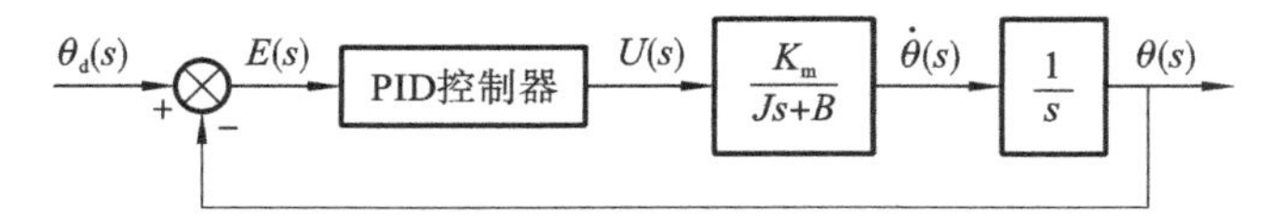

图 4.5 机器人单关节 PID 控制系统框图

控制律为

$$u(t)=K_p[\theta_d(t)-\theta(t)]+K_i\int_0^t[\theta_d(t)-\theta(t)]d\tau+K_d\left[\frac{d\theta_d(t)}{dt}-\frac{d\theta(t)}{dt}\right] \tag{4.14}$$

在实际应用中,特别是在机械系统中,当控制对象的库仑摩擦力较小时,即使不用积分单元也可得到非常好的控制性能。这种控制方法称为 PD 控制,其控制律可表示为

$$u(t)=K_p[\theta_d(t)-\theta(t)]+K_d\left[\frac{d\theta_d(t)}{dt}-\frac{d\theta(t)}{dt}\right] \tag{4.15}$$

为了简化问题,考虑目标值 θ_d 为定值的情况,则式(4.15)可转化为

$$u(t)=K_p[\theta_d(t)-\theta(t)]-K_d\frac{d\theta(t)}{dt} \tag{4.16}$$

此时的比例增益 K_p 又称为位置反馈增益;微分增益 K_d 又称为速度反馈增益,通常用 K_v 表示,则式(4.16)表示为

$$u(t)=K_p[\theta_d(t)-\theta(t)]-K_v\frac{d\theta(t)}{dt} \tag{4.17}$$

此负反馈控制系统实际上就是带速度反馈的位置闭环控制系统。速度负反馈的引入可增加系统的阻尼比,改善系统的动态品质,使机器人得到更理想的位置控制性能。关节角速度常用测速电动机测出,也可用两次采样周期内的位移数据来近似表示。带速度反馈的位置控制系统框图如图 4.6 所示。

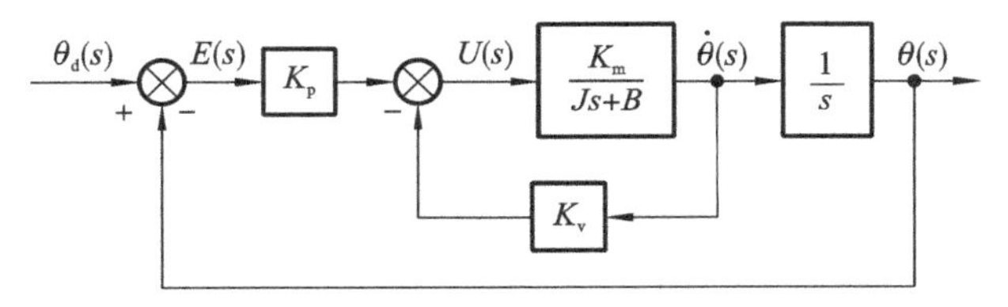

图 4.6 带速度反馈的位置控制系统框图

系统的传递函数为

$$G(s)=\frac{K_pK_m}{Js^2+(B+K_vK_m)s+K_pK_m}=\frac{\dfrac{K_pK_m}{J}}{s^2+\dfrac{(B+K_vK_m)}{J}s+\dfrac{K_pK_m}{J}} \tag{4.18}$$

式中：K_m 的意义与 4.2 节中 k_m 的相同；J 为负载轴的转动惯量；B 为负载轴的阻尼系数。与二阶系统的标准形式对比，则系统的无阻尼固有频率 ω_n 和阻尼比 ξ 分别为

$$\begin{cases}\omega_n=\sqrt{\dfrac{K_pK_m}{J}}\\ \xi=\dfrac{B+K_vK_m}{2\sqrt{K_pK_mJ}}\end{cases} \tag{4.19}$$

二阶系统的特性取决于它的无阻尼固有频率 ω_n 和阻尼比 ξ。为了防止机器人与周围环境物体发生碰撞，希望系统具有临界阻尼或过阻尼，即要求系统的阻尼比 $\xi\geqslant 1$。于是，由式(4.19)可推导出，速度反馈增益 K_v 应满足

$$K_v\geqslant\frac{2\sqrt{K_pK_mJ}-B}{K_m} \tag{4.20}$$

另外，在确定位置反馈增益 K_p 时，必须考虑机器人关节部件的材料刚度和共振频率 ω_s。它与机器人关节的结构、刚度、质量分布和制造装配质量等因素有关，并随机器人的形位及抓取重量不同而变化。在 4.2 节建立单关节的控制系统模型时，忽略了齿轮轴、轴承和连杆等零件的变形，认为这些零件和传动系统都具有无限大的刚度，而实际上并非如此，各关节的传动系统和有关零件及其配合衔接部分的刚度都是有限的。但是，如果在建立控制系统模型时，将这些变形和刚度的影响都考虑进去，则得到的模型是高次的，会使问题复杂化。因此，前面建立的二阶线性模型只适用于机械传动系统的刚度很高、共振频率很高的场合。

假设已知机器人在空载时转动惯量为 J_0，测出的结构共振频率为 ω_0，则加负载后，其转动惯量增至 J，此时相应的结构共振频率为

$$\omega_s=\omega_0\sqrt{\frac{J_0}{J}} \tag{4.21}$$

为了保证机器人能稳定工作，防止系统振荡，R. P. Paul 在 1981 年建议，将闭环系统无阻尼固有频率 ω_n 限制在关节结构共振频率的一半以内，即

$$\omega_n\leqslant 0.5\omega_s \tag{4.22}$$

根据这一要求来调整位置反馈增益 K_p。由于 $K_p>0$(表示负反馈)，由式(4.19)至式(4.21)可得

$$0<K_p\leqslant\frac{J_0}{4K_m}\omega_0{}^2 \tag{4.23}$$

故有

$$K_{\text{pmax}}=\frac{J_0}{4K_m}\omega_0{}^2 \tag{4.24}$$

即位置反馈增益 K_p 的最大值由式(4.24)确定。

K_p 的最小值则取决于对系统伺服刚度 M 的要求。在具有位置和速度反馈的伺服系统中，伺服刚度 $M=K_pK_m$，故有

$$K_p=\frac{M}{K_m} \tag{4.25}$$

在确定了系统伺服刚度的最低要求后，K_{pmax}可由式(4.24)确定。故为了减少外部干扰的影响，在保持稳定性的前提下，通常把增益 K_p 和 K_v 尽量设置得大一些。

例 4.1　针对第 2 章提出的码垛机器人动力学模型式(2.200)，当忽略重力和外加干扰时，设计 PD 控制，以满足机器人定点操作的要求，下面给出仿真实例。

忽略重力和外加干扰时，码垛机器人动力学模型为

$$\boldsymbol{\tau}=\boldsymbol{H}(\boldsymbol{q})\ddot{\boldsymbol{q}}+\boldsymbol{C}(\boldsymbol{q},\dot{\boldsymbol{q}})$$

其中

$$\boldsymbol{H}(\boldsymbol{q})=\begin{bmatrix} m_2d_2^2s_2c_2+m_3d_3^2s_2^2+m_3d_3^2c_{23}^2 & 0 & 0 \\ 0 & m_2d_2^2+2m_3d_3^2 & m_3d_3^2 \\ 0 & m_3d_3^2 & m_3d_3^2 \end{bmatrix}$$

$$\boldsymbol{C}(\boldsymbol{q},\dot{\boldsymbol{q}})=\begin{bmatrix} (2m_3d_3^2-2m_2d_2^2)s_2c_2\dot{\boldsymbol{q}}_1\dot{\boldsymbol{q}}_2-2m_3d_3^2s_{23}c_{23}\dot{\boldsymbol{q}}_1(\dot{\boldsymbol{q}}_1+\dot{\boldsymbol{q}}_3) \\ (m_2d_2^2s_2c_2+m_3d_3^2s_3)\dot{\boldsymbol{q}}_1{}^2 \\ m_3d_3^2s_{23}c_{23}\dot{\boldsymbol{q}}_1^2 \end{bmatrix}$$

独立的 PD 控制律为 $\boldsymbol{\tau}=K_d\dot{\boldsymbol{e}}+K_p\boldsymbol{e}$，取 $m_1=15$ kg，$d_1=0.3$ m，$m_2=15$ kg，$d_2=0.4$ m，$m_3=3$ kg，$d_3=0.1$ m，$\boldsymbol{q}_0=[0.0\quad 0.0\quad 0.0]^{\mathrm{T}}$，$\dot{\boldsymbol{q}}_0=[0.0\quad 0.0\quad 0.0]^{\mathrm{T}}$，期望位置为 $\boldsymbol{q}_d(0)=[1.0\quad 1.0\quad 1.0]^{\mathrm{T}}$，取 $K_p=500$，$K_d=50$，仿真结果如图 4.7 和图 4.8 所示(程序见二维码资源)。

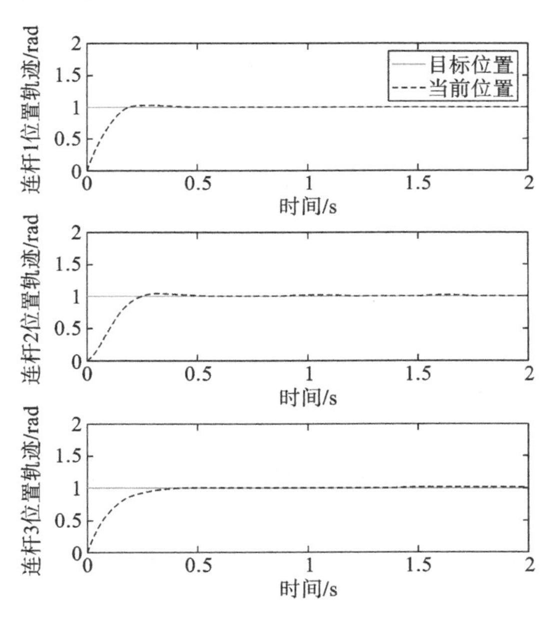

图 4.7　码垛机器人的阶跃响应

仿真中，当改变参数 K_p 和 K_d 时，只要满足 $K_p>0$，$K_d>0$，就能获得比较好的仿真结果，由图 4.7 和图 4.8 可以看出，系统经过 PD 调节后，均在 0.5 s 左右达到稳定且超调量很小，几乎没有稳态误差，说明了所设计的控制系统既有良好的动态响应，又有很小的稳态误差。完全不受外力、没任何干扰的机器人系统是不存在的，独立的 PD 控制只能作为基础来考虑分析，但对它的分析是有重要意义的。

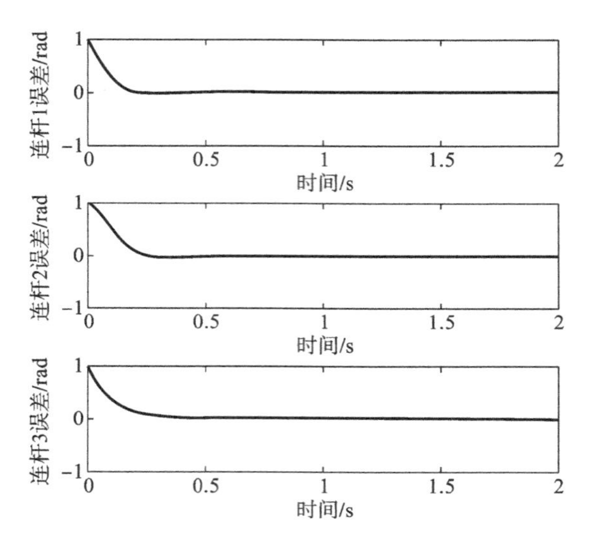

图 4.8　PD 控制的误差

4.3.2　自适应控制

不考虑黏性摩擦下的机械臂动力学方程为

$$\boldsymbol{\tau} = \boldsymbol{H}(\boldsymbol{q})\ddot{\boldsymbol{q}} + \boldsymbol{C}(\boldsymbol{q},\ddot{\boldsymbol{q}}) + \boldsymbol{g}(\boldsymbol{q})$$

设控制输入为

$$\boldsymbol{\tau} = \hat{\boldsymbol{H}}(\boldsymbol{q})\dot{\boldsymbol{v}} + \hat{\boldsymbol{C}}(\boldsymbol{q},\dot{\boldsymbol{q}})\boldsymbol{v} + \hat{\boldsymbol{g}}(\boldsymbol{q}) + \boldsymbol{K}_{\mathrm{d}}\boldsymbol{s} \tag{4.26}$$

式中：$\hat{\boldsymbol{H}}(\boldsymbol{q})$、$\hat{\boldsymbol{C}}(\boldsymbol{q},\dot{\boldsymbol{q}})$、$\hat{\boldsymbol{g}}(\boldsymbol{q})$分别为 $\boldsymbol{H}(\boldsymbol{q})$、$\boldsymbol{C}(\boldsymbol{q},\dot{\boldsymbol{q}})$、$\boldsymbol{g}(\boldsymbol{q})$的估计值；辅助信号 $\boldsymbol{v}$ 和 $\boldsymbol{s}$ 分别定义为 $\boldsymbol{v}=\dot{\boldsymbol{q}}_{\mathrm{d}}+\boldsymbol{\Lambda}\boldsymbol{e}$和 $\boldsymbol{s}=\boldsymbol{v}-\dot{\boldsymbol{q}}=\dot{\boldsymbol{e}}+\boldsymbol{\Lambda}\boldsymbol{e}$，且 $\boldsymbol{\Lambda}$ 表示 $n\times n$ 的正定矩阵。根据上述动态模型的性质，有

$$\boldsymbol{H}(\boldsymbol{q})\dot{\boldsymbol{v}} + \boldsymbol{C}(\boldsymbol{q},\dot{\boldsymbol{q}})\boldsymbol{v} + \boldsymbol{g}(\boldsymbol{q}) = \overline{\boldsymbol{Y}}(\boldsymbol{q},\dot{\boldsymbol{q}},\boldsymbol{v},\dot{\boldsymbol{v}})\boldsymbol{a} \tag{4.27}$$

式中：$\overline{\boldsymbol{Y}}(\boldsymbol{q},\dot{\boldsymbol{q}},\boldsymbol{v},\dot{\boldsymbol{v}})$是一个已知时间函数的 $n\times r$ 的矩阵。注意，$\overline{\boldsymbol{Y}}(\boldsymbol{q},\dot{\boldsymbol{q}},\boldsymbol{v},\dot{\boldsymbol{v}})$是独立于关节加速度的。类似于式(4.27)，得到

$$\hat{\boldsymbol{H}}(\boldsymbol{q})\dot{\boldsymbol{v}} + \hat{\boldsymbol{C}}(\boldsymbol{q},\dot{\boldsymbol{q}})\boldsymbol{v} + \hat{\boldsymbol{g}}(\boldsymbol{q}) = \overline{\boldsymbol{Y}}(\boldsymbol{q},\dot{\boldsymbol{q}},\boldsymbol{v},\dot{\boldsymbol{v}})\hat{\boldsymbol{a}} \tag{4.28}$$

式中：$\hat{\boldsymbol{a}}$ 为 $\boldsymbol{a}$ 的估计值。把控制输入代入运动方程，得到

$$\boldsymbol{H}(\boldsymbol{q})\ddot{\boldsymbol{q}} + \boldsymbol{C}(\boldsymbol{q},\dot{\boldsymbol{q}})\dot{\boldsymbol{q}} + \boldsymbol{g}(\boldsymbol{q}) = \hat{\boldsymbol{H}}(\boldsymbol{q})\dot{\boldsymbol{v}} + \hat{\boldsymbol{C}}(\boldsymbol{q},\dot{\boldsymbol{q}})\boldsymbol{v} + \hat{\boldsymbol{g}}(\boldsymbol{q}) + \boldsymbol{K}_{\mathrm{d}}\boldsymbol{s} \tag{4.29}$$

由于 $\ddot{\boldsymbol{q}}=\dot{\boldsymbol{v}}-\dot{\boldsymbol{s}}$，$\dot{\boldsymbol{q}}=\boldsymbol{v}-\boldsymbol{s}$，前面的结果能重写成

$$\boldsymbol{H}(\boldsymbol{q})\dot{\boldsymbol{s}} + \boldsymbol{C}(\boldsymbol{q},\dot{\boldsymbol{q}})\boldsymbol{s} + \boldsymbol{K}_{\mathrm{d}}\boldsymbol{s} = \overline{\boldsymbol{Y}}(\boldsymbol{q},\dot{\boldsymbol{q}},\boldsymbol{v},\dot{\boldsymbol{v}})\tilde{\boldsymbol{a}} \tag{4.30}$$

式中：$\tilde{\boldsymbol{a}}=\hat{\boldsymbol{a}}-\boldsymbol{a}$。自适应法则认为

$$\dot{\hat{\boldsymbol{a}}} = -\boldsymbol{\Gamma}\overline{\boldsymbol{Y}}^{\mathrm{T}}(\boldsymbol{q},\dot{\boldsymbol{q}},\boldsymbol{v},\dot{\boldsymbol{v}})\boldsymbol{s} \tag{4.31}$$

式中：$\boldsymbol{\Gamma}$ 是一个 $r\times r$ 的正定常数矩阵。

为了实现自适应控制方案，需要实时计算 $\boldsymbol{Y}(\boldsymbol{q},\boldsymbol{q},\ddot{\boldsymbol{q}})$的元素。然而，这个过程会非常浪费时间，因为它涉及关节位置和速度的高次非线性函数的计算，因此，这种方案的实时实现是相当困难的。因此，这里提出并讨论带期望补偿的自适应控制，换言之，用期望变量替换变量 $\boldsymbol{q}$，$\dot{\boldsymbol{q}}$ 和 $\ddot{\boldsymbol{q}}$，即替换为 $\boldsymbol{q}_{\mathrm{d}}$，$\dot{\boldsymbol{q}}_{\mathrm{d}}$ 和 $\ddot{\boldsymbol{q}}_{\mathrm{d}}$。因为期望量是之前已知的，所以它们相应的计算可以离线进行，使得实时实现似乎更可行。考虑控制输入

$$\boldsymbol{\tau}=\boldsymbol{Y}(\boldsymbol{q}_{\mathrm{d}},\dot{\boldsymbol{q}}_{\mathrm{d}},\ddot{\boldsymbol{q}}_{\mathrm{d}})\hat{\boldsymbol{a}}+k_{\mathrm{a}}\boldsymbol{s}+k_{\mathrm{p}}\boldsymbol{e}_{\mathrm{q}}+k_{\mathrm{n}}\|\boldsymbol{e}_{\mathrm{q}}\|^{2}\boldsymbol{s} \tag{4.32}$$

式中：正常数 k_{a}、k_{p} 和 k_{n} 足够大；辅助信号 $\boldsymbol{s}$ 定义为 $\boldsymbol{s}=\dot{\boldsymbol{e}}_{\mathrm{q}}+\boldsymbol{e}_{\mathrm{q}}$。自适应法则认为

$$\dot{\hat{\boldsymbol{a}}}=-\boldsymbol{\Gamma}\overline{\boldsymbol{Y}}^{\mathrm{T}}(\boldsymbol{q}_{\mathrm{d}},\dot{\boldsymbol{q}}_{\mathrm{d}},\ddot{\boldsymbol{q}}_{\mathrm{d}})\boldsymbol{s} \tag{4.33}$$

值得注意的是，在控制和自适应法则中采用了期望补偿，使计算负荷大大减少。为便于分析，我们注意到

$$\|\boldsymbol{Y}(\boldsymbol{q},\dot{\boldsymbol{q}},\ddot{\boldsymbol{q}})\boldsymbol{a}-\boldsymbol{Y}(\boldsymbol{q}_{\mathrm{d}},\dot{\boldsymbol{q}}_{\mathrm{d}},\ddot{\boldsymbol{q}}_{\mathrm{d}})\hat{\boldsymbol{a}}\|\leqslant\zeta_{1}\|\boldsymbol{e}_{\mathrm{q}}\|+\zeta_{2}\|\boldsymbol{e}_{\mathrm{q}}\|^{2}+\zeta_{3}\|\boldsymbol{s}\|+\zeta_{4}\|\boldsymbol{s}\|\,\|\boldsymbol{e}_{\mathrm{q}}\| \tag{4.34}$$

式中：ξ_1、ξ_2、ξ_3 和 ξ_4 是正常数。为了实现轨迹跟踪，需要：

$$\begin{cases}k_{\mathrm{a}}>\zeta_{2}+\zeta_{4}\\ k_{\mathrm{p}}>\dfrac{\zeta_{1}}{2}+\dfrac{\zeta_{2}}{4}\\ k_{\mathrm{n}}>\dfrac{\zeta_{1}}{2}+\zeta_{3}+\dfrac{\zeta_{2}}{4}\end{cases}$$

4.4　基于笛卡儿坐标的机器人控制

基于笛卡儿坐标的位置控制需要输入期望的笛卡儿坐标轨迹、速度和加速度，使各个关节电动机以不同的速度协调配合，控制末端执行器沿笛卡儿坐标空间的任意轨迹运动。这种控制方式便于用户规定机器人作业路径的结点，因为用户总是采用笛卡儿坐标系来规定作业路径、运动方向和速度，而不是用关节坐标系。

1）轨迹转换

如图 4.9 所示是利用轨迹转换将笛卡儿坐标轨迹转换为相应的关节轨迹。

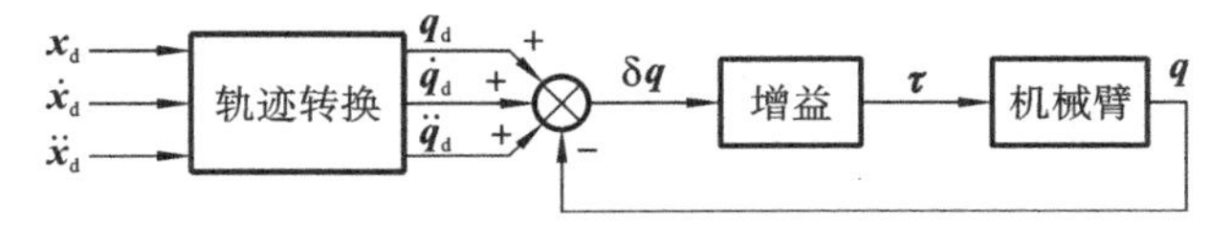

图 4.9　输入笛卡儿坐标轨迹在关节空间控制的方案图

图中，$\delta\boldsymbol{q}$ 为关节空间误差。轨迹转换的计算量比较大，如果用解析法，则需计算

$$\begin{cases}\boldsymbol{q}_{\mathrm{d}}=\mathrm{inv\ Kin}(\boldsymbol{x}_{\mathrm{d}})\\ \dot{\boldsymbol{q}}_{\mathrm{d}}=\boldsymbol{J}^{-1}(\boldsymbol{q})\dot{\boldsymbol{x}}_{\mathrm{d}}\\ \ddot{\boldsymbol{q}}_{\mathrm{d}}=\dot{\boldsymbol{J}}^{-1}(\boldsymbol{q})\dot{\boldsymbol{x}}_{\mathrm{d}}+\boldsymbol{J}^{-1}(\boldsymbol{q})\ddot{\boldsymbol{x}}_{\mathrm{d}}\end{cases} \tag{4.35}$$

式中：$\mathrm{inv\ Kin}(\boldsymbol{x}_{\mathrm{d}})$表示对 $\boldsymbol{x}_{\mathrm{d}}$ 求运动学逆解；$\boldsymbol{J}^{-1}(\boldsymbol{q})$表示对 $\boldsymbol{q}$ 求逆雅可比矩阵；$\dot{\boldsymbol{J}}^{-1}(\boldsymbol{q})$表示逆雅可比矩阵的导数。目前所有的系统都可进行运动学逆解。通常，首先求运动学逆解 $\boldsymbol{q}_{\mathrm{d}}$，然后用一阶、二阶差分得出关节速度和加速度。但是，除非采用无因果滤波器（即不能物理实现的滤波器），否则数值微分将引起噪声和延迟。因此，有必要寻求另外的解决办法，或者找到计算量比较小的算法实现式(4.35)的转换，或者提出一种不同的控制方案，不需要这些信息。

另一种方案如图 4.10 所示。图中，检测到的各关节位置立即由运动学方程 $\mathrm{Kin}(\boldsymbol{q})$转换成笛卡儿坐标位置，然后把它与预期的位置比较，形成笛卡儿坐标空间的误差信息。这种以笛卡儿坐标空间误差为基础的控制方案称为笛卡儿坐标空间控制方案。

图中，$\delta\boldsymbol{x}$ 为反馈的笛卡儿坐标位置与预期位置比较得到的位置误差。在上述控制方案

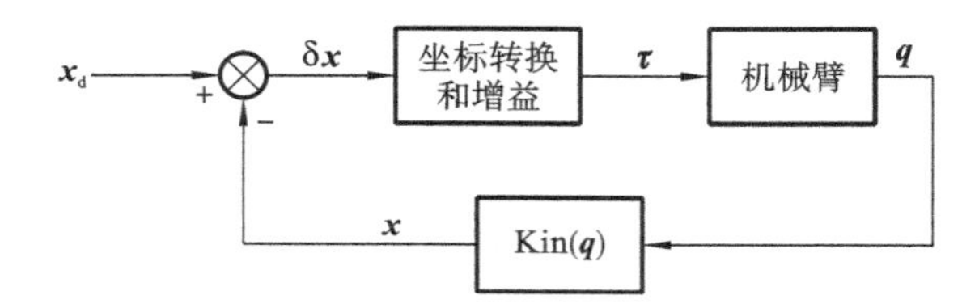

图 4.10　笛卡儿坐标空间控制原理

中，轨迹转换用伺服回路中的坐标转换代替。因为运动学问题和其他变换都包含在回路内部，所以为了实现笛卡儿坐标空间控制必须在回路中完成大量的计算。这是笛卡儿坐标控制方案的缺点。与关节坐标空间控制比较，系统的采样和运行速率较慢，一般情况下，还会降低系统的稳定性和抑制干扰的能力。

2）逆雅可比和转置雅可比

图 4.11 表示了另一种可能的控制方案，当控制系统正常工作时，可认为 $\delta\boldsymbol{x}$ 非常小，利用逆雅可比矩阵可将它映射到关节空间。然后，将 $\delta\boldsymbol{q}$ 与增益相乘得关节力矩 $\boldsymbol{\tau}$，用来减小误差值。为简单起见，图 4.11 中没有画出速度反馈。这种控制器简称为逆雅可比控制器。

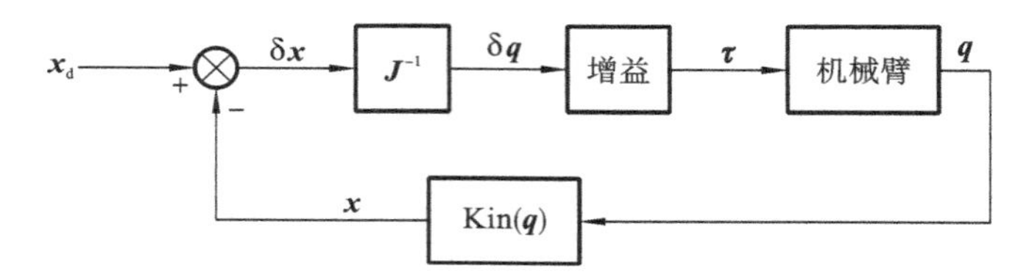

图 4.11　逆雅可比笛卡儿坐标控制

与逆雅可比控制器类似的一种控制器是转置雅可比控制器，如图 4.12 所示。先将笛卡儿坐标误差矢量乘上相应的增益得到笛卡儿坐标力矢量 $\boldsymbol{F}$，它是机器人末端执行器的操作力，把它作用在末端执行器上以减小笛卡儿坐标误差；再将末端执行器的操作力矢量由转置雅可比矩阵映射为等价的关节力矩矢量，从而控制机器人减少所观测的误差，因此该控制器称为转置雅可比控制器。

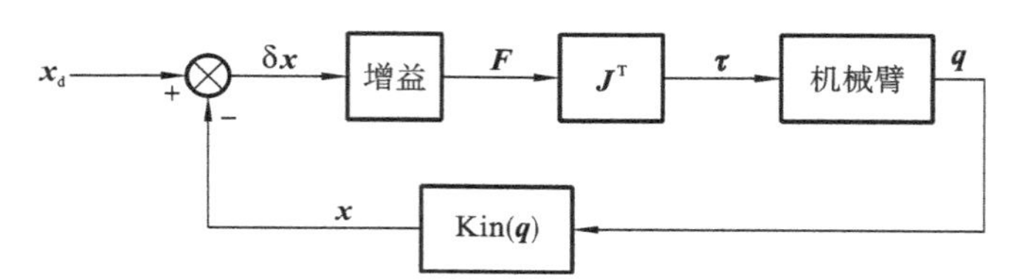

图 4.12　转置雅可比笛卡儿坐标控制

逆雅可比和转置雅可比控制器的原理十分直观，但是系统的稳定性尚待研究，此外两种控制器非常相似，差别在于：一个包含有逆雅可比矩阵，另一个包含转置雅可比矩阵。除笛卡儿坐标机器人外，一般雅可比矩阵的逆并不等于雅可比矩阵的转置，即 $\boldsymbol{J}^{-1}\neq\boldsymbol{J}^{\mathrm{T}}$。再者，因为系统的精确的动态性能非常复杂，在某一点上可能是稳定的，性能良好，但是并非在整个任务空间都具有很好的性能。如果要得到稳定的性能良好的控制效果，系统的增益应合理选择，最好能随机械臂的形位不同而变化，再加上适当的速度反馈。

3）笛卡儿坐标解耦控制

与关节空间控制器一样，笛卡儿坐标控制器也应该对机器人的所有形位都具有临界阻尼状态以抑制笛卡儿坐标误差。

关节空间控制器取得好的控制效果的前提条件是机械臂的线性化和解耦模型，可以采用类似的线性化和解耦方法设计笛卡儿坐标控制器。首先，用笛卡儿坐标变量来表示机械臂的动力学方程：

$$\boldsymbol{F}=\boldsymbol{H}(\boldsymbol{q})\ddot{\boldsymbol{x}}+\boldsymbol{C}(\boldsymbol{q},\dot{\boldsymbol{q}})+\boldsymbol{g}(\boldsymbol{q}) \tag{4.36}$$

式中：$\boldsymbol{x}$ 是笛卡儿坐标矢量。

和前面处理关节空间控制问题一样，为了得到线性化的解耦控制器，首先利用动力学方程(4.36)计算操作力 $\boldsymbol{F}$，再由转置雅可比矩阵计算与操作力 $\boldsymbol{F}$ 相平衡的关节力矩 $\boldsymbol{\tau}$，即 $\boldsymbol{\tau}=\boldsymbol{J}^{\mathrm{T}}(\boldsymbol{q})\boldsymbol{F}$。

图 4.13 表示动力学解耦的笛卡儿坐标控制方案。注意，在机械臂环节之前求转置雅可比矩阵，控制器允许直接描述笛卡儿坐标轨迹，无须进行轨迹转换。

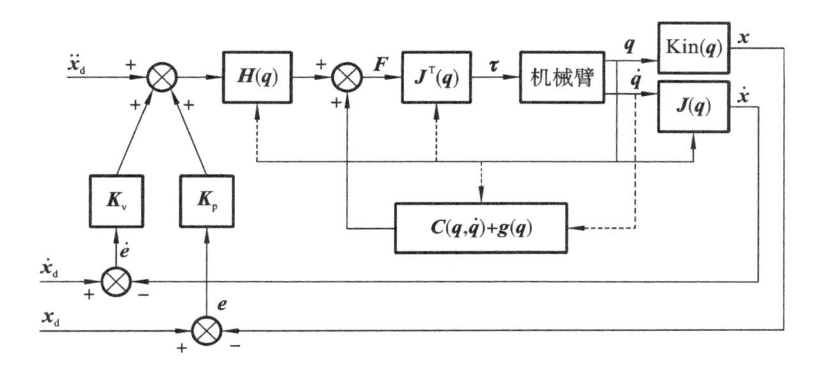

图 4.13　动力学解耦的笛卡儿坐标控制方案

在关节空间中，利用双速率控制系统在实践中取得了很好的效果，对笛卡儿坐标控制采用同样的方法，把动力学参数修正计算与伺服计算分开进行。前者的计算速率较慢，可利用后置处理或另一控制计算机来完成。这样做是因为伺服速率要求尽量快(500 Hz 或更高)，以便最大限度地抑制干扰和增强系统稳定性。图 4.14 是这种实现方案的方框图。其中用于线性化和解耦控制器的动力学参数仅仅是机械臂位置的函数，因此只有当机械臂的形位发生了一定变化时，才需重新修正动力学参数，所以修正速率应和形位变化速率一致，一般要求不超过100 Hz。其中，$\boldsymbol{B}$ 为修正动力学参数。

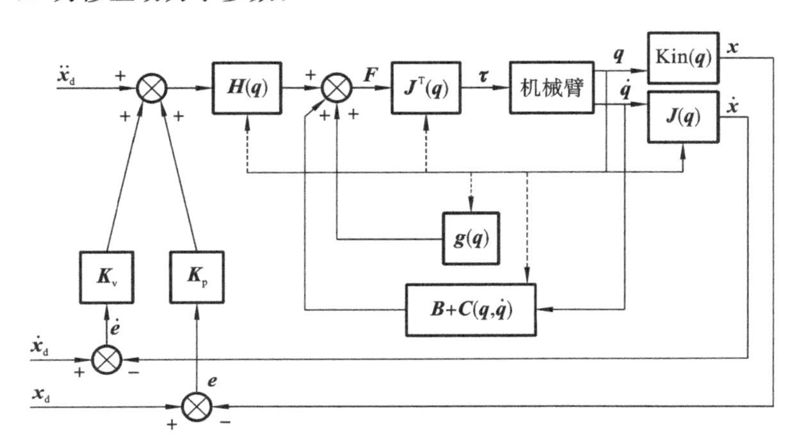

图 4.14　基于笛卡儿坐标控制的实现方案

4.5 工业机器人位置控制的一般结构

工业机器人位置控制的目的，就是要使工业机器人各关节实现预先所规划的运动，最终保证工业机器人末端执行器沿预定的轨迹运行。

位置控制分为点位控制和连续轨迹控制两类。点位控制的特点是仅控制在离散点上机器人末端执行器的位置和姿态，要求尽快而且无超调地实现机器人在相邻点之间的运动，但对相邻点之间的运动轨迹一般不做具体规定。点位控制的主要技术指标是定位精度和完成运动所需要的时间。连续轨迹控制的特点是连续控制机器人末端执行器的位置和姿态轨迹，一般要求速度可控、运动轨迹光滑且运动平稳。连续轨迹控制的技术指标是轨迹精度和平稳性。

4.5.1 单关节位置控制器的结构与模型

所谓单关节控制器，就是指不考虑关节之间的相互影响，只根据一个关节独立设置的控制器。在单关节控制器中，机器人的机械惯性影响常常作为扰动项考虑，把机器人看作刚性结构，图 4.15 给出了单关节的电动机负载模型。下面研究负载转角 θ_s 与电动机的电枢电压 U 之间的传递函数。

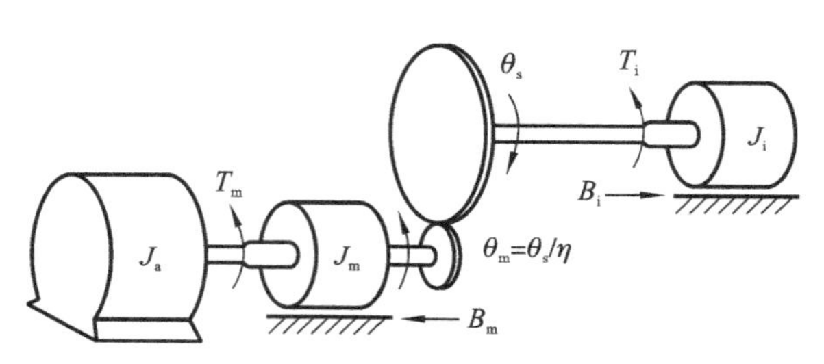

图 4.15 单关节电动机负载模型

图 4.15 中：J_a 为电动机转动惯量；T_m 为电动机输出转矩；J_m 为负载在传动端的转动惯量；B_m 为传动端阻尼系数；η 为齿轮减速比；θ_m 为传动端角位移；θ_s 为负载端角位移；T_i 为负载端总转矩；J_i 为负载端总转动惯量；B_i 为负载端阻尼系数。电动机的输出转矩为

$$T_m = K_c I \tag{4.37}$$

式中：K_c 为电动机的转矩常数(N · m/A)；I 为电枢绕组电流(A)。

电枢绕组的电压平衡方程为

$$U - K_b \mathrm{d}\theta_m/\mathrm{d}t = L\mathrm{d}I/\mathrm{d}t + RI \tag{4.38}$$

式中：θ_m 为传动端角位移；K_b 为电动机反电动势常数；L 为电枢电感(H)；R 为电枢电阻(Ω)。

对式(4.37)和式(4.38)进行拉氏变换，经整理后可得

$$T_m(s) = K_c \frac{U(s) - K_b s\theta_m(s)}{Ls + R} \tag{4.39}$$

电动机输出轴的转矩平衡方程为

$$T_m = J_a + J_m \mathrm{d}^2\theta_m/\mathrm{d}t^2 + B_m \mathrm{d}\theta_m/\mathrm{d}t + iT_1 \tag{4.40}$$

负载端的转矩平衡方程为

$$T_i = J_i \mathrm{d}^2\theta_s/\mathrm{d}t^2 + B_i \mathrm{d}\theta_s/\mathrm{d}t \tag{4.41}$$

对式(4.40)和式(4.41)分别做拉氏变换可得

$$T_m(s) = (J_a + J_m)s^2\theta_m(s) + B_m s\theta_m(s) + iT_i(s) \tag{4.42}$$

$$T_i(s) = (J_i s^2 + B_i s)\theta_s(s) \tag{4.43}$$

联立式(4.41)、式(4.42)和式(4.43),并考虑到 $\theta_m(s)=\theta_s(s)/\eta$,可导出

$$\frac{\theta_m(s)}{U(s)} = \frac{K_c}{s[J_{eff}Ls^2 + (J_{eff}R + B_{eff}L)s + B_{eff}R + K_cK_b]} \tag{4.44}$$

式中:J_{eff}为电机轴上的等效转动惯量,$J_{eff}=J_a+J_m+\eta^2 J_i$;$B_{eff}$为电动机输出轴上的等效阻尼系数,$B_{eff}=B_m+\eta^2 B_i$。

式(4.44)描述了电枢电压 U 与传动端转角位移 θ_m 之间的关系。分母括号外的 s 表示当施加电压 U 后,θ_m 是对时间 t 的积分,而括号内的部分表示该系统是一个二阶控制系统。将其移项后得到

$$\frac{s\theta_m(s)}{U(s)} = \frac{\omega_m(s)}{U(s)} = \frac{K_c}{J_{eff}Ls^2 + (J_{eff}R + B_{eff}L)s + B_{eff}R + K_cK_b} \tag{4.45}$$

为了构成对负载轴的角位移控制器,必须进行负载轴的角位移反馈,即用某一时刻 t 所需要的角位移 θ_d 与实际角位移 θ_s 之差所产生的电压来控制该系统。用光学编码器作实际位置传感器,可以求取位置误差,误差电压是

$$U(t) = K_\theta(\theta_d - \theta_s) \tag{4.46}$$

式中:K_θ 为转换常数(V/rad)。

同时,令 $e(t) = \theta_d(t) - \theta_s(t)$,$\theta_s(t) = \eta\theta_m(t)$,对这两式与式(4.46)分别进行拉氏变换可得

$$\begin{cases} U(s) = K_\theta[\theta_d(s) - \theta_s(s)] \\ E(s) = \theta_d(s) - \theta_s(s) \\ \theta_s(s) = \eta\theta_m(s) \end{cases} \tag{4.47}$$

此控制器的结构框图如图4.16(a)所示。从理论上讲,式(4.45)表示的二阶系统是稳定的。要提高响应速度,可以调高系统的增益(如增大 K_θ)以及电动机传动轴速度,把某些阻尼引入到系统中来,以加强反电动势的作用效果。要做到这一点,可以采用测速发电机,或者计算一定时间间隔内传动轴角位移的差值。图4.16(b)所示为具有速度反馈的位置控制系统,图中,K_t 为测速发电机的传递系数,K_1 为速度反馈信号放大器的增益。由于电动机电枢回路的反馈电压已经由 $K_b\theta_m(t)$增加为 $K_b\theta_m(t)+K_1K_t\theta_m(t)$,所以其对应的开环传递函数为

$$G(s) = \frac{\eta K_\theta K_c}{s[J_{eff}Ls^2 + (J_{eff}R + B_{eff}L)s + B_{eff}R + K_cK_b + K_tK_1K_c]} \tag{4.48}$$

考虑到机器人驱动电动机的电感 L 一般很小(10 mH 左右),而电阻约为1 Ω,所以可以略去式(4.48)中含电感 L 的项,进一步可得

$$G(s) = \frac{\eta K_\theta K_c}{s(J_{eff}Rs + B_{eff}R + K_cK_b)} \tag{4.49}$$

图4.16(a)对应的单位反馈位置控制系统的闭环传递函数是

$$G(s) = \frac{\eta K_\theta K_c}{J_{eff}Ls^2 + (J_{eff}R + B_{eff}L)s + B_{eff}R + K_cK_b} \tag{4.50}$$

在图4.16(c)中,考虑了摩擦力矩 $F_m(s)$、外负载力矩 $T_L(s)$、重力矩 $T_g(s)$以及向心力的

作用。以任一扰动作为干扰输入,可写出干扰的输出与传递函数。利用拉氏变换中的终值定理,即可求得因干扰引起的静态误差。

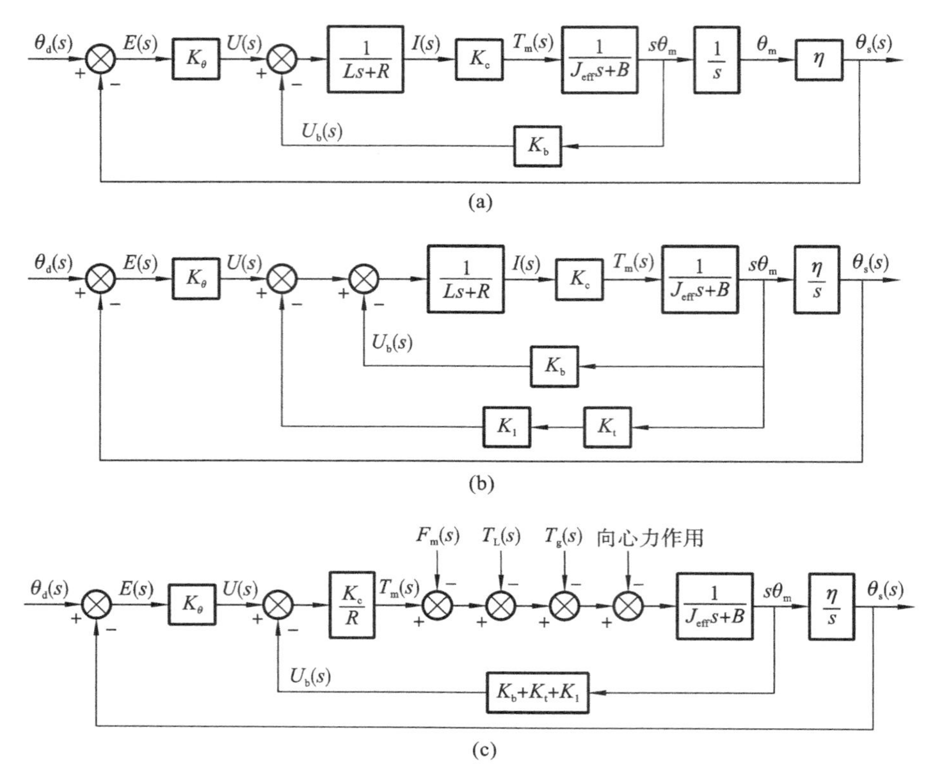

图 4.16 单关节机械臂位置控制器结构图

(a) 单关节位置控制器 (b) 具有速度反馈功能的位置控制系统

(c) 考虑摩擦力矩、外负载力矩、重力矩以及向心力作用的位置控制系统

图 4.17 所示为一个带有力矩闭环的单关节位置控制系统,该控制系统是一个三闭环控制系统,由位置环、力矩环和速度环构成。

速度环为控制系统内环,其作用是通过对电动机电压的控制使电动机表现出期望的速度特性。速度环的给定是力矩环偏差经过放大后的输出(电动机角速度 ω_d),速度环的反馈是关节角速度 ω_m、ω_d 与 ω_m 的偏差作为电动机电压驱动器的输入,经过放大后成为电压 U,其中 K_θ 为转换常数(比例系数)。电动机在电压 U 的作用下,以角速度 ω_m 旋转。$1/(Ls+R)$ 为电动机的电磁惯性环节,其中,L 为电枢电感,R 为电枢电阻,I 是电枢电流。考虑到一般情况下,$L \ll R$,可以忽略电感 L 的影响,环节 $1/(Ls+R)$ 可用 $1/R$ 代替。$1/(J_{eff}s+B)$ 是电动机的机电惯性环节,K_c 为电流力矩常数,即电动机力矩 T_m 与电枢电流 I 之间的系数。

力矩环为控制系统内环,介于速度环和位置环之间,其作用是通过对电动机电压的控制使电动机表现出期望的力矩特性。力矩环的给定由两部分组成,一部分是位置环的位置调节器的输出,另一部分由前馈力矩 T_f 和期望力矩 T_d 组成。力矩环的反馈是关节力矩 T_j。K_{tf} 是力矩前馈通道的比例系数,在这里 K_1 是力矩环的比例系数。给定力矩与反馈力矩 T_j 的偏差经过比例系数 K_1 的放大后,作为速度环的给定 ω_d。在关节到达期望位置后,位置调节器的输出为零时,关节力矩 $T_j \approx K_{tf}(T_f+T_d)$。由于力矩环采用比例调节,所以稳态时关节力矩与期望力矩之间存在偏差。

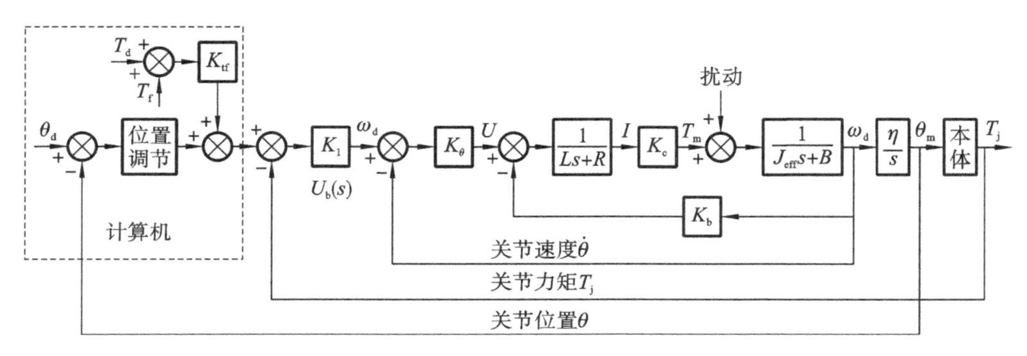

图 4.17　带有力矩闭环的单关节位置控制系统结构示意图

位置环为控制系统外环，用于控制关节达到期望的位置。位置环的给定是期望的关节位置 θ_d，反馈为关节位置 θ_m，θ_d 与 θ_m 的偏差作为位置调节器的输入，经过位置调节器运算后形成的输出作为力矩环给定的一部分。位置调节器常采用 PID 或者 PI 控制器，构成的位置闭环系统为无静差系统。

4.5.2　多关节位置控制器的耦合与补偿

所谓多关节位置控制，是指考虑各关节之间的相互影响而对每一个关节分别进行设计的控制器。前述的单关节控制器，是把机器人的其他关节锁住，工作过程中依次移动（或转动）一个关节，这种工作方法显然效率很低。但若多个关节同时运动，则各个运动关节之间的力或力矩会产生相互作用，因而不能运用前述的单关节的位置控制原理。要克服这种多关节之间的相互作用，必须添加补偿作用，即在多关节控制器中，机器人的机械惯性影响常常作为前馈项考虑。

多关节机器人的动力学方程

$$\boldsymbol{\tau} = \boldsymbol{H}(\boldsymbol{q})\ddot{\boldsymbol{q}} + \boldsymbol{C}(\boldsymbol{q},\dot{\boldsymbol{q}}) + \boldsymbol{g}(\boldsymbol{q}) \tag{4.51}$$

由式(4.51)可以看出，每个关节所需的力或力矩由三部分组成，其中第一部分表示所有关节惯量的作用。在单关节控制器中，所有其他关节均被锁住，而且每个关节的惯量被集中在一起。但在多个关节同时运动的情况下，存在关节之间耦合惯量的作用。这些力矩项 $\boldsymbol{H}(\boldsymbol{q})\ddot{\boldsymbol{q}}$ 必须通过前馈控制输入到第 i 关节的控制器输入端，以补偿关节之间的耦合作用，如图 4.18 所示。第二部分表示科氏力以及向心力的作用，这些力矩项也必须前馈输入到第 i 关节的控制器，来补偿各关节间的实际相互作用，如图 4.18 所示。式(4.51)中最后一部分表示关节重量的影响，也可以由前馈项 $\boldsymbol{\tau}_i$ 来补偿，它是一个估计的力矩信号，可由下式计算

$$\boldsymbol{\tau}_i = (R/KK_R)\hat{\boldsymbol{g}}(\boldsymbol{q}) \tag{4.52}$$

式中：$\hat{\boldsymbol{g}}(\boldsymbol{q})$为重力矩 $\boldsymbol{g}(\boldsymbol{q})$的估计值。

图 4.18 给出了工业机器人的第 i 关节控制器的完整框图。

要实现这 n 个控制器，必须计算机器人的各前馈元件的 $\boldsymbol{H}(\boldsymbol{q})$、$\boldsymbol{C}(\boldsymbol{q},\dot{\boldsymbol{q}})$和 $\boldsymbol{g}(\boldsymbol{q})$的具体值。但是这些参数的计算是非常复杂的，特别是当机器人运动时，它的位置和姿态参数发生变化，计算任务就更为艰巨，因此必须采用一些简化算法。

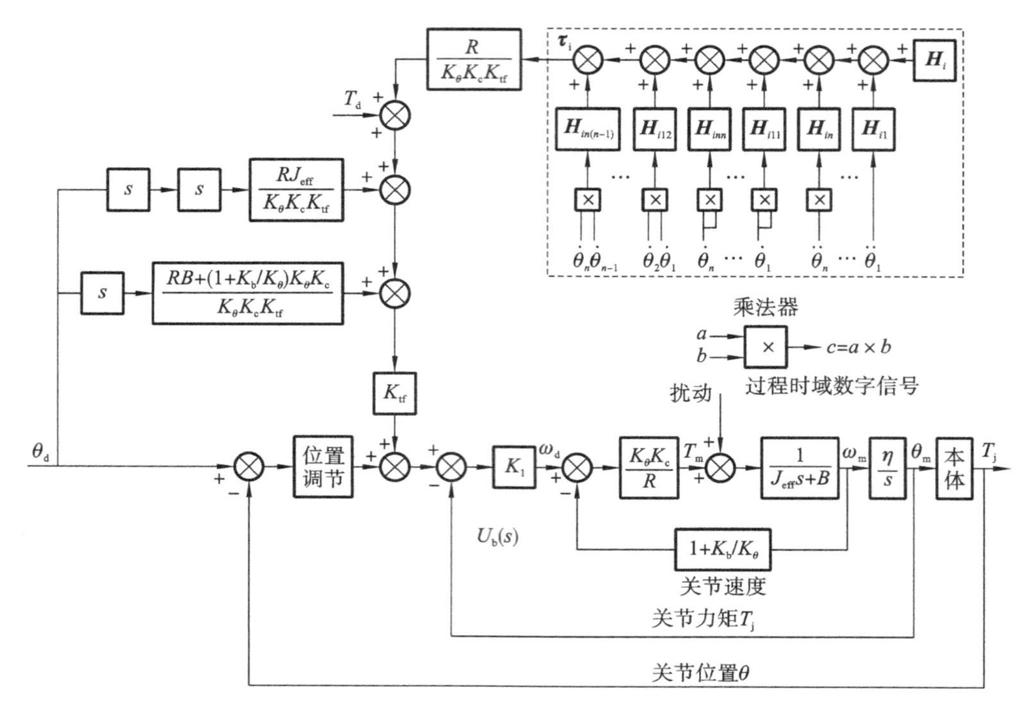

图 4.18　多关节位置控制器设计原理图

4.6　机器人的分解运动速度控制

4.6.1　控制框图

分解运动速度控制(resolved motion rate control,RMRC)意味着各个关节电动机的运动联合进行,并以不同的速度同时运行,以保证末端执行器沿笛卡儿坐标轴稳定运动。分解运动速度控制先把期望的末端执行器运动分解为各关节的期望速度,然后对各关节实行速度伺服控制。一台六连杆机械臂的六维世界坐标(如 $p_x,p_y,p_z,\varphi,\theta,\phi$)与关节角坐标的数学关系具有本质非线性,并可由某个非线性矢量值函数表示如下:

$$\boldsymbol{x}(t)=\boldsymbol{f}[\boldsymbol{q}(t)] \tag{4.53}$$

式中:$\boldsymbol{f}[\boldsymbol{q}(t)]$为一个 6×1 的矢量值函数,$\boldsymbol{x}(t)=[p_x\quad p_y\quad p_z\quad \varphi\quad \theta\quad \phi]^{\mathrm{T}}$ 为世界坐标,而 $\boldsymbol{q}(t)=[q_1\quad q_2\quad \cdots\quad q_6]^{\mathrm{T}}$ 为广义坐标。

对于更一般的讨论,如果假定机械臂具有 m 个自由度,而世界坐标具有 n 维,那么,关节角与世界坐标系间的关系则由式(4.53)所示的非线性函数来表示。若对式(4.53)求导,则有

$$\frac{\mathrm{d}\boldsymbol{x}(t)}{\mathrm{d}t}=\dot{\boldsymbol{x}}(t)=\boldsymbol{J}(\boldsymbol{q})\dot{\boldsymbol{q}}(t) \tag{4.54}$$

式中:$\boldsymbol{J}(\boldsymbol{q})$为关于 $\boldsymbol{q}(t)$的雅可比矩阵,即

$$\boldsymbol{J}_{ij}=\frac{\partial f_i}{\partial q_i},1\leqslant i\leqslant n,1\leqslant j\leqslant m \tag{4.55}$$

从式(4.54)可见,当进行速度控制时,关节角与世界坐标具有线性关系。如果 $\boldsymbol{x}(t)$和$\boldsymbol{q}(t)$

具有相同维数，即 $m=n$，那么机械臂为非冗余的，而且其雅可比矩阵能够在一个特别的非奇异位置 $\boldsymbol{q}(t)$ 求逆，即

$$\dot{\boldsymbol{q}}(t)=\boldsymbol{J}^{-1}(\boldsymbol{q})\dot{\boldsymbol{x}}(t) \tag{4.56}$$

通过给出沿世界坐标的期望速度，就能够很容易地根据式(4.54)求得实现期望运动的各关节电动机速度的组合。

图 4.19 所示为一个分解运动速度控制框图。

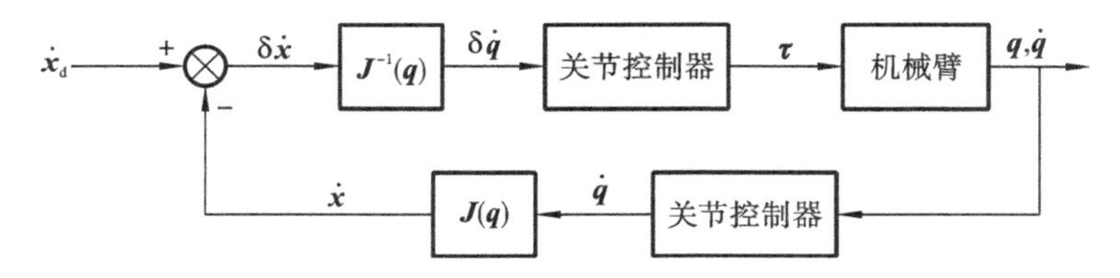

图 4.19　分解运动速度控制框图

若 $m>n$，则机械臂为冗余的，其逆雅可比矩阵不存在，这就简化了求通用逆雅可比矩阵的问题。在这种情况下，若 $\boldsymbol{J}(\boldsymbol{q})$ 的秩为 n，则可在式(4.53)中加入一个拉格朗日乘子 $\boldsymbol{\lambda}$，以形成误差判据，并将此误差判据最小化，就可求得 $\dot{\boldsymbol{q}}(t)$，即有

$$\boldsymbol{C}=\frac{1}{2}\dot{\boldsymbol{q}}^{\mathrm{T}}\boldsymbol{A}\dot{\boldsymbol{q}}+\boldsymbol{\lambda}^{\mathrm{T}}[\dot{\boldsymbol{x}}-\boldsymbol{J}\dot{\boldsymbol{q}}] \tag{4.57}$$

式中：$\boldsymbol{A}$ 为一个 $m\times m$ 的对称正定矩阵；$\boldsymbol{C}$ 为代价判据。分别关于 $\dot{\boldsymbol{q}}(t)$ 和 $\boldsymbol{\lambda}$ 对 $\boldsymbol{C}$ 进行最小化，可得

$$\dot{\boldsymbol{q}}(t)=\boldsymbol{A}^{-1}\boldsymbol{J}^{\mathrm{T}}(\boldsymbol{q})\boldsymbol{\lambda} \tag{4.58}$$

$$\dot{\boldsymbol{x}}(t)=\boldsymbol{J}(\boldsymbol{q})\dot{\boldsymbol{q}}(t) \tag{4.59}$$

将式(4.58)代入式(4.59)，并对 $\boldsymbol{\lambda}$ 求解可得

$$\boldsymbol{\lambda}=[\boldsymbol{J}(\boldsymbol{q})\boldsymbol{A}^{-1}\boldsymbol{J}^{\mathrm{T}}(\boldsymbol{q})]^{-1}\dot{\boldsymbol{x}}(t) \tag{4.60}$$

把式(4.60)代入式(4.58)，得

$$\dot{\boldsymbol{q}}(t)=\boldsymbol{A}^{-1}\boldsymbol{J}^{\mathrm{T}}(\boldsymbol{q})[\boldsymbol{J}(\boldsymbol{q})\boldsymbol{A}^{-1}\boldsymbol{J}^{\mathrm{T}}(\boldsymbol{q})]^{-1}\dot{\boldsymbol{x}}(t) \tag{4.61}$$

若 $\boldsymbol{A}$ 为一单位矩阵，则式(4.61)简化为式(4.56)。

经常希望命令工具沿末端执行器坐标系而不是世界坐标系运动。这时，末端执行器(工具)沿末端执行器坐标系的期望运动速度 $\dot{\boldsymbol{h}}(t)$ 与世界坐标系的运动速度 $\dot{\boldsymbol{x}}(t)$ 具有以下关系：

$$\dot{\boldsymbol{x}}(t)={}^{0}\boldsymbol{R}_{\mathrm{h}}\dot{\boldsymbol{h}}(t) \tag{4.62}$$

式中：${}^{0}\boldsymbol{R}_{\mathrm{h}}$ 为一个 $n\times 6$ 的矩阵，它表示末端执行器坐标系与世界坐标系的方向关系。对于末端执行器坐标系，给定末端执行器的期望运动速度 $\dot{\boldsymbol{h}}(t)$，根据式(4.61)和式(4.62)，可求得关节速度：

$$\dot{\boldsymbol{q}}(t)=\boldsymbol{A}^{-1}\boldsymbol{J}^{\mathrm{T}}(\boldsymbol{q})[\boldsymbol{J}(\boldsymbol{q})\boldsymbol{A}^{-1}\boldsymbol{J}^{\mathrm{T}}(\boldsymbol{q})]^{-1}\,{}^{0}\boldsymbol{R}_{\mathrm{h}}\dot{\boldsymbol{h}}(t) \tag{4.63}$$

因为在式(4.61)和式(4.63)中，各关节转角的位置 $\boldsymbol{q}(t)$ 与时间有关，所以要计算 $\dot{\boldsymbol{q}}(t)$ 就需要估计每一采样时间 t 的 $\boldsymbol{J}^{-1}(\boldsymbol{q})$ 值。

4.6.2　控制律设计及稳定性分析

设给定末端执行器的期望轨迹为 $\boldsymbol{x}_{\mathrm{d}}$，实际轨迹为 $\boldsymbol{x}$，则误差矢量为

$$\boldsymbol{e}=\boldsymbol{x}_{\mathrm{d}}-\boldsymbol{x} \tag{4.64}$$

求导有

$$\dot{\boldsymbol{e}} = \dot{\boldsymbol{x}}_{\mathrm{d}} - \dot{\boldsymbol{x}} \tag{4.65}$$

当 $K_{\mathrm{p}}>0$，$K_{\mathrm{d}}>0$，$K_{\mathrm{i}}>0$ 且其取值使方程

$$K_{\mathrm{d}}\ddot{\boldsymbol{e}} + K_{\mathrm{p}}\dot{\boldsymbol{e}} + K_{\mathrm{i}}\boldsymbol{e} = \boldsymbol{0} \tag{4.66}$$

的特征根具有负实部时，该方程的解渐近趋于零，即机械臂的末端执行器位置误差渐近减小为零。对式(4.66)求积分：

$$K_{\mathrm{p}}\boldsymbol{e} + K_{\mathrm{i}}\int_{0}^{t}\boldsymbol{e}(\tau)\mathrm{d}\tau + K_{\mathrm{d}}\dot{\boldsymbol{e}} = \boldsymbol{0} \tag{4.67}$$

将式(4.65)和 $\dot{\boldsymbol{x}}=\boldsymbol{J}(\boldsymbol{q})\dot{\theta}$ 代入式(4.67)得

$$\dot{\boldsymbol{x}} = \frac{1}{K_{\mathrm{d}}}\left(K_{\mathrm{d}}\dot{\boldsymbol{x}}_{\mathrm{d}} + K_{\mathrm{p}}\boldsymbol{e} + K_{\mathrm{i}}\int_{0}^{t}\boldsymbol{e}(\tau)\mathrm{d}\tau\right) \tag{4.68}$$

从而有

$$\dot{\theta} = \boldsymbol{J}^{-1}(\boldsymbol{q})\left\{\dot{\boldsymbol{x}}_{\mathrm{d}} + \frac{1}{K_{\mathrm{d}}}\left[K_{\mathrm{p}}\boldsymbol{e} + K_{\mathrm{i}}\int_{0}^{t}\boldsymbol{e}(\tau)\mathrm{d}\tau\right]\right\} \tag{4.69}$$

上述即为基于 PI 方法的分解运动速度控制方法。

在已知系统非线性特征的情况下，利用全状态非线性反馈技术，可将一个非线性系统转化为线性系统，从而可以利用成熟的线性系统控制技术实现非线性系统的稳定控制。

4.7　机器人的分解运动加速度控制

分解运动加速度控制把分解运动速度控制的概念扩展到加速度控制。对于直接涉及机械臂位置和方向的位置控制问题，这是一个可供选择的替代方案。分解运动加速度控制首先需计算出末端执行器的控制加速度，然后把它分解为相应的各关节加速度，再按照动力学方程计算出控制力矩。

4.7.1　控制方法

一个机器人的末端执行器的实际位姿 $\boldsymbol{x}(t)$ 和期望位姿 $\boldsymbol{x}_{\mathrm{d}}(t)$ 可分别用 4×4 的齐次变换矩阵表示：

$$\boldsymbol{x}(t) = \begin{bmatrix} \boldsymbol{n}(t) & \boldsymbol{o}(t) & \boldsymbol{a}(t) & \boldsymbol{p}(t) \\ 0 & 0 & 0 & 1 \end{bmatrix} \tag{4.70}$$

$$\boldsymbol{x}_{\mathrm{d}}(t) = \begin{bmatrix} \boldsymbol{n}_{\mathrm{d}}(t) & \boldsymbol{o}_{\mathrm{d}}(t) & \boldsymbol{a}_{\mathrm{d}}(t) & \boldsymbol{p}_{\mathrm{d}}(t) \\ 0 & 0 & 0 & 1 \end{bmatrix} \tag{4.71}$$

末端执行器的位置误差定义为末端执行器期望位置和实际位置之差，且可表示为

$$\boldsymbol{e}_{\mathrm{d}}(t) = \boldsymbol{p}_{\mathrm{d}}(t) - \boldsymbol{p}(t) = \begin{bmatrix} \boldsymbol{p}_{\mathrm{d}x}(t) - \boldsymbol{p}_{x}(t) \\ \boldsymbol{p}_{\mathrm{d}y}(t) - \boldsymbol{p}_{y}(t) \\ \boldsymbol{p}_{\mathrm{d}z}(t) - \boldsymbol{p}_{z}(t) \end{bmatrix} \tag{4.72}$$

相似地，末端执行器的方向(姿态)误差定义为末端执行器期望方向与实际方向的偏差，并可表示为

$$\boldsymbol{e}_0(t)=\frac{1}{2}[\boldsymbol{n}(t)\times\boldsymbol{n}_{\mathrm{d}}+\boldsymbol{o}(t)\times\boldsymbol{o}_{\mathrm{d}}+\boldsymbol{a}(t)\times\boldsymbol{a}_{\mathrm{d}}] \tag{4.73}$$

于是,机械臂的控制可通过将这些误差减小至零来实现。

广义速度 $\dot{\boldsymbol{x}}$ 是由线速度 $\boldsymbol{v}$ 和角速度 $\boldsymbol{\omega}$ 组成的六维列矢量,则根据下式

$$\dot{\boldsymbol{x}}=\begin{bmatrix}\boldsymbol{v}\\\boldsymbol{\omega}\end{bmatrix}=\lim_{\Delta t\to 0}\frac{1}{\Delta t}\begin{bmatrix}\boldsymbol{d}\\\boldsymbol{\delta}\end{bmatrix} \tag{4.74}$$

可知,可用一个六维矢量 $\dot{\boldsymbol{x}}(t)$ 联合表示一台六关节机械臂的线速度 $\boldsymbol{v}(t)$ 和角速度 $\boldsymbol{\omega}(t)$,即有广义速度:

$$\dot{\boldsymbol{x}}(t)=\begin{bmatrix}\boldsymbol{v}(t)\\\boldsymbol{a}(t)\end{bmatrix}=\boldsymbol{J}(\boldsymbol{q})\dot{\boldsymbol{q}}(t) \tag{4.75}$$

式中:$\boldsymbol{J}(\boldsymbol{q})$ 为雅可比矩阵。式(4.75)是分解运动速度控制的基础,其关节速度由末端执行器速度求解。如果进一步扩展这一思想,把它用于讨论用末端执行器加速度 $\ddot{\boldsymbol{x}}(t)$ 求各关节加速度的问题,于是,对式(4.75)求导即可得末端执行器加速度:

$$\ddot{\boldsymbol{x}}(t)=\boldsymbol{J}(\boldsymbol{q})\ddot{\boldsymbol{q}}(t)+\dot{\boldsymbol{J}}(\boldsymbol{q},\dot{\boldsymbol{q}})\dot{\boldsymbol{q}}(t) \tag{4.76}$$

4.7.2　系统分析

闭环分解运动加速度控制的指导思想是把机械臂的位置误差和姿态误差减小至零。如果一机械臂的笛卡儿坐标路径是预先规划好的,那么其末端执行器的期望位置 $\boldsymbol{p}_{\mathrm{d}}(t)$、期望速度 $\boldsymbol{v}_{\mathrm{d}}(t)$ 和期望加速度 $\dot{\boldsymbol{v}}_{\mathrm{d}}(t)$ 对基坐标系来说是已知的。为了减少位置误差,可对机械臂每个关节的驱动器施加关节力矩和力,使末端执行器的实际线加速度 $\dot{\boldsymbol{v}}(t)$ 满足下列方程:

$$\dot{\boldsymbol{v}}(t)=\dot{\boldsymbol{v}}_{\mathrm{d}}(t)+k_1[\boldsymbol{v}_{\mathrm{d}}(t)-\boldsymbol{v}(t)]+k_2[\boldsymbol{p}_{\mathrm{d}}(t)-\boldsymbol{p}(t)] \tag{4.77}$$

式中:k_1 和 k_2 为比例系数。式(4.77)可改写为

$$\ddot{\boldsymbol{e}}_p(t)+k_1\dot{\boldsymbol{e}}_p(t)+k_2\boldsymbol{e}_p(t)=0 \tag{4.78}$$

其中,$\boldsymbol{e}_p(t)=\boldsymbol{p}_{\mathrm{d}}(t)-\boldsymbol{p}(t)$。输入力矩和力的选择必须确保机械臂位置误差渐近收敛。这就要求选择系数 k_1 和 k_2,使得方程(4.78)的特征根实部为负。同理,为了减少机械臂的姿态误差,必须选择好机械臂的作用力矩和力,使得它的角加速度满足下式:

$$\dot{\boldsymbol{\omega}}(t)=\dot{\boldsymbol{\omega}}_{\mathrm{d}}(t)+k_1[\boldsymbol{\omega}_{\mathrm{d}}(t)-\boldsymbol{\omega}(t)]+k_2\boldsymbol{e}_0(t) \tag{4.79}$$

式中:$\boldsymbol{\omega}_{\mathrm{d}}$ 是期望角速度。令 $\boldsymbol{v}_{\mathrm{d}}$ 和 $\boldsymbol{\omega}_{\mathrm{d}}$ 组成六维速度矢量,位置误差和方向误差组成误差矢量:

$$\dot{\boldsymbol{x}}_{\mathrm{d}}(t)=\begin{bmatrix}\boldsymbol{v}_{\mathrm{d}}(t)\\\boldsymbol{\omega}_{\mathrm{d}}(t)\end{bmatrix},\quad \boldsymbol{e}(t)=\begin{bmatrix}\boldsymbol{e}_p(t)\\\boldsymbol{e}_0(t)\end{bmatrix} \tag{4.80}$$

组合式(4.77)和式(4.79)可得

$$\ddot{\boldsymbol{x}}(t)=\ddot{\boldsymbol{x}}_{\mathrm{d}}(t)+k_1[\dot{\boldsymbol{x}}_{\mathrm{d}}(t)-\dot{\boldsymbol{x}}(t)]+k_2\boldsymbol{e}(t) \tag{4.81}$$

将式(4.75)和式(4.76)代入式(4.81),并对 $\ddot{\boldsymbol{q}}(t)$ 求解可得

$$\begin{aligned}\ddot{\boldsymbol{q}}(t)&=\boldsymbol{J}^{-1}(\boldsymbol{q})\{\ddot{\boldsymbol{x}}_{\mathrm{d}}(t)+k_1[\dot{\boldsymbol{x}}_{\mathrm{d}}(t)-\dot{\boldsymbol{x}}(t)]+k_2\boldsymbol{e}(t)-\dot{\boldsymbol{J}}(\boldsymbol{q},\dot{\boldsymbol{q}})\dot{\boldsymbol{q}}(t)\}\\&=-k_1\dot{\boldsymbol{q}}(t)+\boldsymbol{J}^{-1}(\boldsymbol{q})[\ddot{\boldsymbol{x}}_{\mathrm{d}}(t)+k_1\dot{\boldsymbol{x}}_{\mathrm{d}}(t)+k_2\boldsymbol{e}(t)-\dot{\boldsymbol{J}}(\boldsymbol{q},\dot{\boldsymbol{q}})\dot{\boldsymbol{q}}(t)]\end{aligned} \tag{4.82}$$

式(4.82)是机械臂闭环分解运动加速度控制的基础。为了计算施加在机械臂每个关节驱动器上的作用力矩和作用力,需要应用递归牛顿-欧拉运动方程。关节位置 $\boldsymbol{q}(t)$ 和关节速度 $\dot{\boldsymbol{q}}(t)$ 由电位器或光编码器测量。$\boldsymbol{V},\boldsymbol{\omega},\boldsymbol{J},\boldsymbol{J}^{-1},\dot{\boldsymbol{J}}$ 的量值可根据上述各方程进行计算。把这些数值及由规划好的轨迹得到的末端执行器期望位置、期望速度和期望加速度代入式(4.82),可

计算出关节的加速度。施加的关节作用力矩和作用力可由牛顿-欧拉运动方程递归求解而得到。如分解运动速度控制、分解运动加速度控制方法具有广泛的计算要求以及与雅可比矩阵有关的奇异性，就需要应用加速度信息来规划机械臂末端执行器的轨迹。

图 4.20 绘出了一种分解运动加速度控制的方案图。可根据上述有关方程，计算出末端执行器的期望加速度、关节加速度和控制力矩。

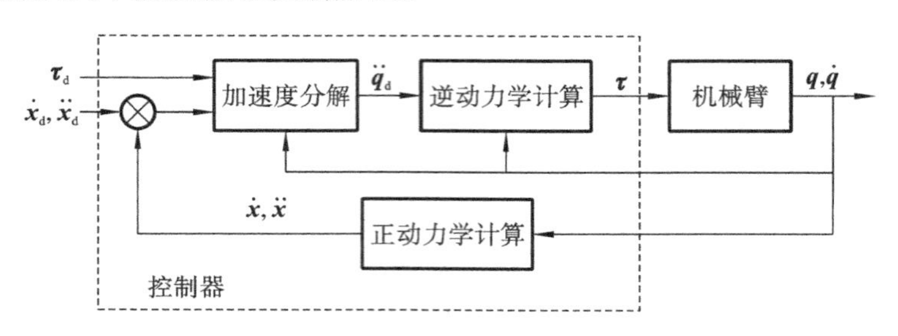

图 4.20　一种分解运动加速度控制方案图

4.7.3　鲁棒控制

鲁棒控制是一种保证不确定系统的稳定性以及达到满意控制效果的控制方法。鲁棒控制器的设计仅需要知道限制不确定性的最大可能值的边界即可，鲁棒控制可同时补偿结构和非结构不确定性的影响，这也正是鲁棒控制优于自适应控制之处。除此之外，与自适应控制方法相比，鲁棒控制还有实现简单（没有自适应律），对时变参数以及非结构、非线性不确定性的影响有更好的补偿效果，更易于保证稳定性等优点。

当扰动无法忽略的时候，可以这样处理扰动作用

$$\int_0^t \boldsymbol{z}^{\mathrm{T}}(\boldsymbol{x},\boldsymbol{\tau}) + \boldsymbol{z}(\boldsymbol{x},\boldsymbol{\tau})\mathrm{d}\boldsymbol{\tau} \leqslant \gamma^2 \int_0^t \boldsymbol{w}^{\mathrm{T}}\boldsymbol{w}\mathrm{d}\boldsymbol{\tau} \tag{4.83}$$

式中：γ 给定了从扰动输入 $\boldsymbol{w}$ 到成本变量 $\boldsymbol{z}$ 的闭环系统的 L_2 增益，$\gamma>0$ 被称为 L_2 增益的衰减要求。非线性 H_∞ 最优控制给出了一种设计最优和鲁棒控制的系统化方法。令 $\gamma>0$ 已知，解以下方程：

$$\begin{aligned} HJI_\gamma(\boldsymbol{x},t;\boldsymbol{V}) = {} & \boldsymbol{V}_t(\boldsymbol{x},t) + \boldsymbol{V}_x(\boldsymbol{x},t)f(\boldsymbol{x},t) \\ & - \frac{1}{2}\boldsymbol{V}_x(\boldsymbol{x},t)[\boldsymbol{G}(\boldsymbol{x},t)\boldsymbol{R}^{-1}(\boldsymbol{x},t)\boldsymbol{G}^{\mathrm{T}}(\boldsymbol{x},t) \\ & - \gamma^{-2}\boldsymbol{P}(\boldsymbol{x},t)\boldsymbol{P}^{\mathrm{T}}(\boldsymbol{x},t)]\boldsymbol{V}_x^{\mathrm{T}}(\boldsymbol{x},t) + \frac{1}{2}\boldsymbol{Q}(\boldsymbol{x},t) \leqslant 0 \end{aligned} \tag{4.84}$$

式中：

$$\boldsymbol{V}_t(\boldsymbol{x},t) = \frac{\partial \boldsymbol{V}}{\partial t} = \frac{1}{2}\boldsymbol{x}^{\mathrm{T}}\frac{\partial \boldsymbol{P}}{\partial t}\boldsymbol{x}, \quad \boldsymbol{V}_x(\boldsymbol{x},t) = \frac{\partial \boldsymbol{V}}{\partial \boldsymbol{x}^{\mathrm{T}}} = \boldsymbol{x}^{\mathrm{T}}\boldsymbol{P} = \frac{1}{2}\boldsymbol{x}^{\mathrm{T}}\left[\frac{\partial \boldsymbol{P}}{\partial \boldsymbol{x}^{\mathrm{T}}}\boldsymbol{x}\right]$$

值函数

$$\boldsymbol{V}(\boldsymbol{x},t) = \frac{1}{2}\boldsymbol{x}^{\mathrm{T}}\boldsymbol{P}(\boldsymbol{x},t)\boldsymbol{x}$$

于是控制定义为

$$\boldsymbol{u} = -\boldsymbol{R}^{-1}(\boldsymbol{x},t)\boldsymbol{G}^{\mathrm{T}}(\boldsymbol{x},t)\boldsymbol{V}_x^{\mathrm{T}}(\boldsymbol{x},t) \tag{4.85}$$

这个偏微分不等式被称为汉密尔顿-雅可比-艾萨克不等式。那么，可以定义逆非线性 H_∞ 最优控制问题，该问题可以找到一组 $\boldsymbol{Q}(\boldsymbol{x},t)$ 和 $\boldsymbol{R}(\boldsymbol{x},t)$，使得对一个指定的 L_2 增益 γ，满足 L_2

增益要求。

有两个问题值得进一步讨论。第一，L_2 增益要求只对 L_2 范数（欧几里得距离）是有界扰动信号 $\boldsymbol{w}$ 有效。第二，H_∞ 最优控制的定义不是唯一的。因此，我们可以从众多的 H_∞ 最优控制器中选出一个二次最优的。准确地说，由于期望的 L_2 增益是指定的先验，那么这个控制式(4.85)应该被称作 H_∞ 的次优控制。一个真正的 H_∞ 最优控制是找到使 L_2 增益要求实现的 γ 为最小值。

4.8　计算力矩控制

多年来，各种各样的机器人控制方案被提出来。它们中的多数可以被视为将线性化的反馈控制方案应用于非线性系统的计算力矩控制类方案的特例（见图 4.21）。这一节将介绍计算力矩控制。

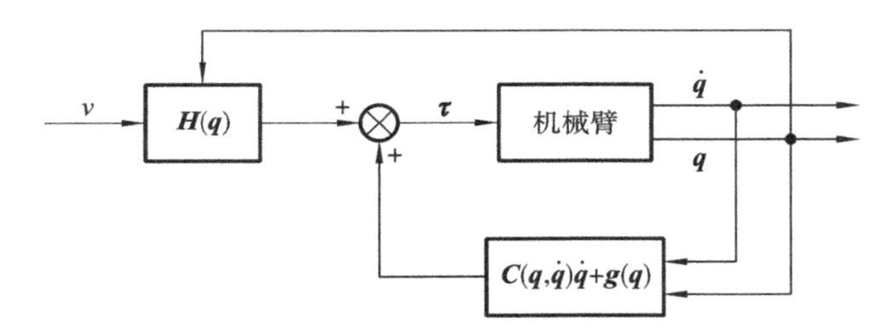

图 4.21　计算力矩控制

在关节空间中的逆动力学控制律如式(4.86)所示：

$$\boldsymbol{\tau} = \boldsymbol{H}(\boldsymbol{q})\boldsymbol{v} + \boldsymbol{C}(\boldsymbol{q},\dot{\boldsymbol{q}})\dot{\boldsymbol{q}} + \boldsymbol{g}(\boldsymbol{q}) \tag{4.86}$$

式(4.86)也被称为计算力矩控制。它由一个内在的非线性补偿回路和一个有外部控制信号 $\boldsymbol{v}$ 的外部回路组成。将这种控制方案应用于机器人机械臂的动力学模型，得到

$$\ddot{\boldsymbol{q}} = \boldsymbol{v} \tag{4.87}$$

需要注意的是，这种控制方式将一个复杂的非线性控制器设计问题转化成了一个由 n 个子系统组成的线性系统设计问题。一个外部控制信号 $\boldsymbol{v}$ 的典型选择是 PD 反馈信号：

$$\boldsymbol{v} = \ddot{\boldsymbol{q}}_{\mathrm{d}} + \boldsymbol{K}_{\mathrm{v}}\dot{\boldsymbol{e}}_{\mathrm{q}} + \boldsymbol{K}_{\mathrm{p}}\boldsymbol{e}_{\mathrm{q}} \tag{4.88}$$

在这种情况下，总的控制输入表达式为

$$\boldsymbol{\tau} = \boldsymbol{H}(\boldsymbol{q})(\ddot{\boldsymbol{q}}_{\mathrm{d}} + \boldsymbol{K}_{\mathrm{v}}\dot{\boldsymbol{e}}_{\mathrm{q}} + \boldsymbol{K}_{\mathrm{p}}\boldsymbol{e}_{\mathrm{q}}) + \boldsymbol{C}(\boldsymbol{q},\dot{\boldsymbol{q}})\dot{\boldsymbol{q}} + \boldsymbol{g}(\boldsymbol{q}) \tag{4.89}$$

并且由式(4.88)产生的线性误差动力学方程为

$$\ddot{\boldsymbol{e}}_{\mathrm{q}} + \boldsymbol{K}_{\mathrm{v}}\dot{\boldsymbol{e}}_{\mathrm{q}} + \boldsymbol{K}_{\mathrm{p}}\boldsymbol{e}_{\mathrm{q}} = \boldsymbol{0} \tag{4.90}$$

根据线性系统理论，确定跟踪误差收敛到零。

备注：一般情况下，为了确保误差系统的稳定性，令 $\boldsymbol{K}_{\mathrm{v}}$ 和 $\boldsymbol{K}_{\mathrm{p}}$ 为 $n\times n$ 的对角正定矩阵，即 $\boldsymbol{K}_{\mathrm{v}}=\mathrm{diag}(K_{\mathrm{v1}},K_{\mathrm{v2}},\cdots,K_{\mathrm{v}n})>\boldsymbol{0}$，$\boldsymbol{K}_{\mathrm{p}}=\mathrm{diag}(K_{\mathrm{p1}},K_{\mathrm{p2}},\cdots,K_{\mathrm{p}n})>\boldsymbol{0}$。然而，由于外环乘法器 $\boldsymbol{H}(\boldsymbol{q})$ 和内环完全非线性补偿项 $\boldsymbol{C}(\boldsymbol{q},\dot{\boldsymbol{q}})\dot{\boldsymbol{q}}+\boldsymbol{g}(\boldsymbol{q})$ 会扰乱不同控制通路的关节信号，采用上述控制形式并不能实现关节的独立控制。

值得注意的是，若想应用计算力矩控制，就需要确保动力学模型的各个参数完全已知，并且控制输入信号能够实现实时计算。为了避免这样的问题，可进行一些变化，例如计算力矩控制器可以通过修正如下计算力矩控制得到：

$$\boldsymbol{\tau} = \hat{\boldsymbol{H}}(\boldsymbol{q})\boldsymbol{v} + \hat{\boldsymbol{C}}(\boldsymbol{q},\dot{\boldsymbol{q}})\dot{\boldsymbol{q}} + \boldsymbol{g}(\boldsymbol{q}) \tag{4.91}$$

式中:ˆ代表计算值,并且说明了理论上的精确反馈线性控制不能在实际的不确定性系统中实现。图 4.22 为该类控制方案的示意图。

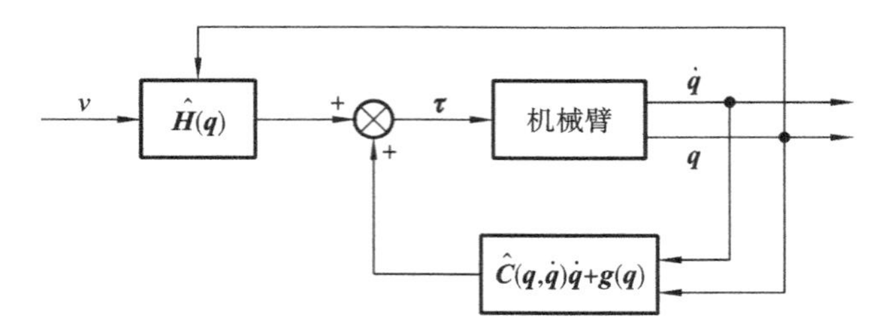

图 4.22　计算力矩控制

1）具有变结构补偿的计算力矩控制

由于系统参数的不确定性,为实现轨迹跟踪就需要在外回路设计中设计补偿项。下式为具有变结构补偿的计算力矩控制方案的表达式。

$$\boldsymbol{v} = \ddot{\boldsymbol{q}}_{\mathrm{d}} + \boldsymbol{K}_{\mathrm{v}}\dot{\boldsymbol{e}}_{\mathrm{q}} + \boldsymbol{K}_{\mathrm{p}}\boldsymbol{e}_{\mathrm{q}} + \Delta\boldsymbol{v} \tag{4.92}$$

式中:变结构补偿项可以表达为

$$\Delta\boldsymbol{v} = \begin{cases} -\rho(\boldsymbol{x},t)\dfrac{\boldsymbol{B}^{\mathrm{T}}\boldsymbol{P}\boldsymbol{x}}{\|\boldsymbol{B}^{\mathrm{T}}\boldsymbol{P}\boldsymbol{x}\|}, \|\boldsymbol{B}^{\mathrm{T}}\boldsymbol{P}\boldsymbol{x}\| \neq 0 \\ \boldsymbol{0}, \|\boldsymbol{B}^{\mathrm{T}}\boldsymbol{P}\boldsymbol{x}\| = 0 \end{cases} \tag{4.93}$$

式中:$\boldsymbol{x}=[\boldsymbol{e}^{\mathrm{T}}\quad \dot{\boldsymbol{e}}^{\mathrm{T}}]^{\mathrm{T}}$,$\boldsymbol{B}=[0\quad \boldsymbol{I}_n]^{\mathrm{T}}$;$\boldsymbol{P}$ 是一个 $2n\times 2n$ 的对称正定矩阵,其满足下式:

$$\boldsymbol{P}\boldsymbol{A} + \boldsymbol{A}^{\mathrm{T}}\boldsymbol{P} = -\boldsymbol{Q} \tag{4.94}$$

其中矩阵 $\boldsymbol{A}$ 被定义为

$$\boldsymbol{A} = \begin{bmatrix} \boldsymbol{0} & \boldsymbol{I}_n \\ -\boldsymbol{K}_{\mathrm{p}} & -\boldsymbol{K}_{\mathrm{v}} \end{bmatrix} \tag{4.95}$$

$\boldsymbol{Q}$ 是任意一个合适的 $2n\times 2n$ 的对称正定矩阵。

$$\rho(\boldsymbol{x},t) = \frac{1}{1-\alpha}[\alpha\beta + \|\boldsymbol{K}\|\ \|\boldsymbol{x}\| + \overline{\boldsymbol{H}}\Phi(\boldsymbol{x},t)] \tag{4.96}$$

式中:α 和 β 都是正常数,且 $\|\boldsymbol{H}^{-1}(\boldsymbol{q})\hat{\boldsymbol{H}}(\boldsymbol{q})-\boldsymbol{I}_n\|\leqslant\alpha<1$ 对所有的 $\boldsymbol{q}\in\mathbf{R}^n$ 都满足,$\sup_{t\in[0,\infty)}\|\ddot{\boldsymbol{q}}_{\mathrm{d}}(t)\|<\beta$;$\boldsymbol{K}$ 是一个 $n\times 2n$ 的矩阵,并且 $\boldsymbol{K}=[\boldsymbol{K}_{\mathrm{p}}\quad \boldsymbol{K}_{\mathrm{v}}]$;对 $\boldsymbol{q}\in\mathbf{R}^n$,有 $\|\boldsymbol{H}^{-1}(\boldsymbol{q})\|\leqslant\bar{\lambda}_H$,其中 $\bar{\lambda}_H$ 是一个正常数;函数 $\Phi(\boldsymbol{x},t)$ 定义为

$$\|[\hat{\boldsymbol{C}}(\boldsymbol{q},\dot{\boldsymbol{q}}) - \boldsymbol{C}(\boldsymbol{q},\dot{\boldsymbol{q}})]\dot{\boldsymbol{q}} + [\hat{\boldsymbol{g}}(\boldsymbol{q}) - \boldsymbol{g}(\boldsymbol{q})]\| \leqslant \Phi(\boldsymbol{x},t) \tag{4.97}$$

可以看出,使用李雅普诺夫函数式(4.98)可以使式(4.97)的跟踪误差收敛到零:

$$V = \boldsymbol{x}^{\mathrm{T}}\boldsymbol{P}\boldsymbol{x} \tag{4.98}$$

2）具有独立关节补偿的计算力矩控制

前一种补偿方案是集中的,这就意味着若想实现在线计算需要大量的计算任务,并且需要昂贵的硬件作为支持。为了解决这一问题,下面将介绍一种带独立关节补偿的计算力矩控制方案。在这种计算力矩控制方案中,通过估计得到下述关系式:

$$\hat{\boldsymbol{H}}(\boldsymbol{q}) = \boldsymbol{I}, \hat{\boldsymbol{C}}(\boldsymbol{q},\dot{\boldsymbol{q}}) = \boldsymbol{0}, \boldsymbol{g}(\boldsymbol{q}) = \boldsymbol{0} \tag{4.99}$$

使用外环中的变量 $\boldsymbol{v}$,得到

$$\boldsymbol{v} = \boldsymbol{K}_{\mathrm{v}}\dot{\boldsymbol{e}}_{\mathrm{q}} + \boldsymbol{K}_{\mathrm{p}}\boldsymbol{e}_{\mathrm{q}} + \Delta\boldsymbol{v} \tag{4.100}$$

式中：矩阵 $\boldsymbol{K}_{\mathrm{v}}$ 和 $\boldsymbol{K}_{\mathrm{p}}$ 中的元素均为正常数，且足够大；$\Delta \boldsymbol{v}=[v_1 \quad v_2 \quad \cdots \quad v_n]^{\mathrm{T}}$，其中的第 i 个分量 Δv_i 定义为

$$\Delta v_i=\begin{cases}-[\boldsymbol{\beta}^{\mathrm{T}}\boldsymbol{\omega}(\boldsymbol{q}_{\mathrm{d}},\dot{\boldsymbol{q}}_{\mathrm{d}})]^2\dfrac{s_i}{\varepsilon_i}, & |s_i|\leqslant\dfrac{\varepsilon_i}{\boldsymbol{\beta}^{\mathrm{T}}\boldsymbol{\omega}(\boldsymbol{q}_{\mathrm{d}},\dot{\boldsymbol{q}}_{\mathrm{d}})}\\ -\boldsymbol{\beta}^{\mathrm{T}}\boldsymbol{\omega}(\boldsymbol{q}_{\mathrm{d}},\dot{\boldsymbol{q}}_{\mathrm{d}})\dfrac{s_i}{\varepsilon_i}, & |s_i|>\dfrac{\varepsilon_i}{\boldsymbol{\beta}^{\mathrm{T}}\boldsymbol{\omega}(\boldsymbol{q}_{\mathrm{d}},\dot{\boldsymbol{q}}_{\mathrm{d}})}\end{cases} \tag{4.101}$$

在这种补偿中，$s_i=\dot{e}_{\mathrm{q}i}+\lambda_i e_{\mathrm{q}i}$，$i=1,2,\cdots,n$，并且 λ_i 为正常数。进一步根据机械臂的性质，可以得到

$$\|\boldsymbol{H}(\boldsymbol{q})\ddot{\boldsymbol{q}}_{\mathrm{d}}+\boldsymbol{C}(\boldsymbol{q},\dot{\boldsymbol{q}})\dot{\boldsymbol{q}}_{\mathrm{d}}+\boldsymbol{g}(\boldsymbol{q})\|\leqslant\beta_1+\beta_2\|\boldsymbol{q}\|+\|\dot{\boldsymbol{q}}\|=\boldsymbol{\beta}^{\mathrm{T}}\boldsymbol{\omega}(\boldsymbol{q},\dot{\boldsymbol{q}}) \tag{4.102}$$

并且，$\boldsymbol{\beta}=[\beta_1 \quad \beta_2 \quad \beta_3]^{\mathrm{T}}$，进而有

$$\boldsymbol{\omega}(\boldsymbol{q},\dot{\boldsymbol{q}})=[1 \quad \|\boldsymbol{q}\| \quad \|\dot{\boldsymbol{q}}\|]^{\mathrm{T}} \tag{4.103}$$

最后，ε_i 是边界层的可变长度，$i=1,2,\cdots,n$，并且满足

$$\dot{\varepsilon}_i=-g_i\varepsilon_i,\quad \varepsilon(0)>0,\quad g_i>0 \tag{4.104}$$

这里值得指出的一点是控制方案中的变量 $\boldsymbol{\omega}$ 被设计为期望补偿而不是反馈。进一步来讲，这种控制方案是之前那种关节独立控制的一种形式，并且具备前面提到的那些优点。通过应用李雅普诺夫函数可以在式(4.105)中体现跟踪误差逐渐趋于零这一特点：

$$V=\frac{1}{2}[\dot{\boldsymbol{e}}_{\mathrm{q}}^{\mathrm{T}} \quad \boldsymbol{e}_{\mathrm{q}}^{\mathrm{T}}]\begin{bmatrix}\lambda\boldsymbol{K}_{\mathrm{p}} & \boldsymbol{H}\\ \boldsymbol{H} & \lambda\boldsymbol{H}\end{bmatrix}\begin{bmatrix}\boldsymbol{e}_{\mathrm{q}}\\ \dot{\boldsymbol{e}}_{\mathrm{q}}\end{bmatrix}+\sum_{i=1}^{n}g_i^{-1}\varepsilon_i \tag{4.105}$$

小　结

本章主要研究了工业机器人运动控制问题。首先讨论工业机器人控制与传动的基本原理，建立了工业机器人关节模型与关节控制方案。然后分别对关节坐标和笛卡儿坐标控制的特点和方法进行了介绍，阐述了两种方法的适用条件和能够解决的问题。对于工业机器人位置控制的问题，分别建立了单关节和多关节位置控制器的结构和控制系统的控制规律，提出了相应的位置控制方案；对于工业机器人分解运动控制，在阐明分解运动控制原理的基础上，探讨了工业机器人的分解运动速度控制、分解运动加速度控制。最后介绍了工业机器人的计算力矩控制。

习　题

4.1　机器人参数坐标系有哪些？各参数坐标系有何作用？

4.2　列举你所知道的工业机器人的控制方式，并简要说明其应用场合。

4.3　何为点位控制和连续轨迹控制？举例说明它们在工业上的应用。

4.4　以多自由度工业机器人为例，分析讨论机器人的控制。

4.5　对(工业)机器人进行位置和力的控制时，试比较关节空间控制器设计和笛卡儿空间控制器设计的不同点。

4.6　机器人轨迹控制过程如图 4.23 所示，试列出各步的主要内容。

4.7　如图 4.24 所示为工业机器人双手指的控制原理图，机器人两手指由直流电动机驱动，经传动齿轮带动手指运动。每个手指的转动惯量为 J，阻尼系数为 B，已知直流电动机的

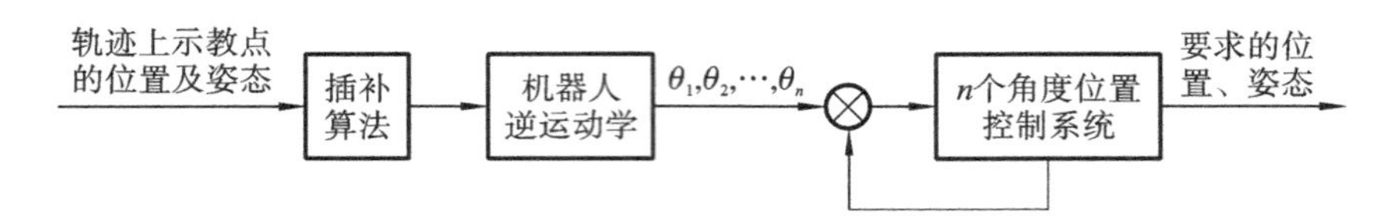

图 4.23 机器人轨迹控制过程

传递函数(输入电枢电压为 U_a,输出电动机的转矩为 T_m)为

$$\frac{T_m(s)}{U_a(s)}=\frac{1}{Ls+R}$$

式中:L、R 分别为电动机电枢的电感和电阻。

(1) 证明手指的传递函数为

$$\frac{\Theta_1(s)}{T_m(s)}=\frac{k_1}{s(Js+B)},\quad \frac{\Theta_2(s)}{T_m(s)}=\frac{k_2}{s(Js+B)}$$

并用系统参数表示 k_1 和 k_2 。

(2) 绘出以 θ_d 为输入、θ 为输出的闭环系统框图。

(3) 如果采用比例控制器($G_c=K$),求出闭环系统的特征方程。是否存在一个极限最大值? 为什么?

4.8 试画出如图 4.25 所示的质量均匀分布的二连杆机械臂的关节空间控制方框图,使得此机械臂在全部任务空间内处于临界阻尼状态。

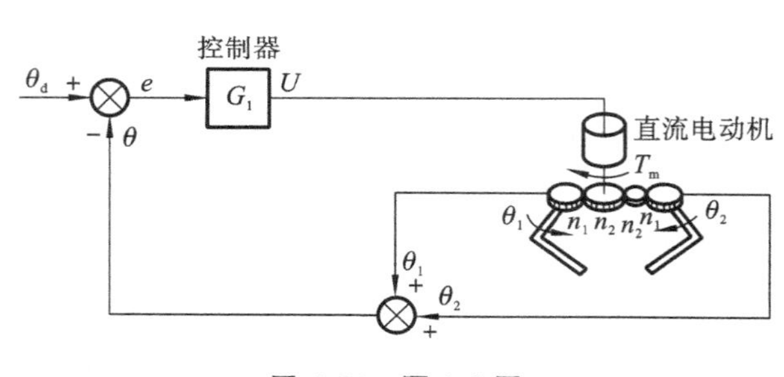

图 4.24 题 4.7 图

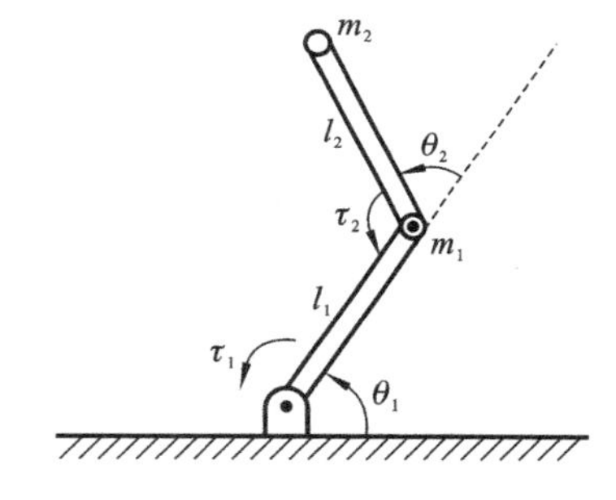

图 4.25 题 4.8 图

第5章　工业机器人的力控制

5.1　力控制的基本概念

工业机器人在进行去毛刺、研磨、装配、分拣、抓取等任务时，与接触环境之间会产生相互作用力，此时不仅要求其具有精准的定位能力，还要求其具有良好的输出力/力矩调节能力，从而针对不同的操作对象和任务，能够使用适当的力/力矩作业；此外，由于工业机器人工作环境较为复杂，且当前人机协作日益紧密，工业机器人在作业时，应具备良好的柔顺性，这不仅能够实现定位导向，还能避免突然碰撞对人或工业机器人本体造成损伤。针对上述要求，需要对工业机器人输出力/力矩进行有效控制。

力控制即为力控制技术，一般是指以力/力矩作为被控量，通过力/力矩传感器反馈机器人当前力/力矩信息，利用合适的控制算法，通过闭环控制使机器人实现柔顺运动，较好地完成预期规划任务。所谓柔顺运动是指机械臂根据外部环境变化所产生的顺应性动作(或称为适应性动作)，使机械臂显现出一种低刚度状态。而柔顺控制则用于控制、调节机械臂整体刚度特性，使其达到期望的柔顺运动要求。在实际应用中，机器人在任务空间作业时有高柔顺性要求，与其在自由空间操作时对位置伺服刚度及机械结构刚度的高要求之间存在很大矛盾，这使得柔顺控制在工业机器人控制领域愈发受到重视。柔顺控制主要分为被动柔顺控制及主动柔顺控制。其中，被动柔顺控制主要通过机械装置为工业机器人提供柔顺能力，具有响应快、成本低等优点，但是，其存在如下问题：①无法根除机器人高刚度与高柔顺性之间的矛盾；②被动柔顺所用的机械装置往往具有很强的专用性，适应性差，使用范围受到限制；③被动柔顺所用的机械装置本身并不具备控制能力，故给机器人控制带来了极大的困难，尤其在力、位置都需要严格控制的场合中，该问题显得尤为突出；④被动柔顺控制无法使机器人本身产生对外部作用力的反应动作，柔顺控制效果有限。为了克服被动柔顺控制的不足，主动柔顺控制应需而生，并成为机器人力控制的主要研究方向。主动柔顺控制通过设计机器人力控制结构，处理力和位置二者之间的关系，控制机器人各关节的刚度，从而使机器人表现出所需的柔顺性。目前主动柔顺控制方法主要可归结为四大类：阻抗控制策略、力和位置混合控制策略、自适应控制策略以及动态混合控制策略，其中阻抗控制策略及力和位置混合控制策略应用最为广泛，故在本章5.3和5.4节中，将针对这两种主动柔顺控制策略进行逐一深入的讲解。

5.2　力传感器

5.2.1　力传感器的不同类型

工业机器人用于力控制反馈的传感器可分为触觉传感器以及力觉传感器。

1）触觉传感器

触觉传感器一般安装于机器人末端执行器上，用于感知抓取夹持力，或进一步对被抓物品的形状、质量和刚度等物理属性进行感知。触觉传感器根据用途可分为接触觉传感器、压觉传感器和滑觉传感器。接触觉传感器一般安装于机器人运动部件或末端执行器上，用于检测机器人是否接触目标或环境，寻找物体或感知碰撞，从而确定机器人运动的正确性，实现合理抓握任务或避障/避碰运动。接触觉是通过与对象物体彼此接触而产生的，故接触觉传感器应具有柔性，易于变形，便于和物体接触，并具备较好的感知能力。常用的接触觉传感器有微动开关、柔性触觉传感器、触觉传感器阵列和仿生皮肤等。压觉传感器则用来检测机器人与接触对象间的压力值，其根据传感器检测原理的不同可分为压阻式、压电式及电容式三种，通过将其密集阵列式布置，可有效地对机器人接触压力进行检测。滑觉传感器则用于检测被夹持物品在夹持过程中相对于末端执行器的位移、旋转和变形，从而改变夹持力，消除滑动，达到稳定抓取、测量被抓物品质量及表面特性的目的。滑觉传感器按有无滑动方向检测功能可分为无方向性传感器、单方向性传感器和全方向性传感器三类。

2）力觉传感器

力觉传感器是指对机器人的本体和关节等运动中所受力或力矩进行感知的传感器。工业机器人在进行装配、搬运、研磨等作业时需要对工作力或力矩进行控制。例如装配时需完成将轴类零件插入孔里、调准零件的位置和拧动螺钉等一系列动作，在拧动螺钉过程中需要有确定的拧紧力；搬运时机器人末端执行器对工件需有合理的握力，握力太小不足以搬动工件，太大则会损坏工件；研磨时需要有合适的砂轮进给力以保证研磨质量。另外，机器人在自我保护时也需要检测关节和连杆之间的内力，防止机械臂因受载过大或与周围障碍物碰撞而引起损坏。所以力和力矩传感器在机器人中的应用较广泛。力和力矩传感器种类很多，常用的有电阻应变片式、压电式、电容式、电感式以及各种外力传感器。力或力矩传感器都是通过弹性敏感元件将被测力或力矩转换成某种位移量或变形量，然后通过各自的敏感介质把位移量或变形量转换成能够输出的电量。

力觉传感器主要包括腕力觉传感器和关节力觉传感器。腕力觉传感器（如六维力传感器等）一般由应变片阵列而成，可以检测沿传感器坐标系三个轴方向的力及绕这三个轴的力矩。关节力觉传感器一般将应变测量装置安装在关节旋转轴上，从而检测关节运动所产生的力/力矩。除了常用的应变式传感器，根据检测方式的不同还有压电式传感器和电容位移计式传感器。

5.2.2 腕力传感器的工作原理

1）十字梁型腕力传感器的工作原理

十字梁型腕力传感器的弹性体为整体轮辐式十字梁结构，包括外缘、中心台、主梁、浮动梁以及浮动梁柔性环节，如图 5.1 所示。浮动梁和柔性环节的加入，使得该传感器可以直接输出六维力分量。该传感器安装于机器人手腕处，工作时外缘与机械臂相连，中心台与机械末端执行器相接，由中心台接受外力并传递到主梁和浮动梁。主梁上下以及两个侧面均贴有应变片，共计 16 片，通过与固定电阻桥路相连接，获得六维电压分量。以十字主梁的方向为 x、y 轴方向，通过右手定则确定 z 轴。设作用在腕力传感器上沿 x、y 和 z 轴的力和力矩分别为 F_x、F_y、F_z 以及 M_x、M_y 和 M_z。其中 F_x、F_y 和 M_z 主要引起主梁左、右侧面应变片的变形，而 M_x、M_y

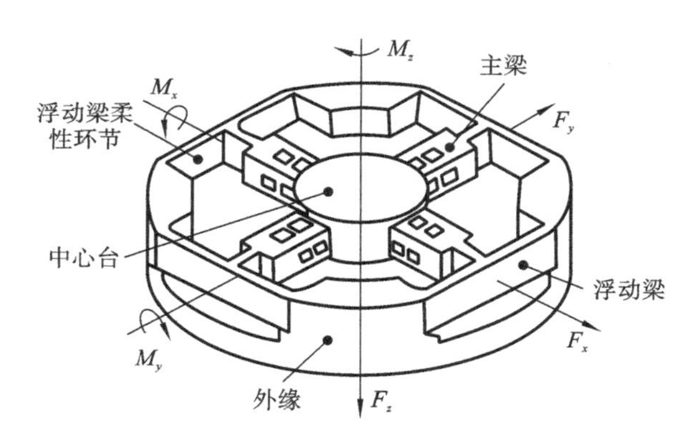

图 5.1　十字梁型腕力传感器组成原理图

和 F_z 则会使贴在主梁上、下表面的应变片产生变形。

下面以 F_x 和 M_x 为例分别说明这两种受力情况。由于弹性体的外缘和中心台的刚度相对较大，故在分析时将其视为理想刚体；当浮动梁的变形量大于主梁变形量的 20 倍时，即可忽略主梁的变形量，而将主梁简化为悬臂梁结构进行分析。

当 F_x 作用时，水平方向的主梁产生拉压变形，而垂直方向的主梁产生弯曲变形。由于浮动梁的变形量远大于主梁，在上述前提下纵向主梁可视为悬臂梁，这样 F_x 可由纵向主梁侧面的应变片的变形得到。F_y 的检测原理与 F_x 相同，而 M_z 使四根主梁均产生弯曲变形，其大小可由四根主梁侧面的 8 片应变片得到。

当力矩 M_x 作用时，横向主梁产生扭转变形，纵向主梁产生弯曲变形。由于浮动梁的扭转变形比主梁的扭转变形大得多，横向主梁的扭转变形可以忽略；同时浮动梁柔性环节的加入，使得浮动梁的弯曲变形量大于纵向主梁的弯曲变形，从而可将纵向主梁视为悬臂梁，这样 M_x 就可以由纵向主梁上、下表面所贴的应变片测得。M_y 和 F_z 的测量原理与其相同。

2）非径向三梁型腕力传感器的工作原理

非径向三梁型腕力传感器为一体式结构，如图 5.2 所示，其弹性体由三根棱柱形应变梁和内、外轮缘组成。应变梁与内、外轮缘连接点的连线方向为非径向，轮缘上的三个连接点均匀分布。工作时内轮缘连接末端执行器，接受外界载荷，外轮缘与机械臂相连接。在每根应变梁上均贴有八片箔式应变片，相对两个侧面的四片组成全桥式检测电路，一共可组成六个应变桥。当应变梁受力产生微应变时，可获得六路检测信号，经标定可得到力向量的六个分量。当弹性体受到沿 x 轴方向的力时，应变梁 1 受压，同时，应变梁 2、3 受拉。受 y 轴方向的力时，弹性体的受力情况与之相反，在这种情况下，应变梁侧面的应变较大，分析时应主要考虑这些点的应变。弹性体受到沿 z 轴方向的力时，三根应变梁同时弯曲，此时应变梁 1 上的应变片受拉，应变为正；应变片 2、3 受压，应变为负；应变梁上、下侧的应变较大，侧面的应变可不考虑。其余两根应变梁与应变梁 1 相同。当弹性体受到 M_x 和 M_y 时，应变梁的变形也可以做类似的分析得到。弹性体受到绕 z 轴的正力矩时，三根应变梁全部受拉，应变为正；若 M_z 为负，则应变梁受压，应变为负，此时亦为应变梁侧面的应变较大。

3）并联机构腕力传感器的工作原理

并联机构腕力传感器由上平台受力，在传感器的六根连杆上贴有应变片（见图 5.3），可感应传感器受力后连杆的形变；通过应变片组成的电桥，将连杆的形变转为电量输出，通过解耦即可得到六维力和力矩。在腕力传感器的六个圆环形弹性体的内外两侧从左到右分别贴上应变片，共计 24 片，可组成六路电桥输出。不管传感器上平台受到哪个方向的力或力矩，由于上平台相对下平台位置的变化，上平台中连接连杆的球铰的位置也发生变化，而下平台是固定不变的，这样就导致了连杆的变形，其变形大致可分为受拉和受压两种情况。当连杆受压时，圆环形弹性体外侧受拉、内侧受压，应变片纵向处应变为正，横向处应变为负；反之，当连杆受拉时，圆环形弹性体外侧受压、内侧受拉，纵向处应变为负，横向处为正。

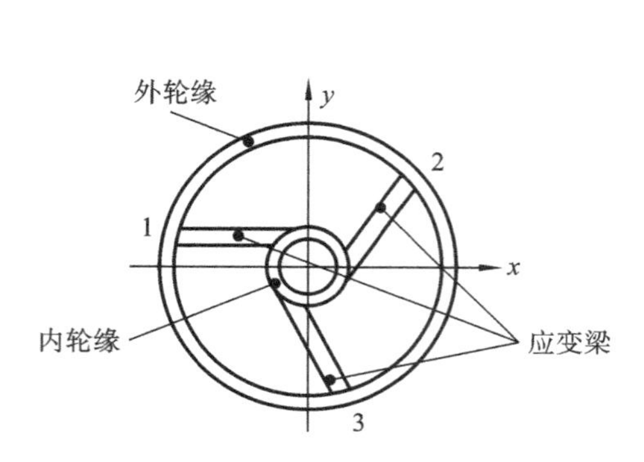

图 5.2　非径向三梁型腕力传感器组成原理图

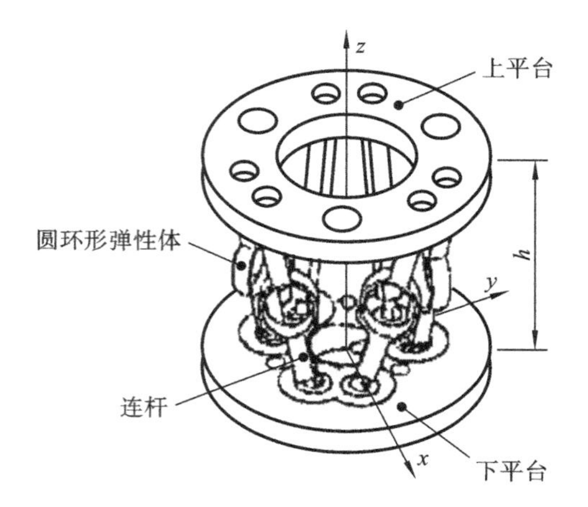

图 5.3　并联机构腕力传感器原理图

5.2.3　腕力传感器标定系数矩阵的确定

对于多维腕力传感器，在制造、安装及使用过程中，加工精度、使用条件等因素会导致传感器输出相对于输入总有一定的误差。由于导致这类误差的因素通常较为复杂，且相互间具有强耦合性，故难以从理论角度给出准确清晰的解析表达式。针对这一问题，目前通常采用实验的方法来标定出多维腕力传感器的静、动态性能指标。腕力传感器的标定精度直接关系到传感器的实际测量精度，从而对力控制系统精度产生一定影响，所以设计合理的标定方案是十分必要的。

对于六维力传感器，其标定均是基于假设传感器系统模型为线性系统进行的，即

$$\boldsymbol{u} = \boldsymbol{A}\boldsymbol{f} \tag{5.1}$$

式中：$\boldsymbol{u}\in\mathbf{R}^{6\times1}$，为腕力传感器各通道的输出；$\boldsymbol{f}\in\mathbf{R}^{6\times1}$，为作用在腕力传感器上的力/力矩；$\boldsymbol{A}\in\mathbf{R}^{6\times6}$，为常系数矩阵。

腕力传感器的标定过程就是通过传感器各通道输出值 $\boldsymbol{u}$ 及传感器所受力/力矩 $\boldsymbol{f}$ 来对系数矩阵 $\boldsymbol{A}$ 进行求解，故系数矩阵 $\boldsymbol{A}$ 被称为标定系数矩阵或传递系数矩阵。

由于线性无关的标定力矩阵是最优的，故为得到理想的标定精度，标定传感器时常选取 6 个线性无关的力向量组成标定力矩阵。设作用在腕力传感器上的力/力矩向量为 $\boldsymbol{f}_i=[f_{i1}\quad f_{i2}\quad f_{i3}\quad f_{i4}\quad f_{i5}\quad f_{i6}]^{\mathrm{T}}$，$i=1,2,3,4,5,6$，则其对应的传感器各通道输出向量为 $\boldsymbol{u}_i=[u_{1i}\quad u_{2i}\quad u_{3i}\quad u_{4i}\quad u_{5i}\quad u_{6i}]^{\mathrm{T}}$，$i=1,2,3,4,5,6$，将由上述力/力矩向量及其对应的输出向量所组成的力矩阵及输出矩阵设为 $\boldsymbol{F}=[\boldsymbol{f}_1\quad \boldsymbol{f}_2\quad \boldsymbol{f}_3\quad \boldsymbol{f}_4\quad \boldsymbol{f}_5\quad \boldsymbol{f}_6]\in\mathbf{R}^{6\times6}$ 和 $\boldsymbol{U}=[\boldsymbol{u}_1\quad \boldsymbol{u}_2\quad \boldsymbol{u}_3\quad \boldsymbol{u}_4\quad \boldsymbol{u}_5\quad \boldsymbol{u}_6]\in\mathbf{R}^{6\times6}$。设 $\boldsymbol{A}_j$ 为标定系数矩阵 $\boldsymbol{A}$ 第 j 行元素，$j=1,2,3,4,5,6$，则由式(5.1)可知，其对应的线性方程组为

$$\begin{cases} u_{j1}=a_{j1}f_{11}+a_{j2}f_{12}+\cdots+a_{j6}f_{16} \\ u_{j2}=a_{j1}f_{21}+a_{j2}f_{22}+\cdots+a_{j6}f_{26} \\ u_{j3}=a_{j1}f_{31}+a_{j2}f_{32}+\cdots+a_{j6}f_{36} \\ u_{j4}=a_{j1}f_{41}+a_{j2}f_{42}+\cdots+a_{j6}f_{46} \\ u_{j5}=a_{j1}f_{51}+a_{j2}f_{52}+\cdots+a_{j6}f_{56} \\ u_{j6}=a_{j1}f_{61}+a_{j2}f_{62}+\cdots+a_{j6}f_{66} \end{cases} \tag{5.2}$$

即 $U_j=\boldsymbol{A}_j\boldsymbol{F}$。由于力/力矩向量之间线性无关，则式(5.2)具有唯一解，即

$$\boldsymbol{A}_j=\boldsymbol{U}_j\boldsymbol{F}^{-1} \tag{5.3}$$

根据数值分析理论，上述求解的误差传播可表示为

$$\varepsilon_{\boldsymbol{A}}=(\varepsilon_{\boldsymbol{U}}+\varepsilon_{\boldsymbol{F}})K(\boldsymbol{F}) \tag{5.4}$$

式中：$\varepsilon_{\boldsymbol{A}}=\dfrac{\|\delta\boldsymbol{A}_j\|}{\|\boldsymbol{A}_j\|}$，为腕力传感器标定的相对误差；$\varepsilon_{\boldsymbol{U}}=\dfrac{\|\delta\boldsymbol{U}_j\|}{\|\boldsymbol{U}_j\|}$，为腕力传感器各通道输出的相对误差；$\varepsilon_{\boldsymbol{F}}=\dfrac{\|\delta\boldsymbol{F}\|}{\|\boldsymbol{F}\|}$，为标定力的相对误差；$K(\boldsymbol{F})$为误差传播因子。误差传播因子存在边界条件，即

$$K(\boldsymbol{F})\leqslant\frac{\mathrm{cond}(\boldsymbol{F})}{1-\mathrm{cond}(\boldsymbol{F})\varepsilon_A} \tag{5.5}$$

式中：$\mathrm{cond}(\boldsymbol{F})$为标定力矩阵的条件数，且由范数理论有 $\mathrm{cond}(\boldsymbol{F})\geqslant 1$。

由式(5.4)可以看出，腕力传感器的标定误差与传感器自身的测量精度、标定力精度以及$K(\boldsymbol{F})$有关。因此，提高传感器测量精度及标定力精度、减小误差传播因子 $K(\boldsymbol{F})$是提高标定精度的有效途径。而由式(5.5)可知，传播因子 $K(\boldsymbol{F})$的边界条件是关于矩阵 $\boldsymbol{F}$ 条件数的单调增函数，故选取适当的矩阵 $\boldsymbol{F}$，使其拥有较小的条件数，可使 $K(\boldsymbol{F})$的上边界达到最小，进而减小误差传播因子 $K(\boldsymbol{F})$。根据范数理论，当矩阵 $\boldsymbol{F}$ 为正交矩阵时，其条件数为最小值 1，所以最优标定力/力矩的选取原则就是使 $\boldsymbol{F}$ 为正交矩阵。

依次对六维腕力传感器的各个维度(F_x、F_y、F_z、M_x、M_y、M_z)施加标定力/力矩，则标定力/力矩矩阵 $\boldsymbol{F}$ 如式(5.6)所示。然后对传感器各通道的信号进行采样，通过求取采样数据的均值，减小随机测量误差的影响，并将所求均值写为 6×6 的数组，如式(5.7)所示。

$$\boldsymbol{F}=\begin{bmatrix} F_1 & \cdots & 0 & \cdots & 0 \\ \vdots & & & & \vdots \\ 0 & \cdots & F_i & \cdots & 0 \\ \vdots & & & & \vdots \\ 0 & \cdots & 0 & \cdots & F_6 \end{bmatrix} \tag{5.6}$$

式中：F_i 为施加在六维腕力传感器第 i 维的力/力矩。

$$\boldsymbol{U}=\begin{bmatrix} u_{11} & \cdots & u_{1i} & \cdots & u_{16} \\ \vdots & & & & \vdots \\ u_{j1} & \cdots & u_{ji} & \cdots & u_{j6} \\ \vdots & & & & \vdots \\ u_{61} & \cdots & u_{6i} & \cdots & u_{66} \end{bmatrix} \tag{5.7}$$

式中：u_{ji}为施加在第 i 维的力或力矩所引起的第 j 通道的输出，则基于式(5.3)有

$$
\boldsymbol{A}=\begin{bmatrix} u_{11} & \cdots & u_{1i} & \cdots & u_{16} \\ \vdots & & & & \vdots \\ u_{j1} & \cdots & u_{ji} & \cdots & u_{j6} \\ \vdots & & & & \vdots \\ u_{61} & \cdots & u_{6i} & \cdots & u_{66} \end{bmatrix}\begin{bmatrix} \frac{1}{F_1} & \cdots & 0 & \cdots & 0 \\ \vdots & & & & \vdots \\ 0 & \cdots & \frac{1}{F_i} & \cdots & 0 \\ \vdots & & & & \vdots \\ 0 & \cdots & 0 & \cdots & \frac{1}{F_6} \end{bmatrix}=\begin{bmatrix} \frac{u_{11}}{F_1} & \cdots & \frac{u_{1i}}{F_i} & \cdots & \frac{u_{16}}{F_6} \\ \vdots & & & & \vdots \\ \frac{u_{j1}}{F_1} & \cdots & \frac{u_{ji}}{F_i} & \cdots & \frac{u_{j6}}{F_6} \\ \vdots & & & & \vdots \\ \frac{u_{61}}{F_1} & \cdots & \frac{u_{6i}}{F_i} & \cdots & \frac{u_{66}}{F_6} \end{bmatrix} \tag{5.8}
$$

矩阵 $\boldsymbol{A}$ 即为所求得标定系数矩阵。

设 c_{ji} 为施加在第 i 维的力或力矩所引起的第 j 通道的输出相对于第 i 通道输出的大小，即

$$
c_{ji}=\frac{u_{ji}}{F_i}\frac{F_i}{u_{ii}}=\frac{u_{ji}}{u_{ii}} \tag{5.9}
$$

由 c_{ji} 构成干扰矩阵 $\boldsymbol{C}$，矩阵对角线上的元素等于 1。干扰矩阵 $\boldsymbol{C}$ 反映了传感器各通道间的互扰关系，可作为传感器设计和制造精度高低的评价标准，$c_{ji}(i\neq j)$ 越小，则各通道间的干扰作用越小。

5.3 任务空间内的动力学和控制

5.3.1 任务空间内的动力学方程

为了深入了解机械臂末端执行器与环境相互作用时所出现的问题，需建立机械臂在任务空间内的动力学方程。针对这一问题，首先在机械臂末端执行器中心处建立运动坐标系 $O_e x_e y_e z_e$ 和环境坐标系 $O_o x_o y_o z_o$，如图 5.4 所示，设运动坐标系原点相对基坐标系 $O_b x_b y_b z_b$ 的位置矢量为 $\boldsymbol{p}_e\in\mathbf{R}^{3\times1}$，旋转矩阵为 $\boldsymbol{R}_e\in\mathbf{R}^{3\times3}$。则末端执行器的速度矢量为 $\boldsymbol{v}_e=[\dot{\boldsymbol{p}}_e^{\mathrm{T}}\quad \boldsymbol{\omega}_e^{\mathrm{T}}]^{\mathrm{T}}$，其中 $\dot{\boldsymbol{p}}_e\in\mathbf{R}^{3\times1}$，$\boldsymbol{\omega}_e\in\mathbf{R}^{3\times1}$。对于 n 自由度机械臂，$\boldsymbol{v}_e$ 可根据机械臂关节速度矢量 $\dot{\boldsymbol{q}}\in\mathbf{R}^{n\times1}$，通过如下线性变换计算得到。

$$
\boldsymbol{v}_e=\boldsymbol{J}(\boldsymbol{q})\dot{\boldsymbol{q}} \tag{5.10}
$$

式中：$\boldsymbol{J}(\boldsymbol{q})\in\mathbf{R}^{6\times n}$，为机械臂末端执行器的雅可比矩阵。为了便于理解，考虑六自由度非奇异

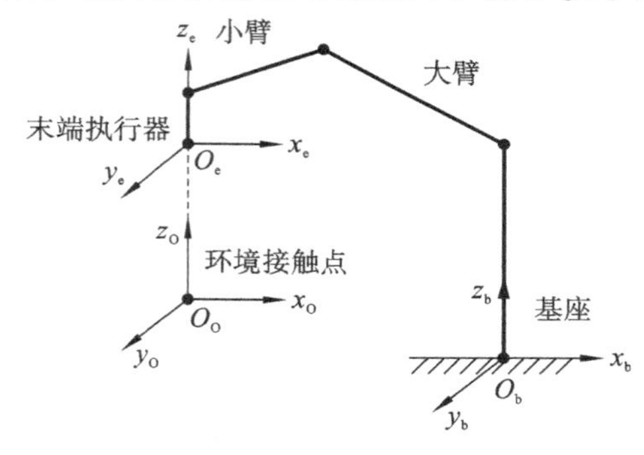

图 5.4 末端执行器坐标系统示意图

机械臂，此时 $n=6$，雅可比矩阵 $\boldsymbol{J}(\boldsymbol{q})$ 为一个 6×6 的非奇异方阵。设末端执行器与环境间的作用力和作用力矩分别为 $\boldsymbol{f}_e\in\mathbf{R}^{3\times1}$ 和 $\boldsymbol{M}_e\in\mathbf{R}^{3\times1}$，则由其组成的受力矢量为 $\boldsymbol{\tau}_e=[\boldsymbol{f}_e^{\mathrm{T}}\quad\boldsymbol{M}_e^{\mathrm{T}}]^{\mathrm{T}}$。不考虑扰动及摩擦项影响，根据虚功原理，在式(2.194)两端同时乘以 $\boldsymbol{J}^{\mathrm{T}}(\boldsymbol{q})$，由式(5.10)可知，刚性机械臂末端执行器在任务空间的动力学模型为

$$\boldsymbol{\Lambda}(\boldsymbol{q})\dot{\boldsymbol{v}}_e+\boldsymbol{\Gamma}(\boldsymbol{q},\dot{\boldsymbol{q}})\boldsymbol{v}_e+\boldsymbol{\eta}(\boldsymbol{q})=\boldsymbol{\tau}_c-\boldsymbol{\tau}_e \tag{5.11}$$

式中：$\boldsymbol{\Lambda}(\boldsymbol{q})=[\boldsymbol{J}(\boldsymbol{q})\boldsymbol{H}(\boldsymbol{q})^{-1}\boldsymbol{J}(\boldsymbol{q})^{\mathrm{T}}]^{-1}\in\mathbf{R}^{6\times6}$，为任务空间的惯性矩阵；$\boldsymbol{\Gamma}(\boldsymbol{q},\dot{\boldsymbol{q}})=\boldsymbol{J}(\boldsymbol{q})^{-\mathrm{T}}\boldsymbol{C}(\boldsymbol{q},\dot{\boldsymbol{q}})\boldsymbol{J}(\boldsymbol{q})^{-1}-\boldsymbol{\Lambda}(\boldsymbol{q})\dot{\boldsymbol{J}}(\boldsymbol{q})\boldsymbol{J}(\boldsymbol{q})^{-1}\in\mathbf{R}^{6\times6}$，为任务空间的离心力及科氏力矩阵；$\boldsymbol{\eta}(\boldsymbol{q})=\boldsymbol{J}^{-\mathrm{T}}(\boldsymbol{q})\boldsymbol{g}(\boldsymbol{q})\in\mathbf{R}^{6\times1}$，为任务空间的重力矢量项，$\boldsymbol{H}(\boldsymbol{q})$、$\boldsymbol{C}(\boldsymbol{q},\dot{\boldsymbol{q}})$、$\boldsymbol{g}(\boldsymbol{q})$ 分别为上述矩阵矢量在关节空间中的对应量；$\boldsymbol{\tau}_c=\boldsymbol{J}^{-\mathrm{T}}(\boldsymbol{q})\boldsymbol{\tau}$ 为与关节输入作用力矢量 $\boldsymbol{\tau}$ 对应的等效末端执行器受力矢量。

5.3.2　阻抗控制

阻抗控制是 Hogan Neville 于 1985 年提出的，其无须事先进行具体的任务规划，且不以跟踪期望运动轨迹或接触力为控制目的，而是通过考虑机械臂末端接触力与位置间的动态特性，平衡机械臂末端与外部环境间的阻抗关系进而实现机械臂的柔顺性。机械臂末端执行器与外部环境接触后就会受到环境的约束，并与外部环境构成一个动态系统，该系统具有非线性和耦合性，一般用给定的质量、阻尼和刚度来进行描述，称为机械阻抗。为了使末端执行器达到理想的阻抗特性，可利用末端执行器在任务空间内的逆动力学控制律，在加速度层面对非线性的机器人动态特性进行解耦和线性化。设逆动力学控制律为

$$\boldsymbol{\tau}_c=\boldsymbol{\Lambda}(\boldsymbol{q})\boldsymbol{\alpha}+\boldsymbol{\Gamma}(\boldsymbol{q},\dot{\boldsymbol{q}})\boldsymbol{v}_e+\boldsymbol{\eta}(\boldsymbol{q})+\boldsymbol{\tau}_e \tag{5.12}$$

将式(5.12)代入式(5.11)中得到

$$\dot{\boldsymbol{v}}_e=\boldsymbol{\alpha} \tag{5.13}$$

式中：$\boldsymbol{\alpha}$ 为相对于基坐标系的加速度意义上适当设计的控制输入。考虑等式

$$\dot{\boldsymbol{v}}_e=\overline{\boldsymbol{R}}_e^{\mathrm{T}}\dot{\boldsymbol{v}}_e^e+\dot{\overline{\boldsymbol{R}}}_e^{\mathrm{T}}\boldsymbol{v}_e^e \tag{5.14}$$

式中：$\boldsymbol{v}_e^e$ 为末端执行器在运动坐标系 $O_ex_ey_ez_e$ 中的速度矢量；

$$\overline{\boldsymbol{R}}_e=\begin{bmatrix}\boldsymbol{R}_e & \boldsymbol{0}\\ \boldsymbol{0} & \boldsymbol{R}_e\end{bmatrix} \tag{5.15}$$

令

$$\boldsymbol{\alpha}=\overline{\boldsymbol{R}}_e^{\mathrm{T}}\boldsymbol{\alpha}^e+\dot{\overline{\boldsymbol{R}}}_e^{\mathrm{T}}\boldsymbol{v}_e^e \tag{5.16}$$

式中：$\boldsymbol{\alpha}^e$ 为 $\boldsymbol{\alpha}$ 相对于运动坐标系的加速度矢量。根据式(5.13)、式(5.14)和式(5.16)则有

$$\dot{\boldsymbol{v}}_e^e=\boldsymbol{\alpha}^e \tag{5.17}$$

设刚性机械臂末端执行器到达期望位置时，其在运动坐标系的逆动力学方程满足如下关系：

$$\boldsymbol{\tau}_c^e=\boldsymbol{K}_M\boldsymbol{\alpha}^e+\boldsymbol{K}_D\boldsymbol{v}_e^e+\boldsymbol{K}_P\boldsymbol{p}_e^e+\boldsymbol{\tau}_e^e=\boldsymbol{K}_M\dot{\boldsymbol{v}}_d^e+\boldsymbol{K}_D\boldsymbol{v}_d^e+\boldsymbol{K}_P\boldsymbol{p}_d^e+\boldsymbol{\tau}_d^e$$

式中：$\boldsymbol{K}_M\in\mathbf{R}^{6\times6}$，$\boldsymbol{K}_D\in\mathbf{R}^{6\times6}$，$\boldsymbol{K}_P\in\mathbf{R}^{6\times6}$，均为对称正定矩阵；$\boldsymbol{p}_e^e$ 为末端执行器在运动坐标系中的位置矢量；$\boldsymbol{p}_d^e$、$\boldsymbol{v}_d^e$、$\dot{\boldsymbol{v}}_d^e$ 分别为末端执行器相对于运动坐标系的期望位置、速度和加速度。当机械臂末端执行器处于期望位置时，令其与环境的接触作用力 $\boldsymbol{\tau}_d^e=\boldsymbol{0}$，则有

$$\boldsymbol{\alpha}^e=\boldsymbol{K}_M^{-1}(\boldsymbol{K}_M\dot{\boldsymbol{v}}_d^e+\boldsymbol{K}_D\Delta\boldsymbol{v}_{de}^e+\boldsymbol{K}_P\Delta\boldsymbol{p}_{de}^e-\boldsymbol{\tau}_e^e) \tag{5.18}$$

其中，$\Delta \boldsymbol{v}_{de}^{e}=\boldsymbol{v}_{d}^{e}-\boldsymbol{v}_{e}^{e}$，$\Delta \boldsymbol{p}_{de}^{e}=\boldsymbol{p}_{d}^{e}-\boldsymbol{p}_{e}^{e}$。对于闭环系统则有

$$\boldsymbol{\tau}_{e}^{e}=\boldsymbol{K}_{M}\Delta\dot{\boldsymbol{v}}_{de}^{e}+\boldsymbol{K}_{D}\Delta\boldsymbol{v}_{de}^{e}+\boldsymbol{K}_{P}\Delta\boldsymbol{p}_{de}^{e} \tag{5.19}$$

式(5.19)即为末端执行器的动态特性方程，可看作推广的机械阻抗。当 $\boldsymbol{\tau}_{e}^{e}=\boldsymbol{0}$ 时，可选取如下的李雅普诺夫函数来判断其渐进稳定性：

$$V=\frac{1}{2}\Delta\boldsymbol{v}_{de}^{eT}\boldsymbol{K}_{M}\Delta\boldsymbol{v}_{de}^{e}+V_{t}+V_{p} \tag{5.20}$$

式中：V_{t} 为末端执行器的平移势能；V_{p} 为末端执行器的姿态势能。由于势能项与末端执行器运动速度无关，此时对式(5.20)求时间导数则有

$$\dot{V}=-\Delta\boldsymbol{v}_{de}^{eT}\boldsymbol{K}_{D}\Delta\boldsymbol{v}_{de}^{e} \tag{5.21}$$

此时，式(5.21)为半负定函数。

阻抗控制的原理图如图 5.5 所示。图中，$\boldsymbol{p}_{d}$ 为期望位置，$\boldsymbol{v}_{d}$ 为期望速度，$\dot{\boldsymbol{v}}_{d}$ 为期望加速度，$\boldsymbol{R}_{d}$ 为期望旋转矩阵，阻抗控制基于位置和姿态反馈以及力和力矩测量，通过式(5.16)和式(5.18)计算加速度输入 α。而后，利用式(5.12)的逆动力学控制律所得的 $\boldsymbol{\tau}_{c}$ 计算关节驱动器转矩 $\boldsymbol{\tau}$，$\boldsymbol{\tau}=\boldsymbol{J}^{T}(\boldsymbol{q})\boldsymbol{\tau}_{c}$。在末端执行器与环境没有交互作用的情况下，这个控制方案可以保证末端执行器渐进地跟随期望运动信号。当末端执行器与环境接触的情况下，按照式(5.19)对末端执行器施加柔顺动态特性，并且以期望运动信号及实际运动信号间有限的位置和姿态位移为代价使接触力矢量有界。与刚性控制不同，用于测量接触力和力矩的传感器是必需的。

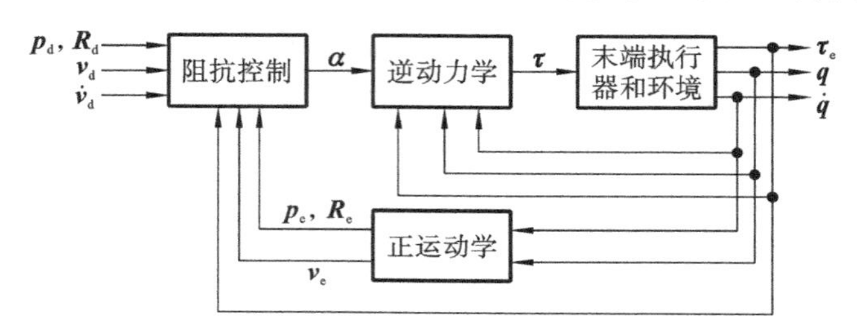

图 5.5　阻抗控制原理图

实际中，闭环系统在自由空间中与交互作用过程中的动态特性是不同的。由于在交互过程中，主要目标是使机械臂的末端执行器表现出适当的柔顺动态特性，此时控制系统的动态取决于环境的动态。

设末端执行器与环境的相互作用可近似看作一条连接末端运动坐标系 $O_{e}x_{e}y_{e}z_{e}$ 和环境坐标系 $O_{o}x_{o}y_{o}z_{o}$ 的六自由度理想弹簧所产生的作用。在 $O_{e}x_{e}y_{e}z_{e}$ 相对 $O_{o}x_{o}y_{o}z_{o}$ 存在无穷小扭位移 $\Delta\boldsymbol{p}_{eo}^{e}$ 的情况下，末端执行器作用于环境的弹性力矢量为

$$\boldsymbol{\tau}_{e}^{e}=\boldsymbol{K}\Delta\boldsymbol{p}_{eo}^{e} \tag{5.22}$$

式中：$\boldsymbol{K}$ 为刚度矩阵。在平衡状态下，$O_{e}x_{e}y_{e}z_{e}$ 与 $O_{o}x_{o}y_{o}z_{o}$ 相重合。式(5.22)仅在交互作用情况下成立，而当末端执行器在自由空间中运动时接触力矢量为零。

通过在式(5.11)的右侧引入一个与作用在末端执行器上的等效扰动力矢量对应的附加项，可以把作用于末端执行器的扰动及未建模动态因素(如关节摩擦力和建模误差等)考虑进去。这个附加项在式(5.17)的右侧产生一个附加的加速度扰动 γ^{e}，故由式(5.19)，可得如下的闭环阻抗方程：

$$\boldsymbol{K}_{M}\Delta\dot{\boldsymbol{v}}_{de}^{e}+\boldsymbol{K}_{D}\Delta\boldsymbol{v}_{de}^{e}+\boldsymbol{K}_{P}\Delta\boldsymbol{p}_{de}^{e}=\boldsymbol{\tau}_{e}^{e}+\boldsymbol{K}_{M}\gamma^{e} \tag{5.23}$$

阻抗控制参数的整定过程可以从线性化的模型开始。无穷小位移的情况下该线性化模型

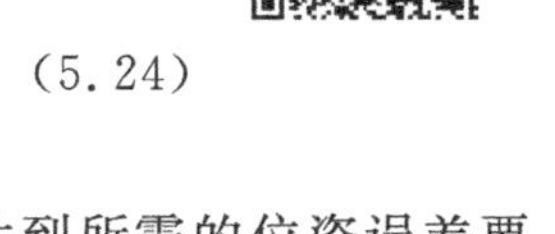

可由式(5.22)和式(5.23)计算得到：

$$\boldsymbol{K}_{\mathrm{M}}\Delta\ddot{\boldsymbol{p}}_{\mathrm{de}}^{\mathrm{e}}+\boldsymbol{K}_{\mathrm{D}}\Delta\dot{\boldsymbol{p}}_{\mathrm{de}}^{\mathrm{e}}+\boldsymbol{K}_{\mathrm{P}}\Delta\boldsymbol{p}_{\mathrm{de}}^{\mathrm{e}}=\boldsymbol{K}\Delta\boldsymbol{p}_{\mathrm{eo}}^{\mathrm{e}}+\boldsymbol{K}_{\mathrm{M}}\boldsymbol{\gamma}^{\mathrm{e}}$$

令 $\Delta\boldsymbol{p}_{\mathrm{eo}}^{\mathrm{e}}=-\Delta\boldsymbol{p}_{\mathrm{de}}^{\mathrm{e}}+\Delta\boldsymbol{p}_{\mathrm{do}}^{\mathrm{e}}$，$\Delta\boldsymbol{p}_{\mathrm{do}}^{\mathrm{e}}=\boldsymbol{p}_{\mathrm{d}}^{\mathrm{e}}-\boldsymbol{p}_{\mathrm{o}}^{\mathrm{e}}$ 则

$$\boldsymbol{K}_{\mathrm{M}}\Delta\ddot{\boldsymbol{p}}_{\mathrm{de}}^{\mathrm{e}}+\boldsymbol{K}_{\mathrm{D}}\Delta\dot{\boldsymbol{p}}_{\mathrm{de}}^{\mathrm{e}}+(\boldsymbol{K}_{\mathrm{P}}+\boldsymbol{K})\Delta\boldsymbol{p}_{\mathrm{de}}^{\mathrm{e}}=\boldsymbol{K}\Delta\boldsymbol{p}_{\mathrm{do}}^{\mathrm{e}}+\boldsymbol{K}_{\mathrm{M}}\boldsymbol{\gamma}^{\mathrm{e}} \tag{5.24}$$

式(5.24)对于有约束($\boldsymbol{K}\neq\boldsymbol{0}$)和自由形式($\boldsymbol{K}=\boldsymbol{0}$)的运动均是成立的。

由式(5.24)可以看出，通过选取适宜的增益矩阵 $\boldsymbol{K}_{\mathrm{M}}$、$\boldsymbol{K}_{\mathrm{D}}$、$\boldsymbol{K}_{\mathrm{P}}$ 可以达到所需的位姿误差要求。假设上述所有增益矩阵均为对角矩阵，则此时 $\Delta\boldsymbol{p}_{\mathrm{eo}}^{\mathrm{e}}$ 的六个分量具有解耦特性。基于式(5.24)，各分量上的传递函数为

$$G(s)=\frac{1}{k_{\mathrm{M}}s^{2}+k_{\mathrm{D}}s+(k_{\mathrm{P}}+k)}=\frac{1/k_{\mathrm{M}}}{s^{2}+k_{\mathrm{D}}s/k_{\mathrm{M}}+(k_{\mathrm{P}}+k)/k_{\mathrm{M}}}$$

这种情况下，每个分量的瞬变特性可通过式(5.25)来设定。

$$\omega_{\mathrm{n}}=\sqrt{\frac{k_{\mathrm{P}}+k}{k_{\mathrm{M}}}},\quad \zeta=\frac{1}{2}\frac{k_{\mathrm{D}}}{\sqrt{k_{\mathrm{M}}(k_{\mathrm{P}}+k)}} \tag{5.25}$$

式中：ω_{n} 为系统固有频率；ζ 为系统阻尼率。因此，如果选取的增益在相互作用过程中能确保系统获得给定的固有频率和阻尼率，当末端执行器在自由空间中运动时将得到更低的固有频率及更高的阻尼率。至于稳态特性(即速度 $\Delta\dot{\boldsymbol{p}}_{\mathrm{de}}^{\mathrm{e}}$ 和加速度 $\Delta\ddot{\boldsymbol{p}}_{\mathrm{de}}^{\mathrm{e}}$ 为零)，则由式(5.24)可知末端执行器一般分量的误差为

$$\Delta p_{\mathrm{de}}=\frac{k}{k_{\mathrm{P}}+k}\Delta p_{\mathrm{do}}+\frac{k_{\mathrm{M}}}{k_{\mathrm{P}}+k}\gamma \tag{5.26}$$

则相应的总体交互作用力 τ 为

$$\tau=k\Delta p_{\mathrm{de}}=\frac{k^{2}}{k_{\mathrm{P}}+k}\Delta p_{\mathrm{do}}+\frac{kk_{\mathrm{M}}}{k_{\mathrm{P}}+k}\gamma \tag{5.27}$$

由式(5.27)可以看出，只要相对于环境刚度 k 设定低的阻抗参数 k_{P}，以较大的稳态位置误差为代价就可以使接触力很小，反之亦然。然而，接触力和位置误差又都取决于外界扰动 γ，且 k_{P} 越小，γ 对 Δp_{de} 和 τ 的影响越大。此外，在没有交互作用的情况下，低的主动刚度 k_{P} 也可能导致较大的位置误差。

例 5.1　设计阻抗控制器：以单关节机械臂随动控制为例，人手持机械臂自由端进行往复摆动，设机械臂关节期望转动轨迹为 $q_{\mathrm{d}}=\dfrac{\pi}{2}+\dfrac{\pi}{6}\sin(2\pi t)$，机械臂的一端固定，关节初始角度为 $0°$，连杆长度 l 为 0.5 m，质量 m 为 6 kg，质心位于机械臂的中心，关节转角为 q，如图5.6所示。

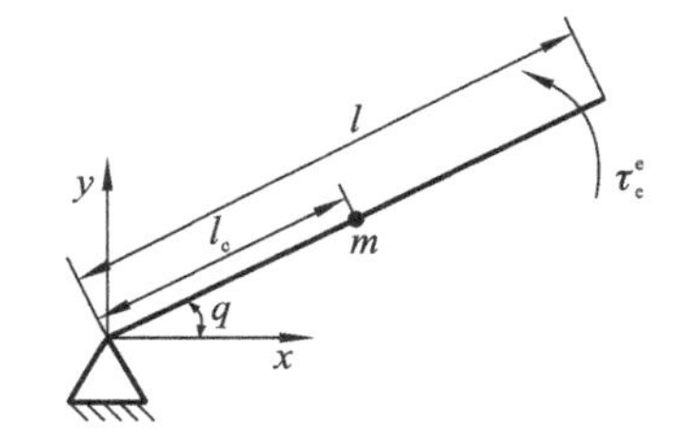

图 5.6　单关节机械臂示意图

机械臂在运动过程中的转动动能 $E=\dfrac{1}{2}J\dot{q}^{2}$，其中 $J=\dfrac{1}{3}ml^{2}$ 为转动惯量；重力势能 $G=mgl_{\mathrm{c}}\cos q$，根据牛顿-拉格朗日方程有 $\tau=J\ddot{q}+mgl_{\mathrm{c}}\sin q$，考虑到外部作用力矩 $\tau_{\mathrm{e}}^{\mathrm{e}}$，此时机械臂所受合力矩为 $\tau_{\mathrm{c}}=\tau+\tau_{\mathrm{e}}^{\mathrm{e}}$，即

$$\tau_{\mathrm{c}}=ml^{2}\ddot{q}/3+mgl_{\mathrm{c}}\sin q+\tau_{\mathrm{e}}^{\mathrm{e}}$$

假设人机交互力矩期望值 $\tau_{\mathrm{d}}^{\mathrm{e}}$ 为零，当检测到 $\tau_{\mathrm{e}}^{\mathrm{e}}$ 不为零时，机械臂将调用阻抗控制器调整轨迹，由式(5.18)推导可知：

$$\tau_{\mathrm{c}}=ml^{2}[K_{\mathrm{D}}(\dot{q}_{\mathrm{d}}-\dot{q})+K_{\mathrm{P}}(q_{\mathrm{d}}-q)]+\frac{\tau_{\mathrm{d}}^{\mathrm{e}}-\tau_{\mathrm{e}}^{\mathrm{e}}}{3K_{\mathrm{M}}}+mgl_{\mathrm{c}}\sin q+\tau_{\mathrm{e}}^{\mathrm{e}}$$

因此，单关节机械臂的阻抗控制框图如图 5.7 所示。

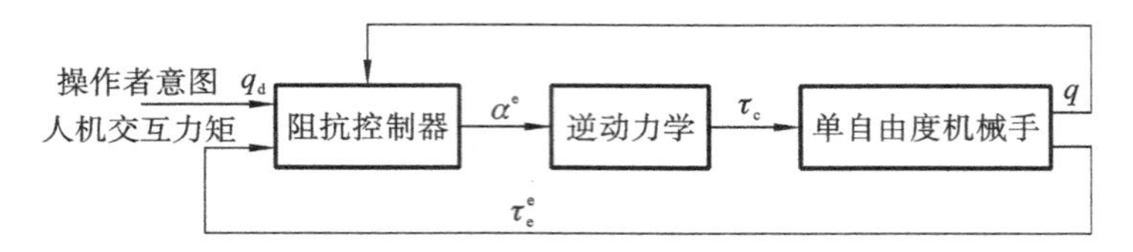

图 5.7　单关节机械臂阻抗控制框图

利用 MATLAB 软件搭建 Simulink 仿真框图(见图 5.8)，假设机械臂的初始转角为 90°，由于随动运动速度不快，人机交互力矩可抽象为理想弹簧模型，用 $\tau_e^e=K(q_d-q)$ 表示。控制器参数 $K_M=0.1$，$K_D=25$，$K_P=700$，环境参数 $K=17$。据此，阻抗控制仿真结果如图 5.9 所示。由图 5.9 可知，机械臂在往复摆动过程中，阻抗控制器能够很好地对人与机械臂间的接触力进行调节和限制，人手仅需对机械臂施加很小的力矩，便可以拖动机械臂进行运动。

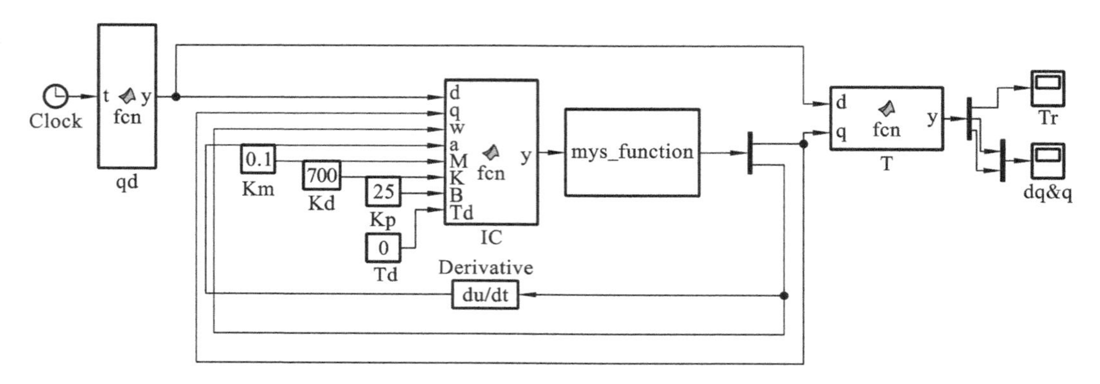

图 5.8　单关节机械臂阻抗控制 Simulink 仿真框图

5.3.3　零力控制

零力控制(force-free control)是指通过补偿机器人重力和摩擦力的影响，使得在等效失重的状态下，机器人能够对外力体现出一种顺应性运动状态。零力控制是直接示教控制方案的关键技术，而直接示教是人机协作的主要方式之一，在机器人编程中使用直接示教方式比较直观，对操作工人的学历水平要求低，可以有效地提高企业生产效率，节约产品使用成本，因此在机械臂控制过程中实现零力控制对实现人机协作以及提高生产效益具有重要意义。

零力控制大体上可分为两类，一类是以机器人位置/速度算法为核心的零力控制技术，机器人工作在位置/速度控制模式下，控制器将外部力的大小和方向通过位置/速度算法转变为相应的位置/速度指令，控制机器人实现顺应跟踪运动，而外部力通常由力矩传感器获取；另一类是以机器人关节力矩算法为核心的零力控制技术，机器人工作在力矩控制模式下，控制器估算机器人所受重力和摩擦力的大小后直接输出相应大小的力矩值，使机器人克服自身惯性力跟随外部力而运动。两种零力控制都是以机器人动力学模型为基础，如

$$\boldsymbol{H}(\boldsymbol{q})\ddot{\boldsymbol{q}}+D\dot{\boldsymbol{q}}+\mu\operatorname{sgn}(\dot{\boldsymbol{q}})+\boldsymbol{C}(\boldsymbol{q},\dot{\boldsymbol{q}})+\boldsymbol{g}(\boldsymbol{q})=\boldsymbol{T}_s \tag{5.28}$$

式中：$\boldsymbol{q}$ 为关节坐标；$\boldsymbol{H}(\boldsymbol{q})$ 为惯性矩阵；D 为黏滞摩擦系数；μ 为库仑摩擦系数；$\boldsymbol{C}(\boldsymbol{q},\dot{\boldsymbol{q}})$ 为科氏

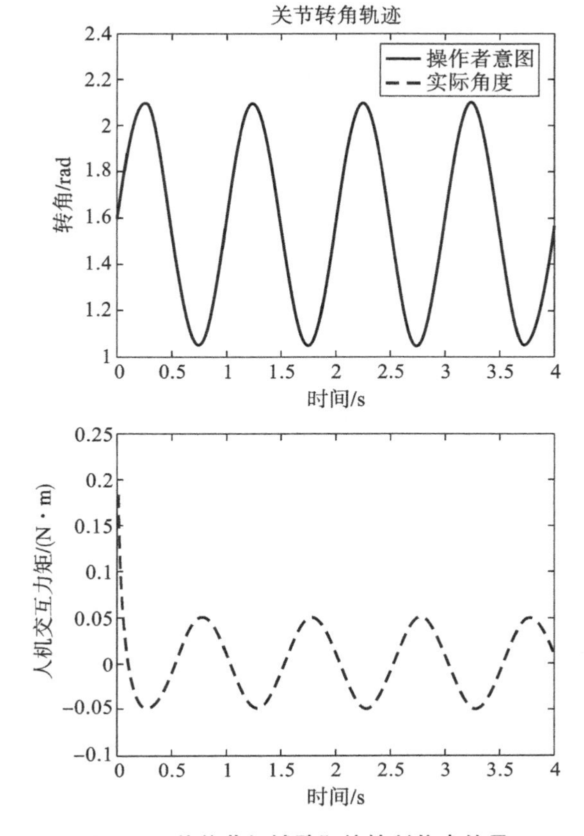

图 5.9 单关节机械臂阻抗控制仿真结果

力项;$\boldsymbol{g}(\boldsymbol{q})$为重力项;$\boldsymbol{T}_s$ 为关节驱动电动机输出转矩。下面分别对两种零力控制的原理进行说明。

1) 基于位置/速度的零力控制

基于位置/速度的零力控制原理图如图 5.10 所示,图中 K_p 为伺服控制器的位置环增益,K_v 为伺服控制器的速度环增益,K_T 为伺服控制器的转矩常量,$\boldsymbol{M}_g$ 为机器人各关节重力矩,$\boldsymbol{M}_f$ 为各关节对应摩擦力矩,$\boldsymbol{M}_F$ 为外部操作力等效到各关节的力矩,$\boldsymbol{q}_d$ 为各关节期望位移。

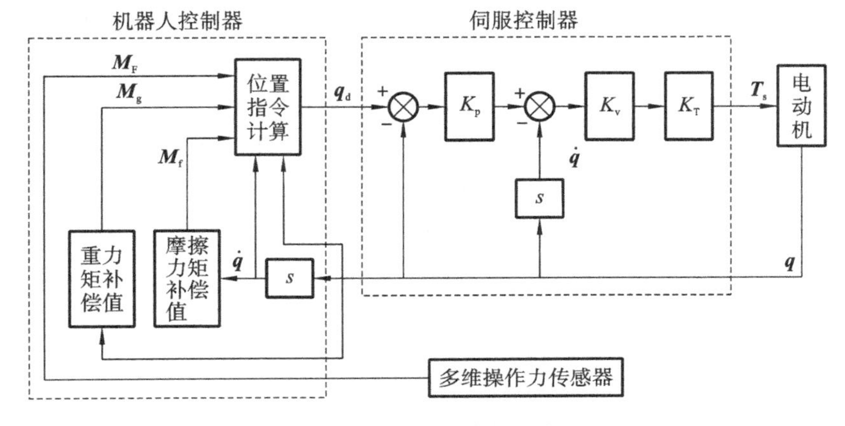

图 5.10 基于位置/速度的零力控制原理图

设电动机转矩为

$$T_s = K_T K_v [K_p (q_d - q) - \dot{q}] \tag{5.29}$$

其中，$T_s = M_f + M_g + M_F$，则零力控制时各关节期望位置为

$$q_d = K_p^{-1}[K_v^{-1} K_T^{-1}(M_f + M_g + M_F) + \dot{q}] + q \tag{5.30}$$

通过式(5.30)计算得到 q_d，并将其作为关节期望位移，即可实现对机器人基于位置/速度的零力控制。

2) 基于力矩的零力控制

基于力矩的零力控制相较位置/速度是一种更为直观的补偿控制方式，其原理图如图5.11所示。

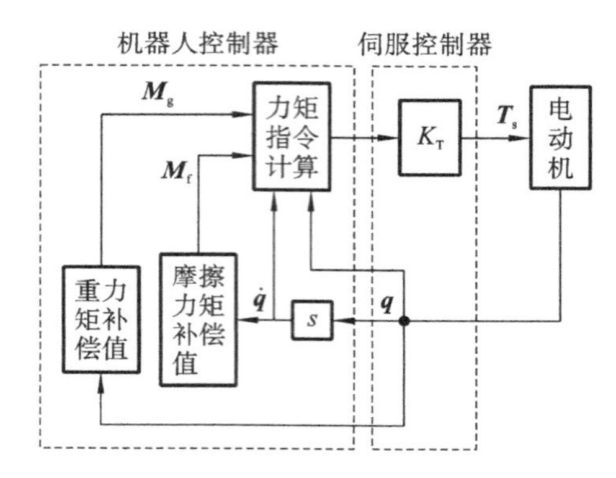

图 5.11　基于力矩的零力控制原理图

由图 5.11 可知看出，基于式(5.28)，机器人控制系统将直接输出力矩 T_s，用于补偿机器人机械系统重力和摩擦的影响，

$$T_s = D\dot{q} + \mu \operatorname{sgn}(\dot{q}) + g(q) \tag{5.31}$$

此时在有外力作用的条件下，操作力矩 M_F 只需克服机器人的惯性力项 $H(q)\ddot{q}$ 和科氏力项 $C(q,\dot{q})$，即可使机器人在外力下产生顺应性运动。

在基于力矩的零力控制中，机器人关节的位置和速度由操作者施加的操作力决定，无须对其进行控制和计算，故具有更好的灵活性。但是由于操作力所需克服的惯性力大小与机器人本体自重有关，故基于力矩的零力控制只适用于自重较轻的机器人。

例 5.2　基于位置的零力控制。

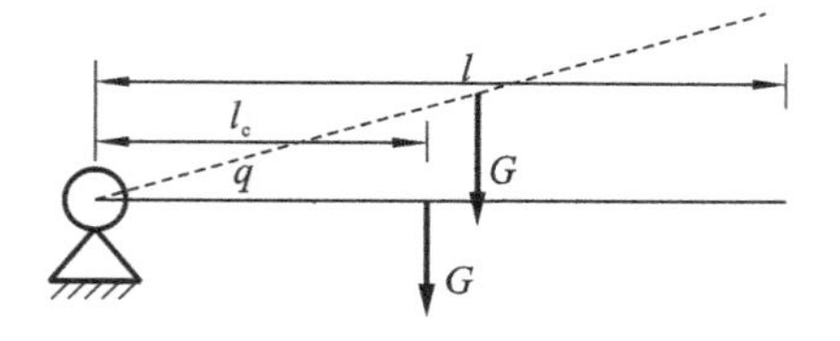

图 5.12　单关节机械臂

本示例采用的单关节机械臂如图 5.12 所示，该连杆为质量 $m=1$ kg 的均质杆，杆长为 $l=1$ m，连杆所受重力为 G，重力系数 $g=9.81$ m/s^2，杆的初始位置为水平位置，此时的重心位置为 $l_c=0.5$ m，机械臂关节转角设为 q。

基于位置的零力控制的原理图如图 5.13 所示。在输入端输入外部操作力等效力矩 M_F，在系统中加入重力矩补偿器以后，单关节机械臂可以很好地达到预期位置。

Simulink 主程序如图 5.14 所示，其中期望机械臂关节转角为 $q_d=20°$，$M_F=2$ N·m，重力矩补偿力矩 $M_g = mg\cos q l_c$，$K_v=10$，$K_p=500$。

如图 5.15 所示，在机械臂运动到目标转角的过程中，操作者仅需提供 2 N·m

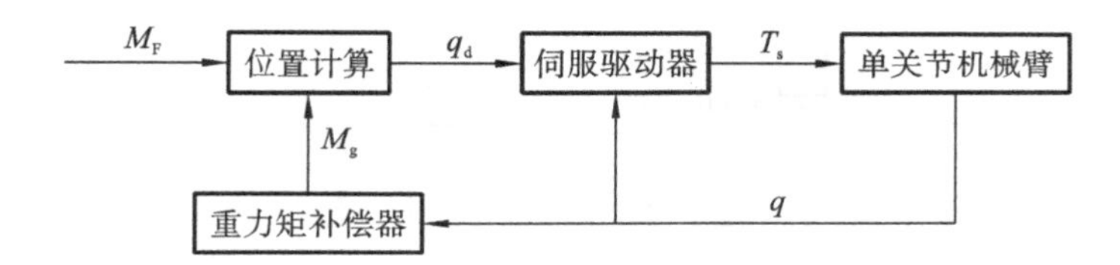

图 5.13　单关节机械臂基于位置的零力控制原理图

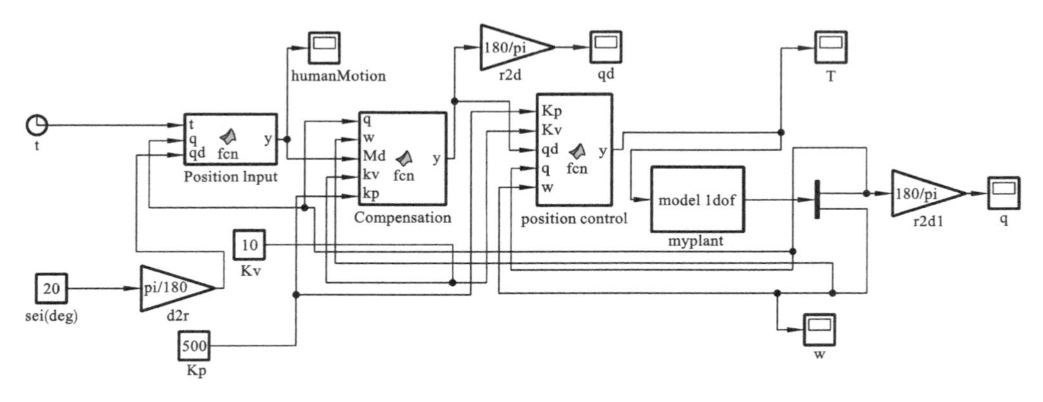

图 5.14　单关节机械臂基于位置的零力控制的 Simulink 的主程序

的外部操作力矩便可拖动机械臂到达目标转角，说明了基于位置的零力控制的有效性。

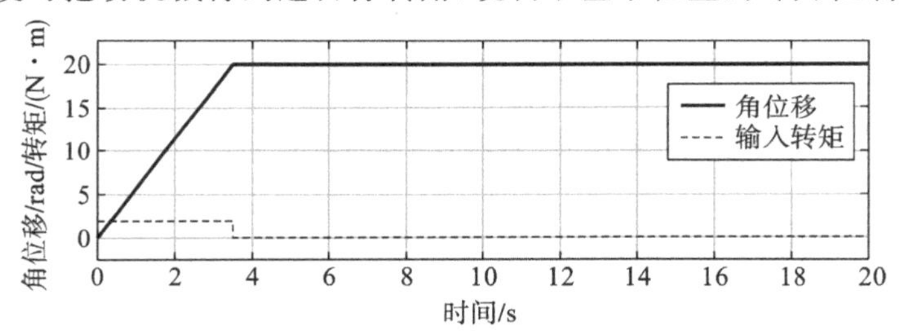

图 5.15　单关节机械臂基于位置的零力控制角位移与输入转矩图

例 5.3　基于力矩的零力控制。

仍然以例 5.2 中的单关节机械臂为例，基于力矩的零力控制的原理如图 5.16所示，为了模仿真实的输入，这里采用了余弦力矩信号。系统中加入了重力矩补偿器，可以使单关节机械臂仅在输入的余弦转矩信号的驱动下运动，从而实现基于力矩的零力控制。

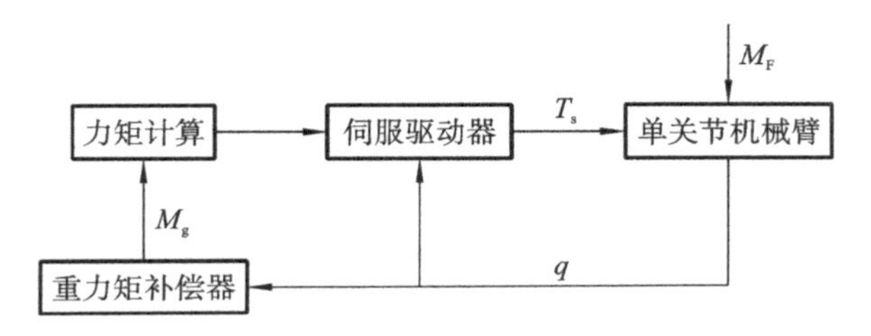

图 5.16　单关节机械臂基于力矩的零力控制原理图

Simulink 主程序如图 5.17 所示，其中输入的余弦转矩信号 $M_F=0.1\cos(\pi t)$，重力矩补偿 $M_g=mg\cos q l_c$。

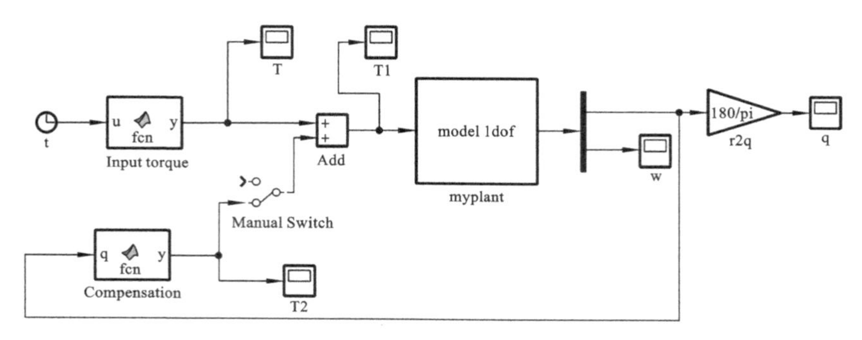

图 5.17 单关节机械臂基于力矩的零力控制的 Simulink 的主程序

在输入端输入的余弦转矩信号如图 5.18 所示，单关节机械臂在没有重力矩补偿的时候，角位移与时间的关系如图 5.19 所示，可以看出重力矩对单关节机械臂的运动影响比较大；当采用重力矩补偿的时候，单关节机械臂的运动如图 5.20 所示，可以看出单关节机械臂的运动不再受重力影响，其仅与外部操作力等效力矩 M_F 有关。

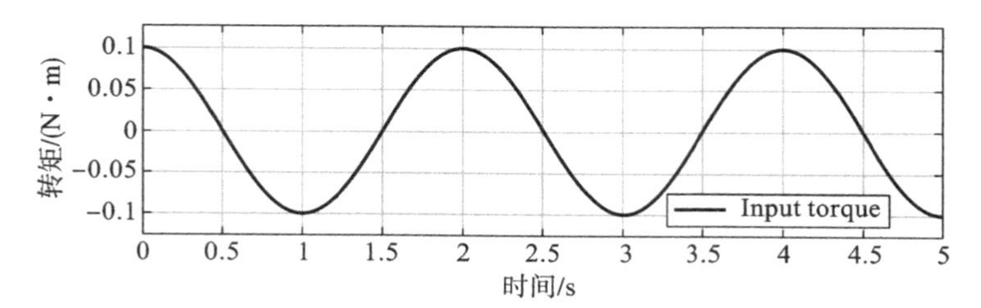

图 5.18 输入的余弦转矩信号

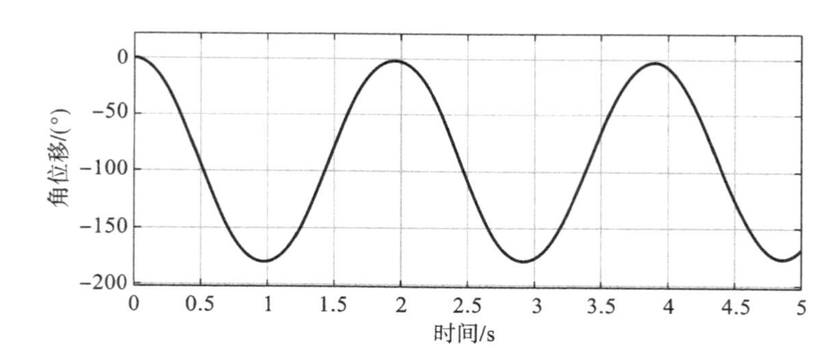

图 5.19 未加重力矩补偿时的位移曲线

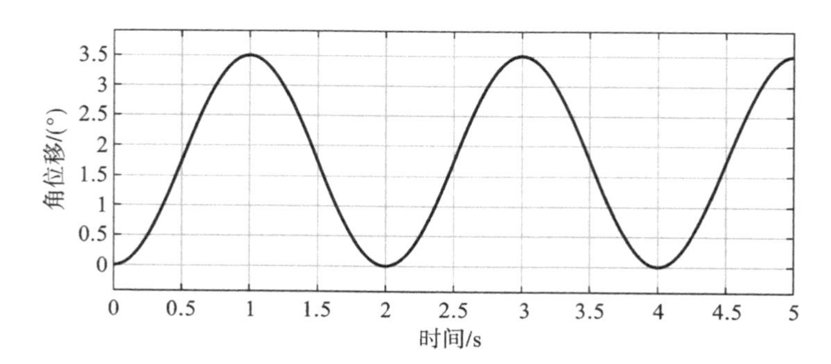

图 5.20 施加重力矩补偿时的位移曲线

5.4　力和位置混合控制

5.4.1　主动阻力控制

阻力控制即为阻抗控制，而在实际应用过程中常通过引入位置控制器来实现主动阻力调节，这种主动阻力控制称为导纳控制。导纳控制实际上是带有位置控制内环的阻抗控制，如图 5.21 所示，运动控制主要用于增强系统的扰动抑制作用，从而确保机械臂的末端执行器能够跟踪阻抗控制作用所规划出的参考位置和姿态。若要实现这一目的，需引入期望坐标系 $O_d x_d y_d z_d$ 和柔顺坐标系 $O_c x_c y_c z_c$，如图 5.22 所示，柔顺坐标系由位移矢量 $\boldsymbol{p}_c$、旋转矩阵 $\boldsymbol{R}_c$、速度矢量 $\boldsymbol{v}_c$ 和加速度矢量 $\dot{\boldsymbol{v}}_c$ 确定，而上述变量则由期望位移矢量 $\boldsymbol{p}_d$、期望旋转矩阵 $\boldsymbol{R}_d$、期望速度矢量 $\boldsymbol{v}_d$、期望加速度矢量 $\dot{\boldsymbol{v}}_d$ 以及所测得的弹性力矢量 $\boldsymbol{\tau}_e$，通过对式(5.32)进行积分得到。

$$\boldsymbol{\tau}_c = \boldsymbol{K}_M \Delta\dot{\boldsymbol{v}}_{dc}^c + \boldsymbol{K}_D \Delta\boldsymbol{v}_{dc}^c + \boldsymbol{K}_P \boldsymbol{\tau}_\Delta^c \tag{5.32}$$

式中：$\boldsymbol{\tau}_\Delta^c$ 为期望坐标系 $O_d x_d y_d z_d$ 和柔顺坐标系 $O_c x_c y_c z_c$ 之间存在有限位移情况下的弹性矢量。这样就得到一个基于逆动力学的运动控制策略，以使末端执行器坐标系与柔顺坐标系重合。

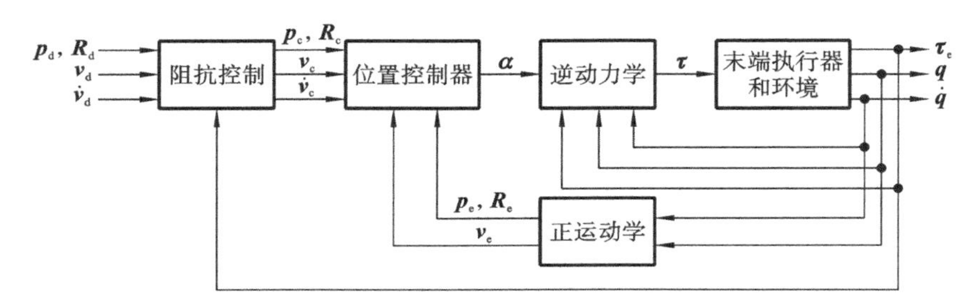

图 5.21　导纳控制原理图

由图 5.22 可以很明显地看出，在没有相互作用时，柔顺坐标系与期望坐标系重合，并且位置与姿态动态误差和扰动抑制能力仅取决于内部运动控制环的增益。另外，存在交互作用的情况下，动态特性受阻抗增益作用的影响。

例 5.4　针对一带有末端执行器的二自由度腕关节，如图 5.23 所示，其末端执行器相对于腕关节转动中心点的距离为 100，环境接触点相对于基坐标系为(15,0,98.87)，外部环境刚度参数 $K_e=10$、阻尼参数 $C_e=0$、惯性参数 $M_e=0$。需设计导纳控制器使末端执行器与环境的期望接触力 τ_d 为 3 N。

所搭建的导纳控制系统如图 5.24 所示。该系统中位置控制器选用参数自调节无模型自适应控制器(parameters self-adjust model free adaptive controller，PSA-MFAC)，图中 $\boldsymbol{\tau}_d$ 为期望接触力矢量，$\boldsymbol{\tau}_{er}=\boldsymbol{\tau}_d-\boldsymbol{\tau}_e$，$\boldsymbol{p}_p$ 为规划运动轨迹，$\Delta\boldsymbol{p}$ 为位移修正量，$\mathbf{er}=\boldsymbol{p}_d-\boldsymbol{p}_e$，$\boldsymbol{u}$ 为 PSA-MFAC 产生的控制量。

设腕关节末端规划转角函数为 $\boldsymbol{p}_p=\frac{\pi}{9}\sin(\pi t/6)$；阻抗控制器控制参数为 $K_P=10$、$K_D=0$、$K_M=0$；设 PSA-MFAC 的控制参数初始值为 $\eta_0=1$、$\mu_0=1$、$\rho_0=0.1$、$\lambda_0=0.1$、$ve_0=1$；离散化周期 $T=0.001$ s，则实验结果如图 5.25 所示。

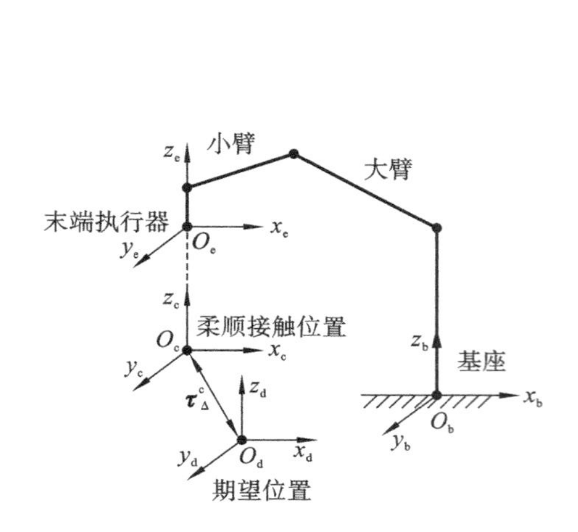

图 5.22　末端执行器坐标系统示意图

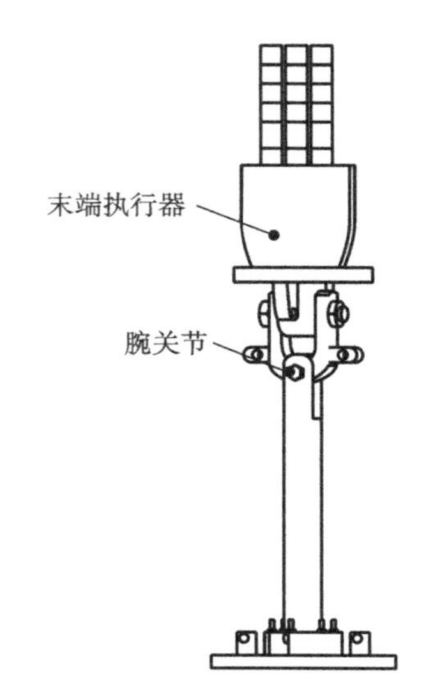

图 5.23　二自由度腕关节结构示意图

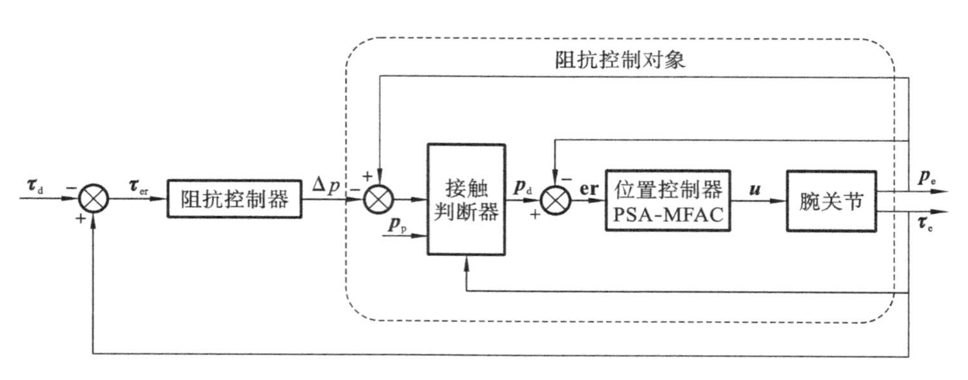

图 5.24　二自由度腕关节导纳控制系统原理图

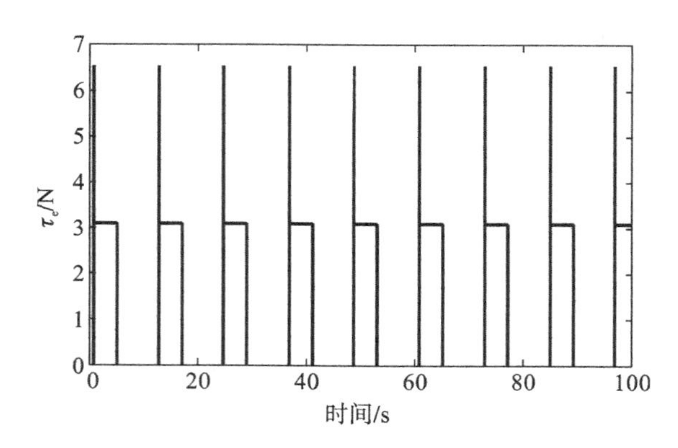

图 5.25　导纳控制结果

由图 5.25 可以看出，关节末端接触力稳定在 3 N，从而说明导纳控制器能够很好地对接触力进行限制，实现了对腕关节的阻抗调节。

5.4.2　力和位置混合控制策略

力和位置混合控制的目的是同时对末端执行器运动和接触力进行控制，其可分解为两个解耦的单独子问题。本节将针对刚性环境(接触对象是完全刚性的)，讨论混合框架下的主要控制方法。

对于刚性环境中，n 自由度机械臂将受到环境施加的 m 个独立约束，可以将这些约束表示为一组约束方程 $\boldsymbol{\Phi}(\boldsymbol{q})=\boldsymbol{0}$。假设约束一直成立，那么会产生相应的约束力。约束力可以在不同坐标系中进行表达。在任务坐标系中，其可以表示为拉格朗日乘子向量 $\boldsymbol{\lambda}\in\mathbf{R}^{m\times1}$；其引起的关节反作用力矩可以表示为 $\boldsymbol{M}_{\mathrm{e}}$；此外在机器人工具坐标系中，其表示为 $\boldsymbol{\tau}_{\mathrm{e}}$；三者可以相互变换。根据虚功原理可知为 $\boldsymbol{M}_{\mathrm{e}}=\boldsymbol{J}_{\phi}^{\mathrm{T}}(\boldsymbol{q})\boldsymbol{\lambda}$，其中 $\boldsymbol{J}_{\phi}(\boldsymbol{q})=\partial\boldsymbol{\Phi}(\boldsymbol{q})/\partial\boldsymbol{q}$ 为约束方程对关节的雅可比矩阵。考虑到末端执行器与关节的关系，$\boldsymbol{M}_{\mathrm{e}}$所对应的末端执行器外部作用力矢量为 $\boldsymbol{\tau}_{\mathrm{e}}=\boldsymbol{J}^{-\mathrm{T}}(\boldsymbol{q})\boldsymbol{M}_{\mathrm{e}}=\boldsymbol{S}_{\mathrm{f}}\boldsymbol{\lambda}$，其中 $\boldsymbol{S}_{\mathrm{f}}=\boldsymbol{J}^{-\mathrm{T}}(\boldsymbol{q})\boldsymbol{J}_{\phi}^{\mathrm{T}}(\boldsymbol{q})$。由于 $\boldsymbol{J}_{\phi}(\boldsymbol{q})\in\mathbf{R}^{m\times n}$，因此 $\boldsymbol{S}_{\mathrm{f}}\in\mathbf{R}^{n\times m}$。

1）分解加速度法

一个直接的解决方案是根据任务约束，对末端执行器力控制和运动控制自由度进行分解，将其转化成为两个独立的控制问题进行解决。分解加速度法的目的是通过逆动力学控制律，在加速度层面对机器人的非线性动力学问题进行解耦和线性化。在与环境存在相互作用的情况下，寻找力控制子空间和速度控制子空间之间的完全解耦。其基本思路为设计一个基于模型的内控制环来补偿机器人末端执行器的动态非线性特性，并对力和速度子空间进行解耦；然后设计两个外控制环来保证系统的扰动抑制能力，实现末端执行器对期望力和运动轨迹的跟踪。

假设 $\boldsymbol{\Phi}(\boldsymbol{q})$二阶可微，且其分量间在操作点的邻域是局部线性无关的，则对其进行微分有 $\boldsymbol{J}_{\phi}(\boldsymbol{q})\dot{\boldsymbol{q}}=\boldsymbol{0}$，根据式(5.10)可知

$$\boldsymbol{J}_{\phi}(\boldsymbol{q})\dot{\boldsymbol{q}}=\boldsymbol{J}_{\phi}(\boldsymbol{q})\boldsymbol{J}^{-1}(\boldsymbol{q})\boldsymbol{J}(\boldsymbol{q})\dot{\boldsymbol{q}}=\boldsymbol{S}_{\mathrm{f}}^{\mathrm{T}}\boldsymbol{v}_{\mathrm{e}}=\boldsymbol{0}$$

由式(5.11)计算得到 $\dot{\boldsymbol{v}}_{\mathrm{e}}$，并将其代入上式，消除拉格朗日乘子向量 $\boldsymbol{\lambda}$ 则有

$$\boldsymbol{\lambda}=\boldsymbol{\Lambda}_{\mathrm{f}}(\boldsymbol{q})\{\boldsymbol{S}_{\mathrm{f}}^{\mathrm{T}}\boldsymbol{\Lambda}^{-1}(\boldsymbol{q})[\boldsymbol{\tau}_{\mathrm{c}}-\boldsymbol{\mu}(\boldsymbol{q},\dot{\boldsymbol{q}})]+\dot{\boldsymbol{S}}_{\mathrm{f}}^{\mathrm{T}}\boldsymbol{v}_{\mathrm{e}}\}\tag{5.33}$$

式中：$\boldsymbol{\Lambda}_{\mathrm{f}}(\boldsymbol{q})=[\boldsymbol{S}_{\mathrm{f}}^{\mathrm{T}}\boldsymbol{\Lambda}^{-1}(\boldsymbol{q})\boldsymbol{S}_{\mathrm{f}}]^{-1}$；$\boldsymbol{\mu}(\boldsymbol{q},\dot{\boldsymbol{q}})=\boldsymbol{\Gamma}(\boldsymbol{q},\dot{\boldsymbol{q}})\dot{\boldsymbol{q}}+\boldsymbol{\eta}(\boldsymbol{q})$。因此，式(5.11)可重写为

$$\boldsymbol{\Lambda}(\boldsymbol{q})\dot{\boldsymbol{v}}_{\mathrm{e}}+\boldsymbol{S}_{\mathrm{f}}\boldsymbol{\Lambda}_{\mathrm{f}}(\boldsymbol{q})\dot{\boldsymbol{S}}_{\mathrm{f}}^{\mathrm{T}}\boldsymbol{v}_{\mathrm{e}}=\boldsymbol{P}(\boldsymbol{q})[\boldsymbol{\tau}_{\mathrm{c}}-\boldsymbol{\mu}(\boldsymbol{q},\dot{\boldsymbol{q}})]\tag{5.34}$$

式中：$\boldsymbol{P}(\boldsymbol{q})=\boldsymbol{I}-\boldsymbol{S}_{\mathrm{f}}\boldsymbol{\Lambda}_{\mathrm{f}}(\boldsymbol{q})\boldsymbol{S}_{\mathrm{f}}^{\mathrm{T}}\boldsymbol{\Lambda}^{-1}(\boldsymbol{q})$。

由于 $\boldsymbol{\tau}_{\mathrm{e}}^{\mathrm{T}}\boldsymbol{v}_{\mathrm{e}}=(\boldsymbol{S}_{\mathrm{f}}\boldsymbol{\lambda})^{\mathrm{T}}\boldsymbol{v}_{\mathrm{e}}=\boldsymbol{0}$，故说明力控制子空间与速度控制子空间之间的关系是独立互补的，速度子空间的维数为 $n-m$，通过选定合适的 $\boldsymbol{S}_{\mathrm{v}}\in\mathbf{R}^{n\times n-m}$，$\boldsymbol{v}\in\mathbf{R}^{n-m\times1}$，可使得 $\boldsymbol{v}_{\mathrm{e}}=\boldsymbol{S}_{\mathrm{v}}\boldsymbol{v}$，进而有 $\boldsymbol{S}_{\mathrm{f}}^{\mathrm{T}}\boldsymbol{v}_{\mathrm{e}}=\boldsymbol{S}_{\mathrm{f}}^{\mathrm{T}}\boldsymbol{S}_{\mathrm{v}}\boldsymbol{v}=\boldsymbol{0}$，即 $\boldsymbol{S}_{\mathrm{f}}^{\mathrm{T}}\boldsymbol{S}_{\mathrm{v}}=\boldsymbol{0}$。约束系统的降阶动态特性可由 $n-m$ 个二阶方程描述，这些方程可通过在式(5.34)两边左乘 $\boldsymbol{S}_{\mathrm{v}}^{\mathrm{T}}$ 得到。

同时令 $\dot{\boldsymbol{v}}_{\mathrm{e}}=\boldsymbol{S}_{\mathrm{v}}\dot{\boldsymbol{v}}+\dot{\boldsymbol{S}}_{\mathrm{v}}\boldsymbol{v}$，$\boldsymbol{\Lambda}_{\mathrm{v}}(\boldsymbol{q})=\boldsymbol{S}_{\mathrm{v}}^{\mathrm{T}}\boldsymbol{\Lambda}\boldsymbol{S}_{\mathrm{v}}$，$\boldsymbol{S}_{\mathrm{f}}^{\mathrm{T}}\boldsymbol{S}_{\mathrm{v}}=\boldsymbol{0}$，$\boldsymbol{S}_{\mathrm{v}}^{\mathrm{T}}\boldsymbol{P}=\boldsymbol{S}_{\mathrm{v}}^{\mathrm{T}}-\boldsymbol{S}_{\mathrm{v}}^{\mathrm{T}}\boldsymbol{S}_{\mathrm{f}}\boldsymbol{\Lambda}_{\mathrm{f}}(\boldsymbol{q})\boldsymbol{S}_{\mathrm{f}}^{\mathrm{T}}\boldsymbol{\Lambda}^{-1}(\boldsymbol{q})=\boldsymbol{S}_{\mathrm{v}}^{\mathrm{T}}$，此时则有

$$\boldsymbol{\Lambda}_{\mathrm{v}}(\boldsymbol{q})\dot{\boldsymbol{v}}=\boldsymbol{S}_{\mathrm{v}}^{\mathrm{T}}[\boldsymbol{\tau}_{\mathrm{c}}-\boldsymbol{\mu}(\boldsymbol{q},\dot{\boldsymbol{q}})-\boldsymbol{\Lambda}(\boldsymbol{q})\dot{\boldsymbol{S}}_{\mathrm{v}}\boldsymbol{v}]\tag{5.35}$$

此外，由于 $\dot{\boldsymbol{S}}_{\mathrm{f}}^{\mathrm{T}}\boldsymbol{S}_{\mathrm{v}}=-\boldsymbol{S}_{\mathrm{f}}^{\mathrm{T}}\dot{\boldsymbol{S}}_{\mathrm{v}}$，则式(5.33)亦可重写为

$$\boldsymbol{\lambda}=\boldsymbol{\Lambda}_{\mathrm{f}}(\boldsymbol{q})\boldsymbol{S}_{\mathrm{f}}^{\mathrm{T}}\boldsymbol{\Lambda}^{-1}(\boldsymbol{q})[\boldsymbol{\tau}_{\mathrm{c}}-\boldsymbol{\mu}(\boldsymbol{q},\dot{\boldsymbol{q}})-\boldsymbol{\Lambda}(\boldsymbol{q})\dot{\boldsymbol{S}}_{\mathrm{v}}\boldsymbol{v}] \tag{5.36}$$

通过式(5.37)选取控制力矢量，则可设计一个逆动力学控制内环

$$\boldsymbol{\tau}_{\mathrm{c}}=\boldsymbol{\Lambda}(\boldsymbol{q})\boldsymbol{S}_{\mathrm{v}}\boldsymbol{\alpha}_{\mathrm{v}}+\boldsymbol{S}_{\mathrm{f}}\boldsymbol{f}_{\lambda}+\boldsymbol{\mu}(\boldsymbol{q},\dot{\boldsymbol{q}})+\boldsymbol{\Lambda}(\boldsymbol{q})\dot{\boldsymbol{S}}_{\mathrm{v}}\boldsymbol{v} \tag{5.37}$$

式中：$\boldsymbol{\alpha}_{\mathrm{v}}$ 和 $\boldsymbol{f}_{\lambda}$ 为适当设计的控制输入。

把式(5.37)代入到式(5.35)和式(5.36)中则有

$$\dot{\boldsymbol{v}}=\boldsymbol{\alpha}_{\mathrm{v}}$$

$$\boldsymbol{\lambda}=\boldsymbol{f}_{\lambda}$$

从而说明式(5.37)所示的控制律能够令力控制及速度控制子空间之间完全解耦。若矩阵 $\boldsymbol{S}_{\mathrm{f}}$ 和 $\boldsymbol{S}_{\mathrm{v}}$ 已知或通过在线估计可得，则此时通过给定期望力矢量 $\boldsymbol{\lambda}_{\mathrm{d}}$ 和期望速度矢量 $\boldsymbol{v}_{\mathrm{d}}$，可以很容易地分配作业任务，实现力与速度/位姿的解耦控制。

期望力矢量 $\boldsymbol{\lambda}_{\mathrm{d}}$ 可以设定为

$$\boldsymbol{f}_{\lambda}=\boldsymbol{\lambda}_{\mathrm{d}}(t) \tag{5.38}$$

但是式(5.38)中不包含力反馈，故其对干扰力非常敏感。针对这一问题，式(5.38)可改写为

$$\boldsymbol{f}_{\lambda}=\boldsymbol{\lambda}_{\mathrm{d}}(t)+\boldsymbol{K}_{\mathrm{P}\lambda}[\boldsymbol{\lambda}_{\mathrm{d}}(t)-\boldsymbol{\lambda}(t)] \tag{5.39}$$

或者

$$\boldsymbol{f}_{\lambda}=\boldsymbol{\lambda}_{\mathrm{d}}(t)+\boldsymbol{K}_{\mathrm{I}\lambda}\int_{0}^{T}[\boldsymbol{\lambda}_{\mathrm{d}}(t)-\boldsymbol{\lambda}(t)]\mathrm{d}t \tag{5.40}$$

式中：$\boldsymbol{K}_{\mathrm{P}\lambda}$和 $\boldsymbol{K}_{\mathrm{I}\lambda}$为合适的正定矩阵增益。式(5.39)通过引入比例反馈可以减小干扰力导致的力误差，而式(5.40)则通过积分作用来补偿常量扰动偏差。

速度控制可以通过如下的设定来实现

$$\boldsymbol{\alpha}_{\mathrm{v}}=\dot{\boldsymbol{v}}_{\mathrm{d}}(t)+\boldsymbol{K}_{\mathrm{Pv}}[\boldsymbol{v}_{\mathrm{d}}(t)-\boldsymbol{v}(t)]+\boldsymbol{K}_{\mathrm{Iv}}\int_{0}^{T}[\boldsymbol{v}_{\mathrm{d}}(t)-\boldsymbol{v}(t)]\mathrm{d}t \tag{5.41}$$

式中：$\boldsymbol{K}_{\mathrm{Pv}}$和 $\boldsymbol{K}_{\mathrm{Iv}}$为合适的正定矩阵增益。可以明显地看出，对于任意选取的正定矩阵 $\boldsymbol{K}_{\mathrm{Pv}}$和 $\boldsymbol{K}_{\mathrm{Iv}}$，$\boldsymbol{v}_{\mathrm{d}}(t)$和 $\dot{\boldsymbol{v}}_{\mathrm{d}}(t)$的渐进跟踪都保证是以指数收敛的。

式(5.39)或式(5.40)与式(5.41)表示外控制环，其保证了力/位控制和扰动控制。

位置控制可通过式(5.42)得到

$$\boldsymbol{\alpha}_{\mathrm{v}}=\ddot{\boldsymbol{r}}_{\mathrm{d}}(t)+\boldsymbol{K}_{\mathrm{Dr}}[\dot{\boldsymbol{r}}_{\mathrm{d}}(t)-\boldsymbol{v}(t)]+\boldsymbol{K}_{\mathrm{Pr}}[\boldsymbol{r}_{\mathrm{d}}(t)-\boldsymbol{r}(t)] \tag{5.42}$$

式中：$\boldsymbol{r}_{\mathrm{d}}(t)$为期望位置矢量；$\boldsymbol{r}(t)$为实际位置矢量；$\boldsymbol{K}_{\mathrm{Dr}}$和 $\boldsymbol{K}_{\mathrm{Pr}}$为合适的正定矩阵增益。对于任意选取的上述正定矩阵，对 $\boldsymbol{r}_{\mathrm{d}}(t)$的渐进跟踪都保证是以指数收敛的。

2) 基于无源性的方法

基于无源性的方法利用了末端执行器动力学模型的无源特性。对于满足(2.147)的简单机械系统均同时满足反对称性和无源性，即 $\boldsymbol{D}(\boldsymbol{q},\dot{\boldsymbol{q}})=\dot{\boldsymbol{H}}(\boldsymbol{q})-2\boldsymbol{C}(\boldsymbol{q},\dot{\boldsymbol{q}})$为反对称矩阵，且系统能量变化满足

$$\dot{\boldsymbol{E}}(\boldsymbol{q},\dot{\boldsymbol{q}})=\dot{\boldsymbol{q}}^{\mathrm{T}}\boldsymbol{\tau}+\frac{1}{2}\dot{\boldsymbol{q}}^{\mathrm{T}}\boldsymbol{D}(\boldsymbol{q},\dot{\boldsymbol{q}})\dot{\boldsymbol{q}}=\dot{\boldsymbol{q}}^{\mathrm{T}}\boldsymbol{\tau}$$

考虑到摩擦等因素，系统能量变化均小于输入能量。这些结论对于有约束的动力学模型也是成立的。可以证明，在(5.11)的任务空间动力学模型中 $\dot{\boldsymbol{\Lambda}}(\boldsymbol{q})-2\boldsymbol{\Gamma}(\boldsymbol{q},\dot{\boldsymbol{q}})$同样为反对称矩阵。这是在无源性控制算法基础上的拉格朗日系统基本特性。

在刚性环境下，控制力矢量 $\boldsymbol{\tau}_{\mathrm{c}}$ 可以选取为

$$\boldsymbol{\tau}_{\mathrm{c}}=\boldsymbol{\Lambda}(\boldsymbol{q})\boldsymbol{S}_{\mathrm{v}}\dot{\boldsymbol{v}}_{\mathrm{r}}+\boldsymbol{\Gamma}'(\boldsymbol{q},\dot{\boldsymbol{q}})\boldsymbol{v}_{\mathrm{r}}+(\boldsymbol{S}_{\mathrm{v}}^{\dagger})^{\mathrm{T}}\boldsymbol{K}_{\mathrm{v}}(\boldsymbol{v}_{\mathrm{r}}-\boldsymbol{v})+\boldsymbol{\eta}(\boldsymbol{q})+\boldsymbol{S}_{\mathrm{f}}\boldsymbol{f}_{\lambda} \tag{5.43}$$

式中：$\boldsymbol{\Gamma}'(\boldsymbol{q},\dot{\boldsymbol{q}})=\boldsymbol{\Gamma}\boldsymbol{S}_{\mathrm{v}}+\boldsymbol{\Lambda}\dot{\boldsymbol{S}}_{\mathrm{v}}$；$\boldsymbol{K}_{\mathrm{v}}$ 为合适的对称正定矩阵；$\boldsymbol{v}_{\mathrm{r}}$ 和 $\boldsymbol{f}_{\lambda}$ 为引入的虚拟控制输入。

把式(5.43)代入到式(5.11)中，有

$$\boldsymbol{\Lambda}(\boldsymbol{q})\boldsymbol{S}_{\mathrm{v}}\dot{\boldsymbol{s}}_{\mathrm{v}}+\boldsymbol{\Gamma}'(\boldsymbol{q},\dot{\boldsymbol{q}})\boldsymbol{s}_{\mathrm{v}}+(\boldsymbol{S}_{\mathrm{v}}^{\dagger})^{\mathrm{T}}\boldsymbol{K}_{\mathrm{v}}\boldsymbol{s}_{\mathrm{v}}+\boldsymbol{S}_{\mathrm{f}}(\boldsymbol{f}_{\lambda}-\boldsymbol{\lambda})=\boldsymbol{0} \tag{5.44}$$

其中 $\dot{\boldsymbol{s}}_{\mathrm{v}}=(\dot{\boldsymbol{v}}_{\mathrm{r}}-\dot{\boldsymbol{v}})$、$\boldsymbol{s}_{\mathrm{v}}=(\boldsymbol{v}_{\mathrm{r}}-\boldsymbol{v})$ 为加速度和速度误差。与加速度分解方法不同，式中仍存有力位耦合，表明闭环系统仍保留非线性及耦合性。

在式(5.44)两端均左乘矩阵 $\boldsymbol{S}_{\mathrm{v}}^{\mathrm{T}}$，则有

$$\boldsymbol{\Lambda}_{\mathrm{v}}(\boldsymbol{q})\dot{\boldsymbol{s}}_{\mathrm{v}}+\boldsymbol{\Gamma}_{\mathrm{v}}(\boldsymbol{q},\dot{\boldsymbol{q}})\boldsymbol{s}_{\mathrm{v}}+\boldsymbol{K}_{\mathrm{v}}\boldsymbol{s}_{\mathrm{v}}=\boldsymbol{0} \tag{5.45}$$

其中，$\boldsymbol{\Gamma}_{\mathrm{v}}=\boldsymbol{S}_{\mathrm{v}}^{\mathrm{T}}\boldsymbol{\Gamma}(\boldsymbol{q},\dot{\boldsymbol{q}})\boldsymbol{S}_{\mathrm{v}}+\boldsymbol{S}_{\mathrm{v}}^{\mathrm{T}}\boldsymbol{\Lambda}(\boldsymbol{q})\dot{\boldsymbol{S}}_{\mathrm{v}}$。很容易证明由于 $\dot{\boldsymbol{\Lambda}}(\boldsymbol{q})-2\boldsymbol{\Gamma}(\boldsymbol{q},\dot{\boldsymbol{q}})$ 为反对称矩阵，故 $\dot{\boldsymbol{\Lambda}}_{\mathrm{v}}(\boldsymbol{q})-2\boldsymbol{\Gamma}_{\mathrm{v}}(\boldsymbol{q},\dot{\boldsymbol{q}})$ 亦为反对称矩阵，式(5.45)中仅包含速度及相关项，因此表明速度控制子系统是无源的。

为了保证式(5.45)所示的降阶子系统的稳定性，参考加速度分解方法速度控制策略，可以采用形如

$$\begin{cases}\dot{\boldsymbol{v}}_{\mathrm{r}}=\dot{\boldsymbol{v}}_{\mathrm{d}}+\boldsymbol{\alpha}\Delta\boldsymbol{v}\\ \boldsymbol{v}_{\mathrm{r}}=\boldsymbol{v}_{\mathrm{d}}+\boldsymbol{\alpha}\Delta\boldsymbol{x}_{\mathrm{v}}\end{cases} \tag{5.46}$$

的虚拟输入保证对速度的渐进镇定。其中 $\boldsymbol{\alpha}$ 是正增益；$\boldsymbol{v}_{\mathrm{d}}$ 和 $\dot{\boldsymbol{v}}_{\mathrm{d}}$ 分别为期望速度及期望加速度；$\Delta\boldsymbol{v}=\boldsymbol{v}_{\mathrm{d}}-\boldsymbol{v}$，且 $\Delta\boldsymbol{x}_{\mathrm{v}}=\int_0^T\Delta\boldsymbol{v}(t)\,\mathrm{d}t$ 。

构造如下李雅普诺夫函数作为其稳定性判据

$$V=\frac{1}{2}\boldsymbol{s}_{\mathrm{v}}^{\mathrm{T}}\boldsymbol{\Lambda}_{\mathrm{v}}(\boldsymbol{q})\boldsymbol{s}_{\mathrm{v}}+\boldsymbol{\alpha}\Delta\boldsymbol{x}_{\mathrm{v}}^{\mathrm{T}}\boldsymbol{K}_{\mathrm{v}}\Delta\boldsymbol{x}_{\mathrm{v}} \tag{5.47}$$

沿着(5.45)的积分轨迹，对(5.47)进行求导，化简则有

$$\dot{V}=-\Delta\boldsymbol{v}^{\mathrm{T}}\boldsymbol{K}_{\mathrm{v}}\Delta\boldsymbol{v}-\boldsymbol{\alpha}^{2}\Delta\boldsymbol{x}_{\mathrm{v}}^{\mathrm{T}}\boldsymbol{K}_{\mathrm{v}}\Delta\boldsymbol{x}_{\mathrm{v}} \tag{5.48}$$

可见式(5.48)为一个半负定函数。因此可以证明，通过选择形如(5.46)的控制律，可以保证 $\Delta\boldsymbol{v}=\boldsymbol{0}$、$\Delta\boldsymbol{x}_{\mathrm{v}}=\boldsymbol{0}$ 和 $\boldsymbol{s}_{\mathrm{v}}=\boldsymbol{0}$ 渐进收敛，即保证了对期望速度 $\boldsymbol{v}_{\mathrm{d}}$ 的跟踪。

另外，将式(5.44)两端均左乘矩阵 $\boldsymbol{S}_{\mathrm{f}}^{\mathrm{T}}\boldsymbol{\Lambda}^{-1}(\boldsymbol{q})$ 可得

$$\boldsymbol{f}_{\lambda}-\boldsymbol{\lambda}=-(\boldsymbol{S}_{\mathrm{f}}^{\mathrm{T}}\boldsymbol{\Lambda}^{-1}(\boldsymbol{q})\boldsymbol{S}_{\mathrm{f}})^{-1}[\boldsymbol{\Gamma}'(\boldsymbol{q},\dot{\boldsymbol{q}})+(\boldsymbol{S}_{\mathrm{v}}^{\dagger})^{\mathrm{T}}\boldsymbol{K}_{\mathrm{v}}]\boldsymbol{s}_{\mathrm{v}} \tag{5.49}$$

表明拉格朗日乘子 λ 瞬时地取决于控制输入 $\boldsymbol{f}_{\lambda}$，但同时也受速度控制子空间跟踪误差 $\boldsymbol{s}_{\mathrm{v}}$ 的影响。然而，由于速度子系统是渐进收敛的，因此，(5.49)右侧是收敛并有界的。因此，在设计力控制律时可不予以考虑。可以将 $\boldsymbol{f}_{\lambda}$ 选为与分解加速度法相同的控制律式(5.38)、式(5.39)，就可以保证对期望力 $\boldsymbol{\lambda}_{\mathrm{d}}$ 的跟踪。

5.5　基于关节传感器的力控制系统

由前文1.4节介绍可知，基于关节传感器的力控制系统一般包含硬件和软件两个部分。在硬件系统中，力控制系统的特点主要体现在传感装置的选用方面，其不仅需要检测机械臂各关节的位置、速度和加速度等运动状态，还需利用外部传感器如腕力传感器、串联弹性驱动器(series elastic actuator，SEA)等对接触力进行感知。

例 5.5　四自由度码垛机器人。

以四自由度码垛机器人力控制平台为例，其原理图如图5.26所示，其包含以下三个部分。

(1) 执行部分：包含码垛机器人本体。

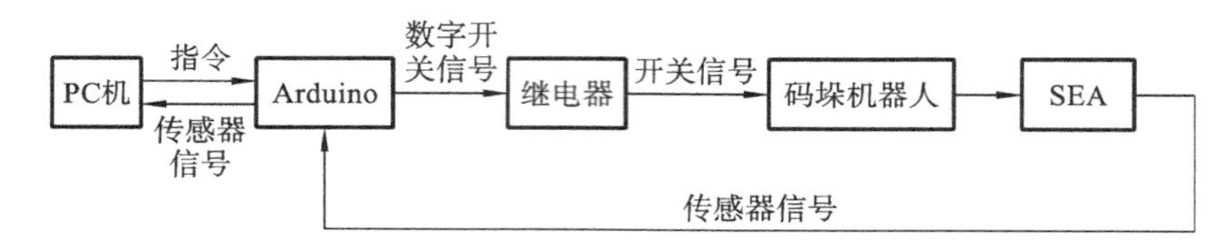

图 5.26　码垛机器人力控制平台原理图

（2）感知部分：串联弹性驱动器。

（3）控制部分：Arduino、PC 机、电气控制柜和继电器等。

其中 PC 机作为上位机，负责控制程序的编写；Arduino 作为下位机控制器，一方面接收 SEA 编码器的信号，另一方面则控制 SEA 关节进行期望运动；电气控制柜是 SEA 关节的供电系统。

上述码垛机器人力控制系统的实现方式流程图如图 5.27 所示，机器人在正常运行时，系统实时检测机器人的关节力矩，若关节力矩值位于安全力矩范围之内，则机器人正常运行，否则机器人跳出正常运行程序，切换到随动控制状态。同时，系统进一步判断关节力矩值的大小，若关节力矩大于设定值，表示机器人在反转的时候与静止障碍物发生碰撞，或机器人正转的时候与机器人同向快速移动的物体碰撞，此时机器人顺应外力正转，脱离碰撞环境；若关节力矩小于设定值，表示机器人在正转时与静止障碍物发生碰撞，或机器人反转时与机器人同向快速运动的物体发生碰撞，此时机器人顺应外力反转，尽快脱离碰撞环境；当检测到关节力矩等于设定值时，机器人停止运行进入待机状态，等待下一步的命令。实验结果如图 5.28 所示。

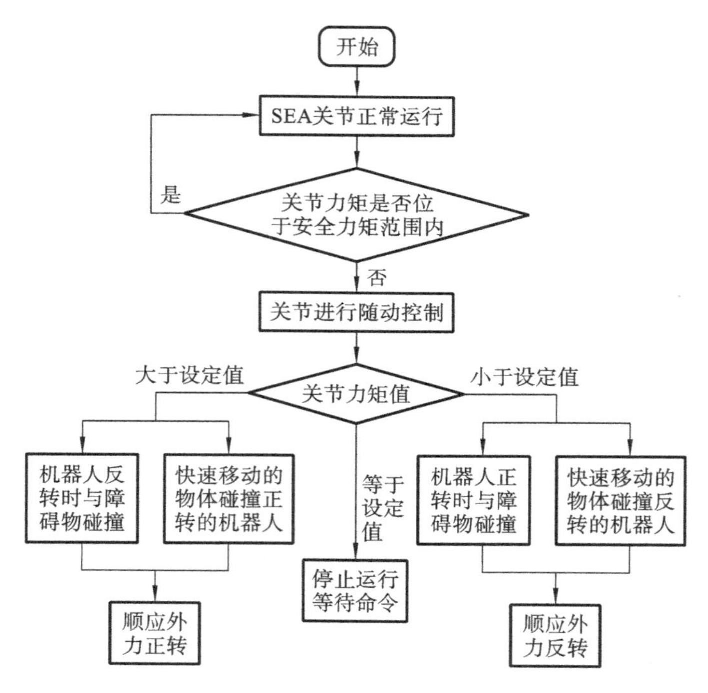

图 5.27　码垛机器人力控制实现流程图

实验过程中，关节力矩值如图 5.28 所示。0～10 s 时关节正常运行，关节力矩位于安全阈值内；11 s 时，关节与障碍物发生碰撞，关节力矩值瞬间增大，超出安全阈值。当检测到关节发生碰撞时，系统进入随动控制状态，关节按照力矩方向转动，与障碍物脱离；15 s 后为关节正反两个方向的拖动控制状态。

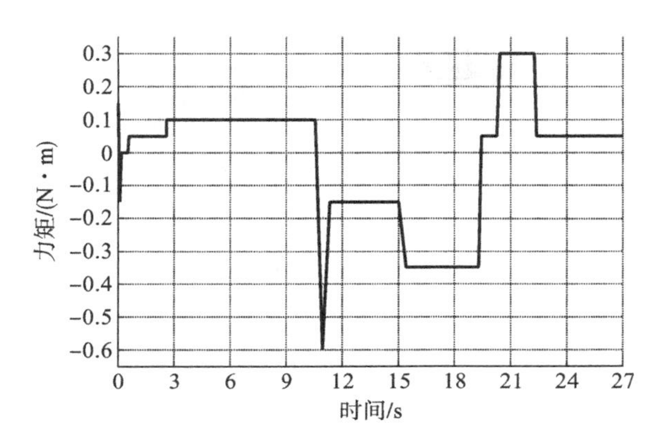

图 5.28　机械臂碰撞控制曲线图

通过分析实验结果可知，SEA关节启动阶段会出现轻微的抖动，并且由于摩擦力的存在，关节稳定运行阶段关节力矩不为零，关节与障碍物碰撞后，关节力矩值迅速增大，超出安全阈值，控制器控制SEA关节反向运动脱离碰撞环境，随后系统进入随动控制状态，实验达到预期效果。

例 5.6　二自由腕关节。

根据例5.4中所用示例，其阻抗控制硬件系统如图5.29所示，其由以下四部分组成。

(1) 执行部分：二自由度腕关节和形状记忆合金(shape memory alloy，SMA)仿生手。

(2) 感知部分：ATI六维力/力矩传感器和角度传感器(型号为CJMCU-99)。

(3) 控制部分：由Arduino Mega2560控制板以及PC机组成。

(4) 驱动部分：空压机、气动三联体和8个两位两通电磁阀。

基于图5.24所示的腕关节控制系统原理图，其相应力控制程序在MATLAB环境编写和运行。在该系统中，设阻抗参数为$K_P=1.5$、$K_D=0$、$K_M=0$，期望接触力$\tau_d=5$ N，则其控制结果如图5.30所示。

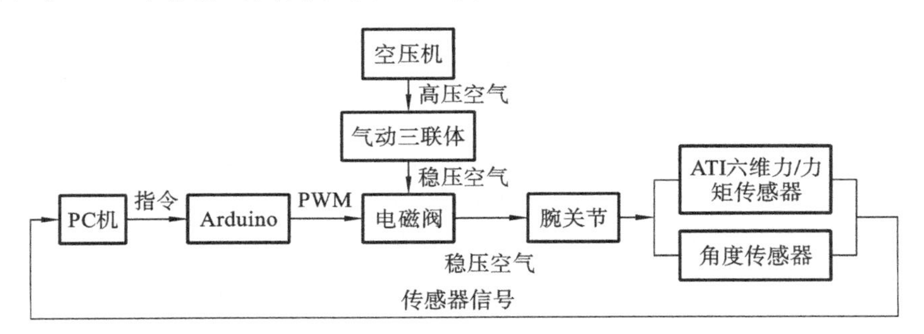

图 5.29　阻抗控制实验平台原理图

由图5.30可以看出，当腕关节突发接触时，若接触力超过期望接触力，阻抗控制器便对原有的避障轨迹进行修正，从而限制接触力，实现对期望接触力的跟踪控制。由图5.30(a)可知，关节末端最大接触力跟踪误差为2.6 N，平均跟踪误差为0.5 N，故说明阻抗控制器有效抑制了碰撞接触力，保证了关节在运动过程中的安全性。此外，由图5.30(b)可知，腕关节的平均转角误差为0.0011 rad(0.063°)，进一步验证了系统内部位置控制策略的有效性。

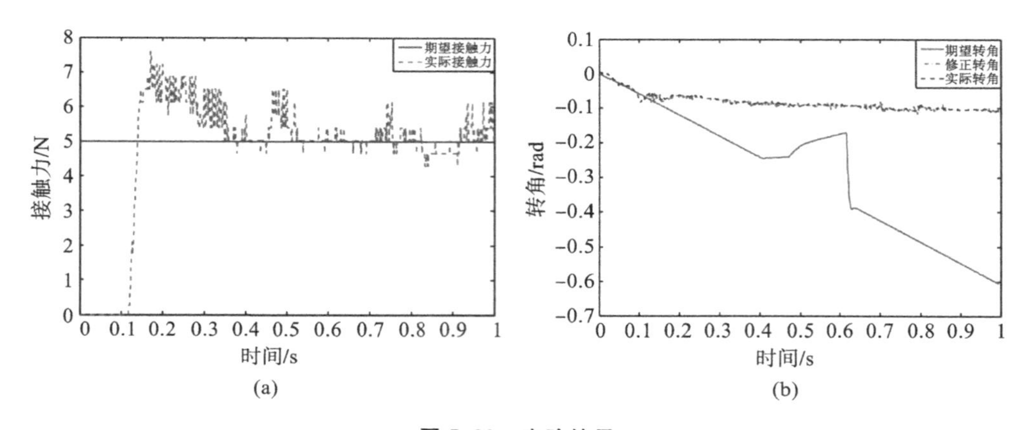

图 5.30 实验结果

(a) 腕关节末端接触力 (b) 腕关节转角

小 结

本章对工业机器人力控制系统进行了整体介绍。首先对机械臂力控制反馈系统进行了简单介绍，对各类腕力传感器的原理及标定方法进行了阐述；然后对主动柔顺控制中的主要控制策略（阻抗控制、零力控制和力/位混合控制）进行了详细介绍并给出了相应算例；最后结合应用实例，对工业机器人控制系统的组成结构进行了概述。

习 题

5.1 简述柔顺控制方法的主要分类及其各自的作用原理。

5.2 工业机器人的触觉传感器能感知哪些环境信息？

5.3 腕力传感器种类有哪些？简要叙述各类腕力传感器的工作原理。

5.4 何谓阻抗控制策略？何谓导纳控制策略？简要说明两种控制策略的作用原理，并画出两种策略的原理图。

5.5 简要说明分解加速度法和基于无源性方法各自的设计思想。

5.6 试说明阻抗控制与力/位混合控制各自的特点，简要阐述各自的区别。

5.7 简述基于关节传感器的力控制系统的组成及各部分作用。

5.8 设有一单力臂机械手，其动力学模型为 $F = M\ddot{q} + C\dot{q} + Kq$，其中，$M=0.1+0.06\sin q$，$C=0.03\cos q$，$K=mgl\cos q$，$m=0.02$，$l=0.05$，$g=9.8$，位置控制器选用 PID 控制器，若设定环境刚度为 $K_e=30$，试在 MATLAB 环境下编写导纳控制仿真程序，对阻抗控制策略进行仿真分析，并给出阻抗控制参数。

第6章　工业机器人示教与编程

6.1　工业机器人示教系统的原理、分类及特点

早期工业机器人只具有简单的动作功能，采用固定的程序控制，动作适应性比较差。但现代工业的快速发展以及日益增长的复杂性要求，要求工业机器人具有较高的灵活性和开放性，具有友好的人机交互界面以及高度的可编程性和可重构性，其被视为柔性的自动化设备。现有的工业机器人示教系统可以分为以下三类：示教再现型示教系统、离线编程型示教系统和基于虚拟现实型示教系统。

6.1.1　示教再现型示教系统

示教再现，也称为直接示教，就是指通常所说的手把手示教，由操作者直接操作机械臂对其进行示教，如示教器示教或操作杆示教等。为了满足运动轨迹需求以及快捷、准确地获取相关信息，操作者可以选择在不同坐标系下示教，例如，可以选择在关节坐标系、直角坐标系以及工具坐标系或用户坐标系下进行示教。示教再现是机器人普遍采用的编程方式，典型的示教过程指依靠操作者观察机器人及其末端执行器相对于作业对象的位姿，通过对示教器的操作，反复调整示教点处机器人的作业位姿、运动参数和工艺参数，然后将满足作业要求的这些数据记录下来，再转入下一点的示教。整个示教过程结束后，机器人实际运行时使用这些被记录的数据，经过插补运算，就可以再现在示教点处记录的机器人位姿。

这个功能的用户接口是示教器键盘，操作者通过操作示教器，向主控计算机发送控制命令，操纵主控计算机上的软件，完成对机器人的控制；其次示教器将接收到的当前机器人运动和状态等信息通过显示器显示出来。示教器与控制系统的关系如图6.1所示。

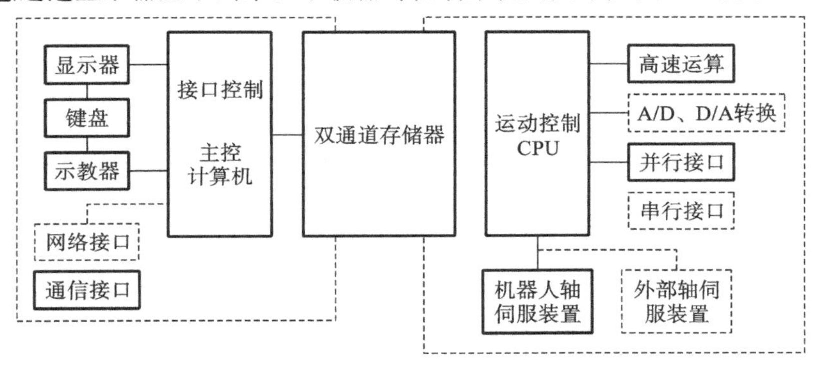

图6.1　工业机器人控制系统典型硬件结构

6.1.2　离线编程型示教系统

基于CAD/CAM的机器人离线编程型示教，是指利用计算机图形学的成果，建立机器人及其工作环境的模型，使用某种机器人编程语言，通过对图形的操作和控制，离线计算和规划出机器人的作业轨迹，然后对编程的结果进行三维图形仿真，以检验编程的正确性，最后在确认无误后，生成机器人可执行的代码并下载到机器人控制器中，用以控制机器人作业。根据使用编程语言的层次不同，离线编程又可分为执行级编程和任务级编程。

6.1.3　基于虚拟现实的示教方式

计算机学及相关学科的发展，特别是机器人遥操作、虚拟现实和传感器信息处理等技术的进步为准确、安全、高效的机器人示教提供了新的思路，为用户提供了一种崭新、和谐的人机交互操作环境，虚拟现实技术的出现和应用尤其吸引了众多机器人与自动化领域的学者的注意。这里，虚拟现实作为高端的人机接口，允许用户通过声、像、力以及图形等多种交互设备实时地与虚拟环境交互。根据用户的指挥或动作提示、示教或监控机器人进行复杂的作业。利用虚拟现实技术进行机器人示教是机器人学中新兴的研究方向。

6.2　工业机器人示教器的功能

示教器又叫示教编程器，是机器人控制系统的核心部件，是一个用来注册和存储机械运动或处理记忆的设备，可由操作者手持移动，使操作者能够方便地接近工作环境进行示教编程，一般具备直线、圆弧、关节插补以及能够分别在关节空间和笛卡儿空间实现对机器人的控制等功能。示教器的主要工作部分是示教键盘与显示器。因此，示教器控制电路的主要功能是对操作键进行扫描并将按键信息送至控制器，同时将控制器产生的各种信息在显示器上进行显示。

示教时，如图6.2所示，当操作者按下示教键盘上的按键时，示教器通过线缆向主控计算机发出相应的指令代码(S0)，此时，主控计算机上的串口通信子模块中的串口监视线程接收指令代码(S1)，然后由指令码解释模块分析判断该指令码，并进一步向相关模块发送与指令码相应的消息(S2)。相关模块具有两种类型，一种根据消息(S2)驱动机器人本体完成该指令码要求的具体功能(S3)，另一种为了让操作者时刻掌握机器人的运动位置和各种状态信息，将状态信息(S4)从串口发送给示教器(S5)，在显示器上显示，从而与操作者沟通，完成数据的交换功能。

在早期的示教再现系统中，还有一种人工牵引示教。一般是操作者直接牵引机器人沿作业路径运动一遍，对于难以直接牵引的大、中型功率液压机器人，这种方式并不合适。于是又出现了人工模拟牵引示教，在牵引的过程中，由计算机对机器人各关节运动数据进行采样记录，得到作业路径数据。由于这些数据是各关节的数据，因此这种方法又被称为关节坐标示教法。这种示教方法的优点是控制简单，缺点是劳动强度大，操作技巧性高，精度不易保证，如果示教失误，修正路径的唯一方法就是重新示教。

这些不同形式的机器人示教再现系统具有如下的一些共同特点：①利用了机器人具有较

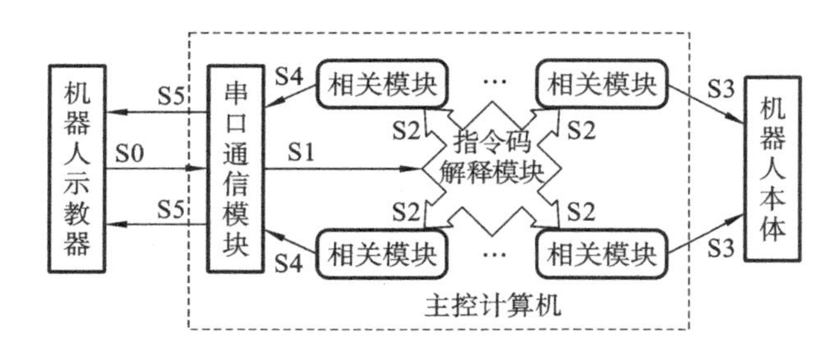

图 6.2　示教时的数据流关系

高的重复定位精度优点，降低了系统误差对机器人运动绝对精度的影响，这也是目前机器人普遍采用这种示教方式的主要原因；②要求操作者具有相当的专业知识和熟练的操作技能，并需要现场近距离示教操作，因而具有一定的危险性，安全性较差；③示教过程烦琐、费时，需要根据作业任务反复调整机器人的动作轨迹、姿态与位置，时效性较差。

6.3　工业机器人编程语言的结构和基本功能

目前，一般根据作业描述水平的高低将机器人语言分为三类：动作级、对象级和任务级。动作级语言是以机器人的运动为描述中心，通常由使末端执行器由一个位置到另一个位置的一系列命令组成，一般一个命令对应一个动作，语言简单，易于编程，缺点是不能进行复杂的数学运算。而对象级语言是以描写操作物之间的关系为中心的语言。相比较而言，任务级是比较高级的机器人语言，这类语言允许操作者对工作任务要求达到的目标直接下命令，不需要规定机器人所做的每一个动作的细节，只要按某种原则给出最初的环境模型和最终的工作状态，机器人可自动进行推理计算，最后生成机器人的动作。

6.3.1　机器人语言系统的结构

机器人语言实际上是一个语言系统，机器人语言系统包括语言本身(给出作业指示和动作指示)，同时又包括处理系统(根据上述指示来控制机器人系统)。机器人语言系统组成及其相关状态关系如图 6.3 所示，它能够支持机器人编程、控制，以及外围设备、传感器和机器人接口，同时还能支持和计算机系统的通信。

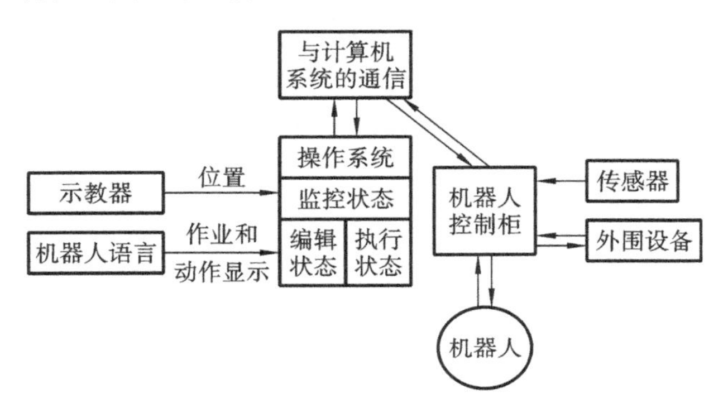

图 6.3　机器人语言系统组成及其相关状态关系

如图 6.3 所示,机器人语言系统包括三个基本的操作状态:监控状态、编辑状态和执行状态。

监控状态是用来进行整个系统的监督和控制的。在监控状态下,操作者可以用示教器定义机器人在空间的位姿,设置机器人运动速度,存储和调出程序。

编辑状态是供操作者编制程序或编辑程序的。尽管不同语言的编辑操作不同,但是一般都包含写入指令、修改或删除指令以及插入指令等。

执行状态是用来执行机器人程序的。在执行状态下,对机器人执行的每一条指令,操作者都可以通过调试程序来修改错误。例如在程序的执行过程中,某一位置关节超过限制,因此机器人不能执行,在显示器上显示错误信息,并停止运行,操作者可以返回到编辑状态修改程序。大多数机器人语言允许在程序执行过程中直接返回到监控状态或者编辑状态。

和计算机编程语言类似,机器人语言程序可以编译,即把机器人源程序转换成机器码,以便机器人控制柜能直接读取和执行,编译后的程序,运行速度大大加快。

6.3.2 机器人编程语言的功能

编程语言的功能包括运算、决策、通信、运动指令、工具指令以及传感器数据处理等。运算是机器人控制系统最为重要的能力之一。利用传感器反馈的信息,完成各种推理和运算,以确定机器人下一步运动目标。决策,指机器人能够根据传感器的输入信息做出决策,而不必执行任务运算。这种决策能力使机器人控制系统更加智能,机器人更加适应动态环境。运动指令是机器人最核心的功能,是不可或缺的组成部分。一般均包括直线运动、关节运动和圆弧运动以及相关衍生指令。利用这些指令可以构造出复杂机器人运动轨迹。工具指令,一个工具指令通常是由某个继电器闭合或断开而触发的,而继电器又可以把电源接通或断开,以直接控制工具运动,或者送出小功率信号给电子控制器,让后者控制工具。传感器数据处理,用于末端执行器控制的通用计算机只有与传感器连接起来,才能发挥其全部效用。

6.4 常用的工业机器人编程语言

随着机器人的发展,机器人语言也得到了发展和完善,机器人语言已经成为机器人技术的一个重要组成部分。机器人的功能除了依靠机器人的硬件支撑以外,相当一部分是靠机器人语言来完成的。早期的机器人由于功能单一、动作简单,常采用固定程序或者示教方式来控制机器人的运动。随着机器人作业动作的多样化和作业环境的复杂化,依靠固定程序或示教方式已经满足不了要求,必须依靠能适应作业和环境随时变化的机器人语言编程来完成机器人工作。

6.4.1 VAL 语言

VAL 语言是美国 Unimation 公司于 1979 年推出的一种机器人编程语言,主要配置在 PUMA 和 UNIMATION 等机器人上,是一种专用的动作类描述语言。VAL 语言是在 BASIC 语言的基础上发展起来的,所以其结构与 BASIC 语言的结构很相似。在 VAL 的基础上,Unimation 公司推出了 VAL Ⅱ 语言。VAL 语言可应用于上下两级计算机控制的机器人系统。上位机为 LSI-11/23，编程在上位机中进行，上位机进行系统的管理；下位机为 6503 微处理器，主要控制各关节的实时运动。编程时 VAL 语言和 6503 汇编语言可以混合编程。

VAL 语言命令简单、清晰易懂，可以方便地描述机器人作业动作及与上位机进行通信，实时功能强；可以在在线和离线两种状态下编程，适用于多种计算机控制的机器人；能够迅速地计算出不同坐标系下复杂运动的连续轨迹，能连续生成机器人的控制信号，可以在线修改程序和生成程序；VAL 语言包含一些子程序库，通过调用各种不同的子程序可很快实现复杂操作控制功能；能与外部存储器进行快速数据传输以保存程序和数据。VAL 语言系统包括文本编辑、系统命令和编程语言三个部分。

在文本编辑状态下可以通过键盘输入文本程序，也可通过示教器在示教方式下输入程序。在输入过程中可修改、编辑和生成程序，最后保存到存储器中。在此状态下也可以调用已存在的程序。系统命令包括位置定义、程序和数据列表、程序和数据存储、系统状态设置和控制、系统开关控制、系统诊断和修改。

VAL 语言包括监控指令和程序指令两种。其中监控指令有六类，分别为位置及姿态定义指令、程序编辑指令、列表指令、存储指令、控制程序执行指令和系统状态控制指令。

6.4.2　SIGLA 语言

SIGLA 是一种仅用于直角坐标式 SIGMA 装配型机器人运动控制时的编程语言，是 20 世纪 70 年代后期由意大利 Olivetti 公司研制的一种简单的非文本语言。

这种语言主要用于装配任务的控制，它可以把装配任务划分为一些装配子任务，如取旋具，在螺钉上料器上取螺钉、搬运螺钉、定位螺钉、装入螺钉、紧固螺钉等。编程时预先编制子程序，然后用调用子程序的方式来完成。

6.4.3　IML 语言

IML 也是一种着眼于末端执行器的动作级语言，由日本九州大学开发而成。IML 语言的特点是编程简单，能人机对话，适合于现场操作，许多复杂动作可由简单的指令来实现，易被操作者掌握。IML 用直角坐标系描述机器人和目标物的位置和姿态。坐标系分两种，一种是基座坐标系，一种是固连在机器人作业空间上的工作坐标系。语言以指令形式编程，可以表示机器人的工作点、运动轨迹、目标物的位置及姿态等信息，从而可以直接编程。往返作业可用循环语句描述，示教的轨迹能定义成指令插到语句中。

IML 语言的主要指令有：运动指令 MOVE，速度指令 SPEED，停止指令 STOP，手指开合指令 OPEN 及 CLOSE，坐标系定义指令 COORD，轨迹定义命令 TRAJ，位置定义命令 HERE，程序控制指令 IF…THEN、FOR EACH 语句、CASE 语句及 DEFINE 等。

6.4.4　AL 语言

AL 语言是 20 世纪 70 年代中期美国斯坦福大学人工智能研究所开发研制的一种机器人语言，它是在 WAVE 的基础上开发出来的，也是一种动作级编程语言，但兼有对象级编程语言的某些特征，用于装配作业。它的结构及特点类似于 PASCAL 语言，可以编译成机器语言在实时控制机上运行，具有实时编译语言的结构和特征，如可以同步操作、条件操作等。AL语言设计的原始目的是用于具有传感器信息反馈的多台机器人或机械臂的并行或协调控制编程。

运行 AL 语言的系统硬件环境包括主、从两级计算机控制，如图 6.4 所示。主机为 PDP-10，主机内的管理器负责管理、协调各部分的工作，编译器负责对 AL 语言的指令进行编译并检查程序，实时接口负责主、从计算机之间的接口连接，装载器负责分配程序。从机为 PDP-11/45。主机的功能是对 AL 语言进行编译，对机器人的动作进行规划；从机接受主机发出的动作规划命令，进行轨迹及关节参数的实时计算，最后向机器人发出具体的动作指令。

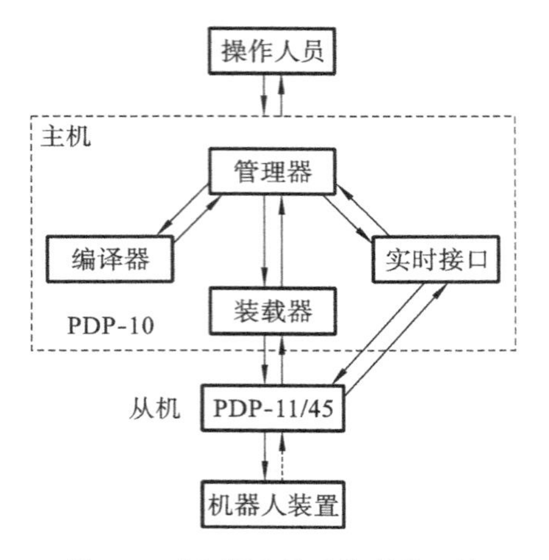

图 6.4　AL 语言的系统硬件环境

6.5　工业机器人的示教编程与离线编程

6.5.1　示教编程

操作者要手把手教会机器人做某些动作，机器人的控制系统会以程序的形式将其记忆下来，最后机器人按照示教时记忆下来的程序再现这些动作，其工作原理如图 6.5 所示。这种方法的特点是操作简单、直观，操作者可以在现场根据实际情况进行编程，基本上不需要进行过多的更改，而且错误率低。

机器人运动轨迹的示教采用点到点方式，只需示教各段运动轨迹的端点，而端点之间的连续运动轨迹由规划部分插补运算产生。示教前，接通机器人主电源，等待系统完成初始化，完成初始化之后，打开机器人的急停键，选择好示教模式并设置好合适的坐标系与手动操作速度，做好这一系列准备工作后，建立一个新程序，录入示教点及插入机器人指令进行示教。示教编程流程图如图 6.6 所示。

示教一个如图 6.7 所示的搬运程序，将工件由传送带搬运到托盘上。首先，在机器人的末端加装合适的末端夹持器（如气动手抓），配置相应的外围设备（如气动手抓需要气源）使机器人能够抓取工件。硬件设备准备完毕后，就可以对机器人进行编程了。下面以卡诺普示教控制系统为例，介绍搬运示教程序的编写流程。

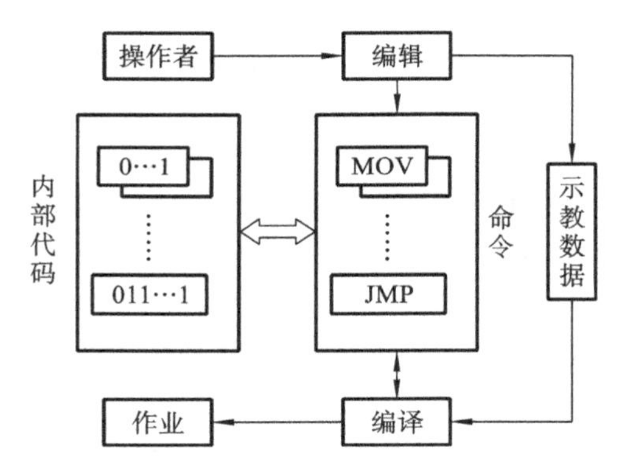

图 6.5 示教编程的工作原理

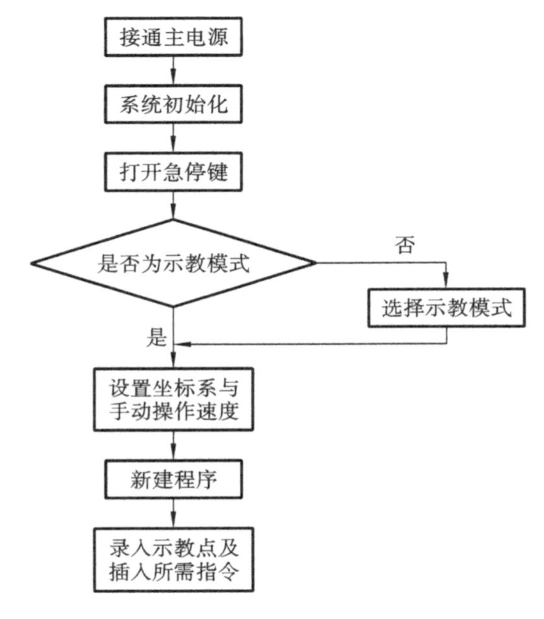

图 6.6 示教编程流程图

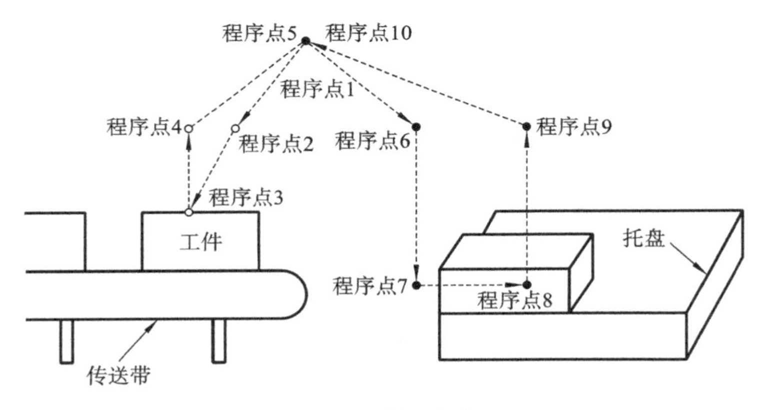

图 6.7 搬运程序

涉及的相关指令：MOVJ(关节运动)、MOVL(直线运动)、VJ(关节运动速度倍率)、VL(直线运动速度)、PL(平滑度)、TOOL(工具坐标)、DOUT(数字量输出)、WAIT(条件等待)。在具体编程过程中，操作者使用示教器对机器人进行示教，确定好示教点、插补方式和移动速度，根据需要设置延时等待、输入及输出等命令。具体示教程序如下。

MOVJ VJ=50.0% PL=9 TOOL=1　选择工具坐标系 TOOL=1，按照 MOVJ 关节运动方式，VJ=50%的速度，PL=9 的平滑度，移动到程序点 1，到达准备点

MOVJ VJ=50.0% PL=9 TOOL=1　运动到程序点 2，靠近工件位置(抓取前)

MOVL VL=100.0MM/S PL=0 TOOL=1　运动到程序点 3，接触工件(抓取位置)

DOUT Y#(0)=ON　抓取工件

WAIT X#(0)=ON DT=0 CT=10　一直等待检测抓取到位(检测信号要持续 10 ms，根据实际情况自行设置)

MOVL VL=200.0MM/S PL=9 TOOL=1　运动到程序点 4，离开抓取位置(抓取后)

MOVJ VJ=50.0% PL=9 TOOL=1　运动到程序点 5(初始位置)

MOVJ VJ=50.0% PL=9 TOOL=1　运动到程序点 6(放置点附近)

MOVJ VJ=50.0% PL=9 TOOL=1　运动到程序点 7(放置辅助点)

MOVL VL=100.0MM/S PL=0 TOOL=1　运动到程序点 8(放置点)

DOUT Y#(0)=OFF　放置工件

WAIT X#(0)=ON DT=0 CT=10　检测放置到位

MOVL VL=200.0MM/S PL=9 TOOL=1　移动到程序点 9，离开放置点

MOVJ VJ=50.0% PL=9 TOOL=1　移动到程序点 10(初始位置)

将程序输入示教器的步骤如下。

(1) 将模式钥匙拨到示教模式。

(2) 选择适合的工具坐标系。

(3) 进入程序列表界面。

(4) 新建程序，程序名用户根据使用编辑(便于识别程序用途)，也可以随意编辑，以“搬运”为程序名进行程序编辑。

(5) 打开“搬运”程序，按住安全开关(二挡)，将搬运夹具移动到程序点 1 位置，点击子菜单【运动】→【MOVJ】，如图 6.8 所示。

弹出指令编辑窗口，修改 VJ=50，PL=9。如图 6.9 所示。

点击子菜单栏【指令正确】按键。该指令行将记录到程序编辑窗口。程序点 1 的指令编辑完成。

(6) 重复步骤 5，根据编程表选择正确的指令，设置速度参数与平滑度，将程序点 2 与程序点 3 记录完成，编辑到程序文件中。

(7) 点击【编程指令】→【逻辑】→【DOUT】→【确认】，弹出窗口，如图 6.10 所示。

按照要求输入相应参数后，点击子菜单【指令正确】按键，该指令行将记录到程序编辑窗口。

(8) 点击【编程指令】→【逻辑】→【WAIT】→【确认】。

按照要求输入相应参数后，点击子菜单【指令正确】按键，该指令行将记录到程序编辑窗口。

(9) 重复以上类似的步骤。将各程序点和各指令输入完成，如图 6.11 所示。

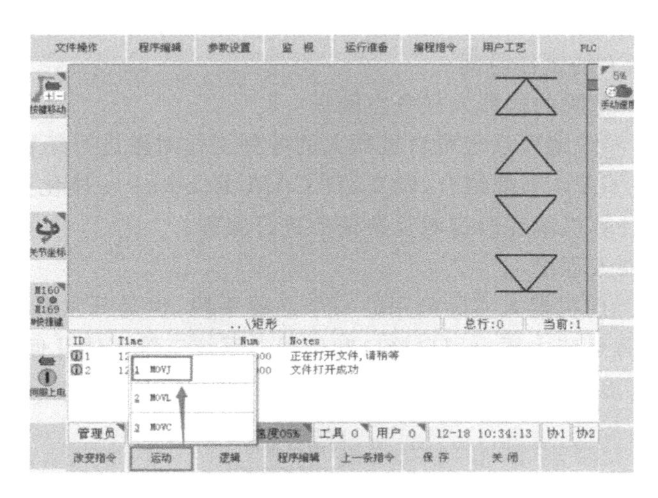

图 6.8 示教程序编辑窗口

图 6.9 运动命令输入窗口

图 6.10 逻辑命令输入窗口

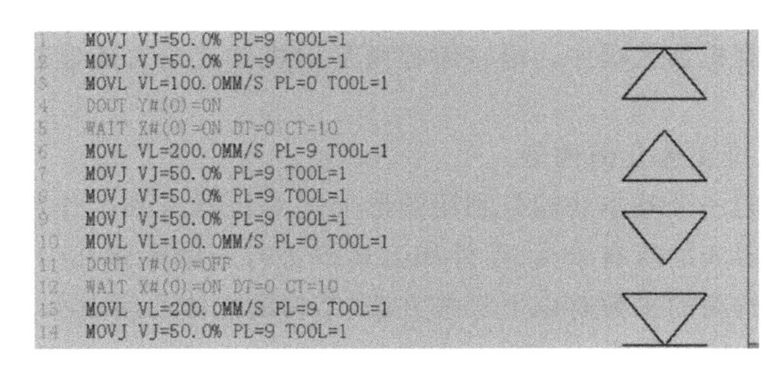

图 6.11 程序显示窗口

(10) 点击子菜单栏【保存】按键,再点击【关闭】按键,关闭程序编辑界面。通过以上步骤,完成了该实例程序的创建。

6.5.2 离线编程

离线编程是在专门的软件环境下,用专用或通用程序在离线情况下进行机器人运动规划编程的一种方法。离线编程程序通过支持软件的解释或编译产生目标程序代码,最后生成机器人运动规划数据。一些离线编程系统带有仿真功能,可以在不接触机器人实际工作环境的情况下,在三维软件中提供一个和机器人进行交互作用的虚拟环境。与在线示教编程相比,离线编程具有如下优点:

(1) 减少机器人不工作时间,当对机器人下一个任务进行编程时,机器人仍可在生产线上工作,编程不占用机器人的工作时间;

(2) 使编程者远离危险的机器人任务空间;

(3) 使用范围广,离线编程系统可对机器人的各种工作对象进行编程;

(4) 便于和 CAD/CAM 系统结合,做 CAD/CAM/Robotics 一体化;

(5) 可使用高级计算机编程语言对复杂任务进行编程;

(6) 便于修改机器人程序。

离线编程系统是当前机器人实际应用的一个必要手段,也是开发和研究任务级规划方式的有力工具。离线编程系统主要由用户接口和机器人系统三维实体几何构型、运动学计算、轨迹规划、通信接口和误差校正等部分组成,其相互关系如图 6.12 所示。

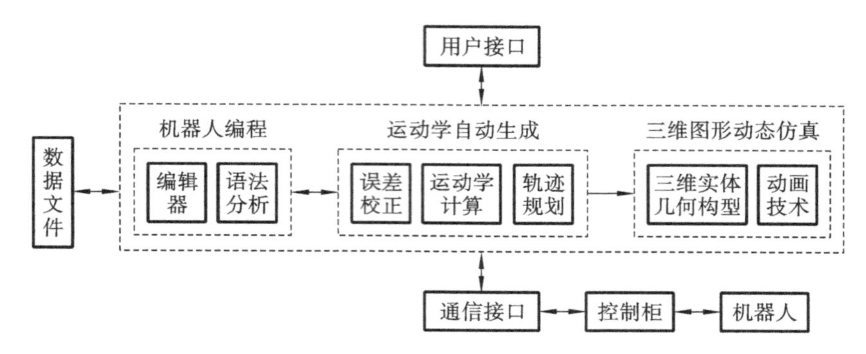

图 6.12 机器人离线编程系统组成

1) 用户接口

工业机器人一般提供两个用户接口,一个用于示教编程,另一个用于语言编程。示教编程可以用示教器直接编制机器人程序。语言编程则是用机器人语言编制程序,使机器人完成给定的任务。

2) 机器人系统三维实体几何构型

离线编程系统中的一个基本功能是利用图形描述对机器人和工作单元进行仿真,这就要求对工作单元中的机器人的所有卡具、零件和刀具等进行三维实体几何构型。目前用于机器人系统三维实体几何构型的主要有以下三种方法:结构的立体几何表示、扫描变换表示和边界表示。

3) 运动学计算

运动学计算就是利用运动学方法在给出机器人运动参数和关节变量的情况下,计算出机器人的末端位姿,或者是在给定末端位姿的情况下计算出机器人的关节变量值。

4) 轨迹规划

在离线编程系统中,除需要对机器人的静态位置进行运动学计算之外,还需要对机器人的空间运动轨迹进行仿真。

5) 三维图形动态仿真

机器人动态仿真是离线编程系统的重要组成部分,它能逼真地模拟机器人的实际工作过程,为编程者提供直观的可视图形,进而可以检验编程的正确性和合理性。

6) 通信接口

在离线编程系统中,通信接口起着连接软件系统和机器人控制柜的桥梁作用。

7) 误差校正

离线编程系统中的仿真模型和实际的机器人模型之间存在误差。产生误差的原因主要是机器人本身结构上的误差、任务空间内难以准确确定物体(机器人和工件等)的相对位置和离线编程系统的数字精度等。

6.5.3　离线编程软件与编程示例

1) RobotStudio 离线编程软件简介

RobotStudio 是瑞士 ABB 公司开发的工业机器人编程软件,界面友好,功能强大,离线编程在机器人实际安装前,通过可视化及可确定的解决方案和布局来降低风险,并通过创建更加精确的路径来获得更高的部件质量。

RobotStudio 支持机器人的整个生命周期,使用图形化编程、编辑和调试机器人系统来控制机器人的运行,并模拟优化现有机器人程序。RobotStudio 包括如下功能。

(1) CAD 导入功能,可方便地导入各种主流 CAD 格式的数据,包括 IGES、STEP、VRML、VDAFS、ACIS 及 CATIA 等。程序员可依据这些精确的数据编制精度更高的机器人程序,从而提高产品质量。

(2) AutoPath 功能,该功能通过使用待加工零件的 CAD 模型,仅在数分钟之内便可自动生成跟踪加工曲线所需要的机器人位置(路径),而这项任务以往通常需要数小时甚至数天。

(3) 程序编辑器,可以生成机器人程序,使用户能够在 Windows 环境中离线开发或维护机器人程序,可显著缩短编程时间,改进程序结构。

(4) 路径优化,如果程序包接近奇异点的机器人动作,RobotStudio 可自动检测出来并报警,从而防止机器人在实际运行中发生这种现象。仿真监视器是一种用于机器人运动优化的可视化工具,红色线条显示可改进之处,以使机器人按照最有效方式运行。该功能可以对 TCP 速度、加速度、奇异点或轴线等进行优化,缩短周期时间。

(5) 可到达性分析,通过 AutoReach 可自动进行可到达性分析,使用十分方便。用户可以通过该功能任意移动机器人或工件,直到所有可到达位置,在数分钟之内便可完成工作单元的平面验证布置和优化。

(6) 虚拟示教平台(QuickTeach™),是实际示教台的图形显示,其核心是 VirtualRobot。从本质上讲,所有可以在实际示教台上进行的工作都可以在虚拟示教台上完成,因而其是一种非常出色的教学和培训工具。

(7) 事件表,一种用于验证程序的结构与逻辑的理想工具。程序执行期间,可以通过该工具直接观察工作单元的 I/O 状态,可将 I/O 连接到仿真软件,实现工位内机器人及所有设备的仿真。该功能是一种十分理想的调试工具。

(8) 碰撞检测,该功能可以避免碰撞造成的严重损失。选定检测对象后,RobotStudio 可自动检测并显示程序执行时这些对象是否发生碰撞。

(9) VBA(visual basic for applications)功能。可采用 VBA 改进和扩充 RobotStudio 功能,根据用户具体需要开发功能强大的外接插件、宏或定制用户界面。

(10) 直接上传和下载。整个机器人程序无需任何转换便可以直接下载到实际机器人系统,该功能得益于 ABB 独有的 VirtualRobot 技术。

2）离线编程示例

本示例使用 RobotStudio 进行离线编程，完成机器人搬运的功能，具体步骤如下。

（1）打开 RobotStudio 软件，创建工作站，如图 6.13 所示。

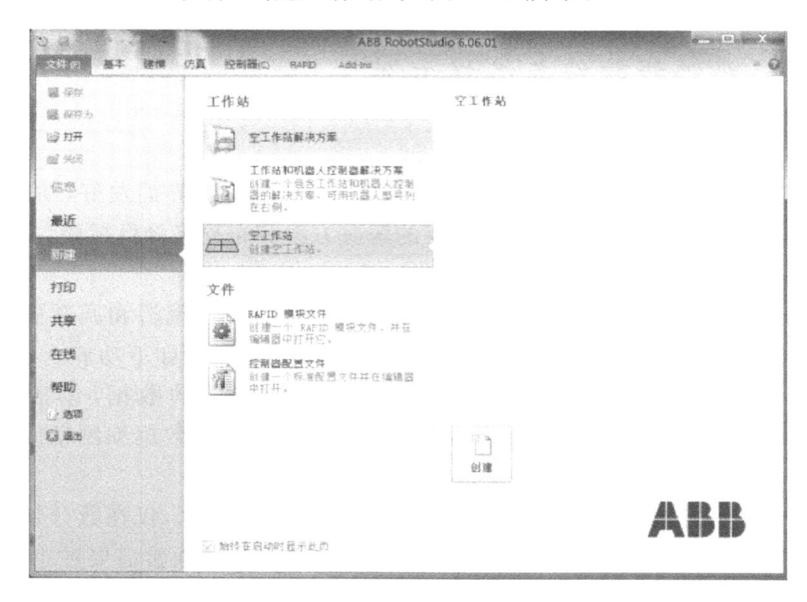

图 6.13　创建工作站

（2）从【ABB 模型库】中选择一个 IRB2600 机器人模型导入工作站，如图 6.14 所示（IRB2600 机器人的承重能力是 12 kg，可到达的距离是 1.65 m）。

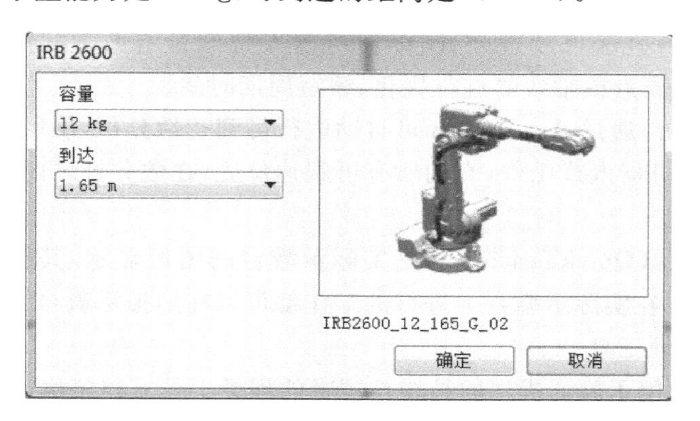

图 6.14　导入 IRB2600 机器人模型

（3）导入机械手。在【基本】功能选项卡中，依次单击【导入模型库】→【设备】→【Training】，选择“MyTool”机械手。在【布局】窗口中，用鼠标左键按住“MyTool”不放，将其拖动到 IRB2600 上，松开鼠标，则放置成功，如图 6.15 所示。

（4）放置工件。在【建模】功能选项卡中，单击【固体】，选择【矩形体】，设置参数即可，然后将工件放置在机器人的前端运动范围内，如图 6.16 所示。

（5）创建工件坐标。在【基本】功能选项卡中，单击【其他】，选择【创建工件坐标】，在【用户坐标框架】下，选择【取点创建框架】，选择【三点】创建，如图 6.17 所示。

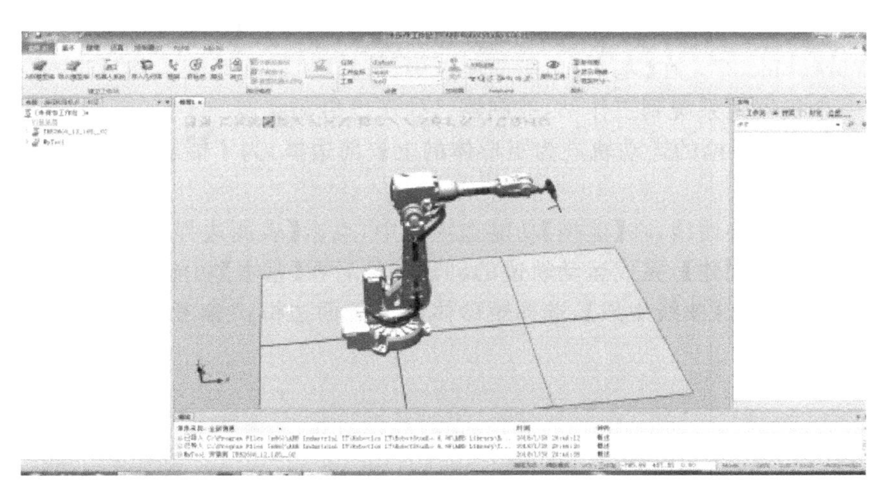

图 6.15　导入机械手

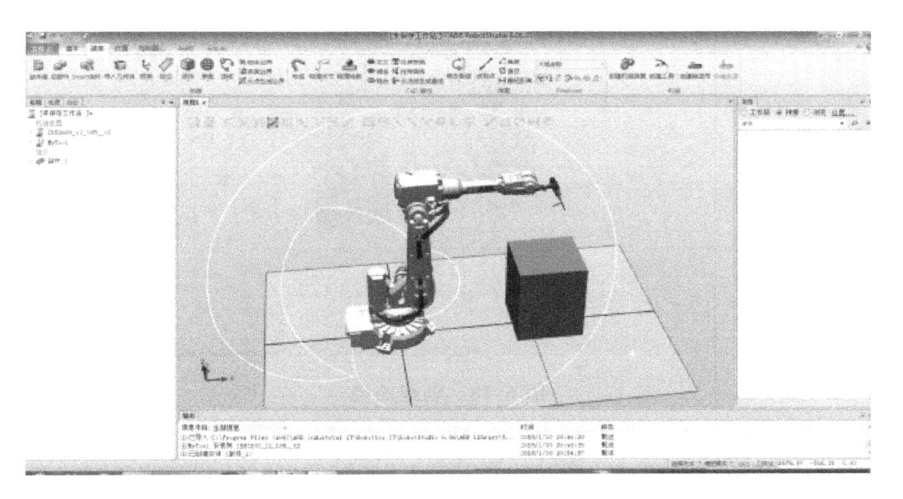

图 6.16　放置工件

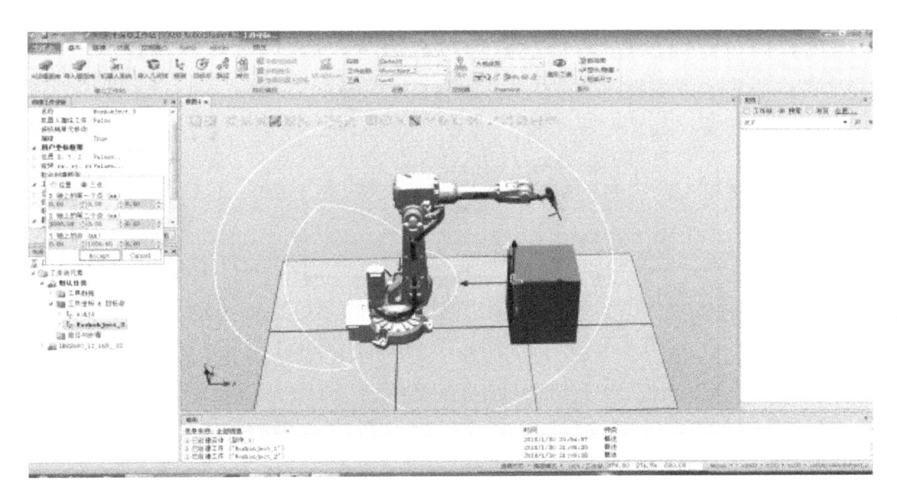

图 6.17　创建工件坐标

（6）完成工件坐标的创建后，在【基本】功能选项卡中，单击【设置】，在【工件坐标】中选择创建好的“Workobject3”。在【基本】功能选项卡中，选择【机器人系统】，然后选择【从布局…】，至此导入了一个机器人系统到工作站，控制器已处于已启动状态。

（7）创建路径。焊枪的运动轨迹为矩形体的上表面边框，为了能够自动识别边框的轨迹，具体操作如下。

首先选择运动轨迹曲线，在【建模】功能选项卡中，点击【表面边界】→【选择表面】，单击矩形体的上表面，单击【创建】，完成运动轨迹的创建。然后在【基本】功能选项卡中，单击【路径】，选择【自动路径】。单击【曲线生成】，选择矩形体的上表面边框，“参考面”为矩形体的上表面，如图 6.18 所示。

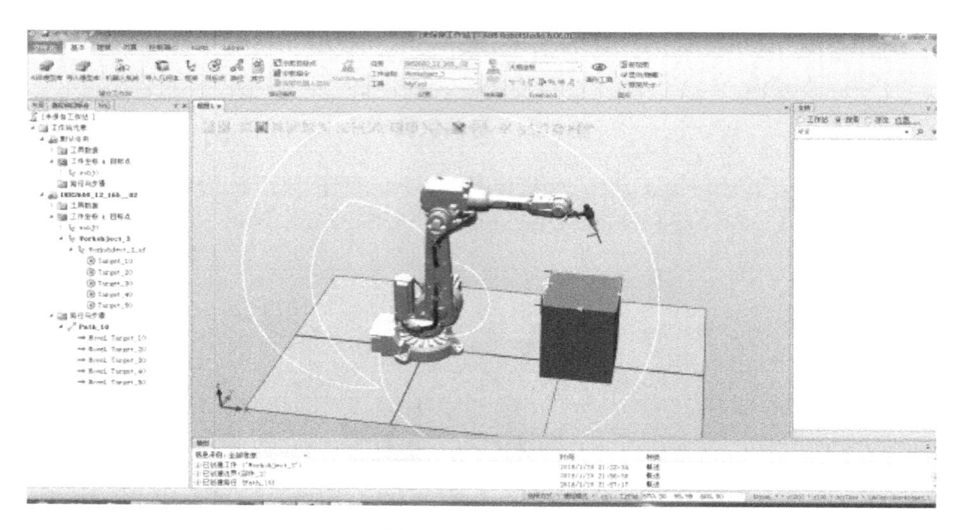

图 6.18　创建路径

（8）运动路径指令设置。右击“path10”路径，选择“自动配置参数”，然后选择“沿着路径运行”，观察运动结果，如图 6.19 所示。

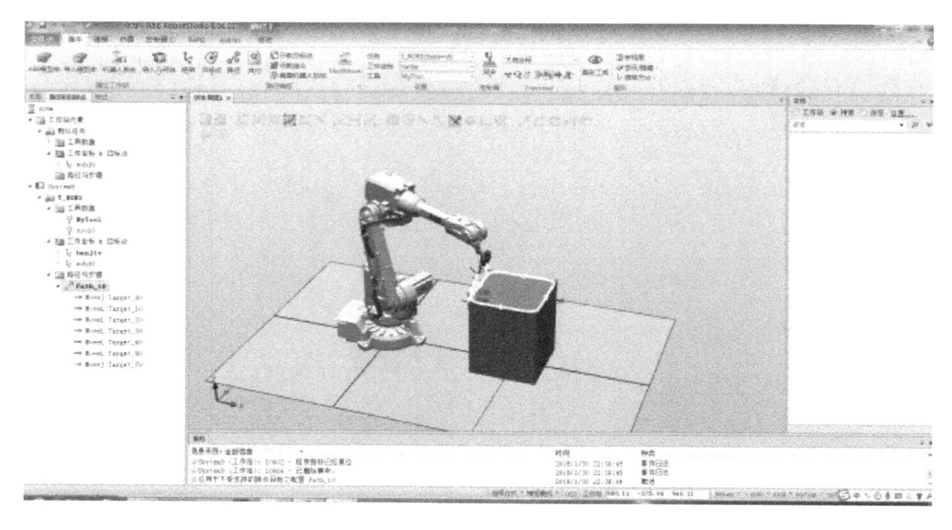

图 6.19　参数配置

第7章　工业机器人系统控制技术

7.1　工业机器人自动化系统概述

工业机器人自动化系统是指在无人干预的情况下，通过传感器获取被控对象各状态信息，并由处理器对这些信息进行分析与计算，使工业机器人按规定的程序或指令自动进行操作或运行，其目标是稳、准、快。实现工业机器人自动化的优势是，不仅可以把人从繁重的体力劳动、部分脑力劳动以及恶劣、危险的工作环境中解放出来，而且能提高生产效率、提高产品品质、降低成本、提高企业管理水平等。

各种类型产品的自动化系统大小不一、结构有别、功能各异，可以把工业机器人自动化系统分为五个部分：机械本体 、检测及传感器 、控制 、执行机构 、动力源。从功能上来看，不论何种类型的自动化系统都应具备最基本的四大功能，即运转功能、控制功能、检测功能和驱动功能。工业机器人自动化系统的典型代表有机器人工作站、自动化分拣系统等。机器人工作站是指以一台或多台机器人为主，配以相应的周边设备，如变位机、输送机、工装夹具等，或借助人工的辅助操作一起完成相对独立的一种作业或工序的一组设备组合。如典型的焊接机器人工作站由如图7.1(a)所示的各种单元构成，主要包括焊接电源、供气装置、稳压器、供电系统(uninterrupted power supply，UPS)、控制柜、纵梁、L型变位机、头尾架变位机和电焊机。该焊接机器人为一机双工位，机器人在纵梁上移动，依次对L型变位机及头尾架变位机上装夹的工件进行焊接。自动化分拣系统一般是自动化生产线的最后一站，主要功能是对已经加工的工件进行分拣、码垛，示意图如图7.1(b)所示。自动化分拣系统一般是指由输送机械部分(包括传送带、分拣机器人、码垛机器人和搬运机器人等)、电气控制系统和计算机信息系统联网组合而成，可以根据用户的要求、场地情况，将药品、货物、物料等，按用户、地名、品名进行自动化分拣、装箱、封箱的连续作业系统。

上述工业机器人系统(工作站、自动化分拣系统)中具有分层结构。因此，在控制中用到了分层递阶控制方法，本小节在此进行简要阐述。

分层递阶控制是智能控制中最早的理论之一，分层递阶控制系统结构已隐含在其他各种智能控制系统之中，成为其他各种智能控制的重要基础。智能控制是能在适应环境变化的过程中模仿人和动物所表现出来的优秀控制能力的一种控制，目前已形成分层递阶自组织控制、模糊控制、神经网络控制和仿人智能控制等方向。

Saridis教授在1977年发表的综述文章中论述了从通常的反馈控制到最优控制、随机控制，再到自适应控制、自学习控制、自组织控制，并最终向智能控制发展的过程。文中根据人类智能特点，提出了分层递阶的控制结构形式，由组织级、协调级和执行级组成。分层递阶控制的主要思想是，控制精度由下而上逐级递减，智能程度由下而上逐级增加。Saridis提出的三级分层递阶控制系统结构如图7.2所示。

假定输入电压为 U_{cc}，电阻丝长度为 L，触头从电阻中心向左端移动 x，电阻右侧的输出电压为 U_{out}，则根据欧姆定律，移动距离为

$$x=\frac{L(2U_{out}-U_{cc})}{2U_{cc}} \tag{7.4}$$

直线型电位器式位移传感器主要用于检测直线位移，其电阻采用直线型螺线管或直线型碳膜电阻，滑动触点也只能沿电阻的轴线方向做直线运动。直线型电位器式位移传感器的工作范围和分辨率受电阻器长度的限制，线绕电阻、电阻丝本身的不均匀性会造成传感器的输入、输出关系的非线性。

2）旋转型电位器式位移传感器

旋转型电位器式位移传感器的电阻元件呈圆弧状，滑动触点在电阻元件上做圆周运动。由于滑动触点等的限制，传感器的工作范围只能小于360°，图7.5所示为旋转型电位器式位移传感器的工作原理。当输入电压 U_{cc} 加在传感器的两个输入端时，传感器的输出电压 U_{out} 与滑动触点的位置成比例。在应用时机器人的关节轴与传感器的旋转轴相连，这样根据测量的输出电压 U_{out} 的数值，即可计算出关节对应的旋转角度。

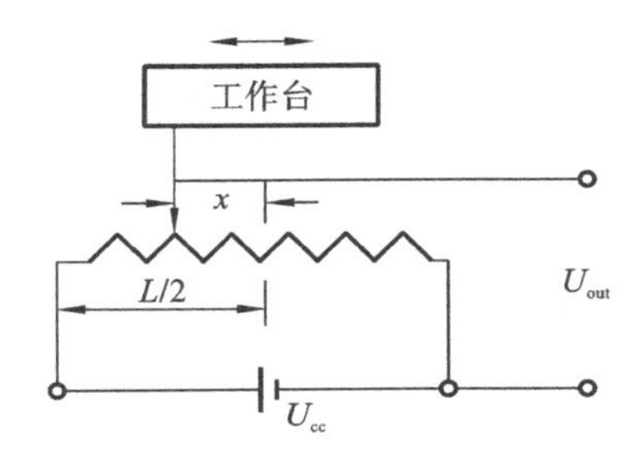

图7.4　直线型电位器式位移传感器工作原理

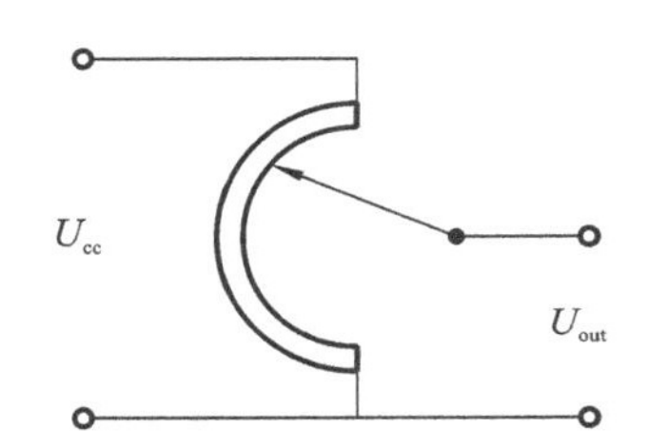

图7.5　旋转型电位器式位移传感器工作原理

2. 光电编码器

光电编码器是集光、机、电技术于一体的数字化传感器，它利用光电转换原理将旋转信息转换为电信息，并以数字代码形式输出，可以高精度地测量转角或直线位移。光电编码器具有测量范围大、检测精度高、价格便宜等优点，在数控机床和机器人的位置检测及其他工业领域都得到了广泛应用。一般把该传感器装在机器人各关节的转轴上，用来测量各关节转角。

根据检测原理，光电编码器可分为接触式和非接触式两种。接触式编码器采用电刷输出，以电刷接触导电区和绝缘区分别表示代码的1和0状态；非接触式编码器的敏感元件是光敏元件或磁敏元件，采用光敏元件时以透光区和不透光区表示代码的1和0状态，采用磁敏元件时以磁化区和非磁化区表示代码的1和0状态。根据测量方式，光电编码器可分为直线型和旋转型两种，目前机器人中较为常用的是旋转型光电编码器。根据测出的信号，光电编码器可分为绝对式和增量式两种。以下主要介绍绝对式光电编码器和增量式光电编码器。

1）绝对式光电编码器

绝对式光电编码器是一种直接编码式的测量元件，它可以直接把被测转角或位移转化成相应的代码，指示的是绝对位置而非绝对误差，在电源切断时不会丢失位置信息。但其结构复杂、价格昂贵，且不易做到高精度和高分辨率。

绝对式光电编码器的码盘处在光源与光敏元件之间，其轴与电动机轴相连，随电动机的旋转而旋转。码盘上有 n 个同心圆环码道，整个码盘又以一定的编码形式（如二进制编码等）分

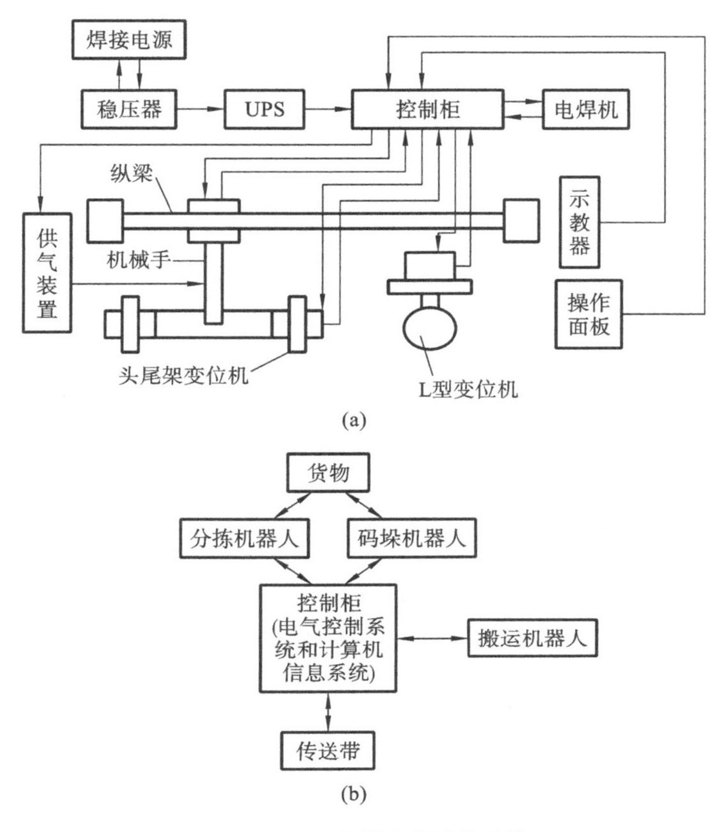

图 7.1　工业机器人自动化系统

(a) 典型的焊接机器人工作站　(b) 自动化分拣系统

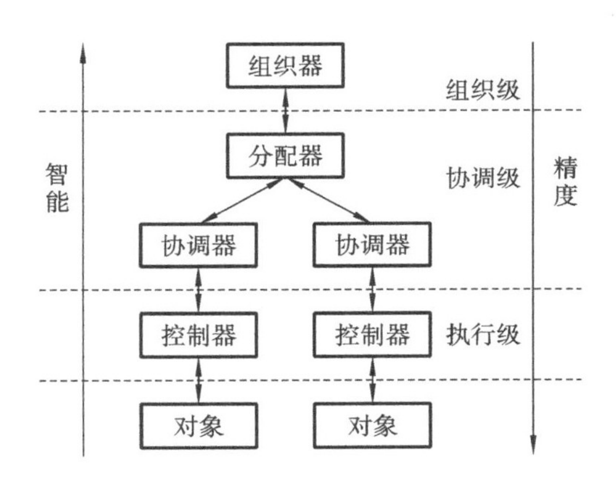

图 7.2　分层递阶结构示意图

1) 组织级

组织级是分层递阶控制结构的最上层,代表控制系统的主导思想,具有组织、学习和综合决策的能力,其主要任务是进行规划,对于给定的命令和任务,找到能够完成该任务的子任务或动作组合,提出适当的控制模式,并将这些指令向协调级下达。组织级需要处理全局信息,控制模拟人脑统筹全局、逻辑思维、历史数据对比及分析问题的过程。

2）协调级

协调级是分层递阶控制结构的中间层，是组织级与执行级之间的接口。协调级将组织级传来的指令分解并分配到控制单元，控制单元结合各自不同的需求，产生优化指令，并分解为可被执行级操作的动作。协调级需要处理局部信息，控制指令模糊程度较低，控制精度较高，控制响应速度较快，控制智能水平较高。

3）执行级

执行级是分层递阶控制结构的最底层，一般由多个硬件控制器组成，执行一个确定的动作。执行级具有较精确的控制模型，对协调级制定的控制操作序列，能结合外部因素进行准确执行。执行级需要处理的数据量少、计算时间短，能做到实时响应，控制精度高，控制智能水平低。

7.2 工业机器人配套传感器

工业机器人工作的可靠性，依赖于工业机器人对工作环境的感知和自主适应能力，因此需要高性能传感器及各传感器之间的协调工作。不同行业的工作环境具有特殊要求和不确定性，对感知系统的要求不尽相同，且随着工业机器人应用领域的不断扩大，对工业机器人感知系统的要求也不断提高，工业机器人感知系统设计由此成为机器人技术的一个重要发展方向。工业机器人感知系统的设计是实现工业机器人自动化的基础，主要表现在新型传感器及多传感器信息融合技术的应用。传感器是利用物理、化学变化，并将这些变化变换成电信号（电压、电流和频率）的装置，通常由敏感元件、转换元件和基本转换电路组成，如图 7.3 所示。

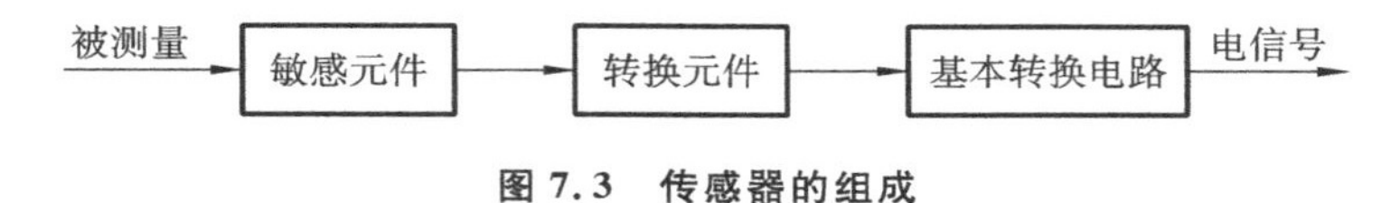

图 7.3 传感器的组成

1. 工业机器人用传感器的分类

工业机器人工作时，需要检测其自身的状态、作业对象与作业环境的状态，故工业机器人所用传感器可分为内部传感器和外部传感器两大类。

1）内部传感器

内部传感器是用于测量机器人自身状态参数（如关节转角等）的功能元件。该类传感器安装在机器人自身上，用来感知机器人自身的状态，以调整和控制机器人的运动。内部传感器通常包括位置、速度及加速度传感器等。

2）外部传感器

外部传感器用于测量与机器人作业有关的外部信息，这些外部信息通常与机器人的目标识别、作业安全等有关。外部传感器可获取机器人周围环境、目标物的状态特征等相关信息，检测机器人和环境发生的交互作用，从而使机器人对环境有自校正和自适应能力。外部传感器进一步可分为末端执行器传感器和环境传感器。末端执行器传感器主要安装在末端执行器上，检测并处理微小而精密作业的感觉信息，如触觉传感器、力觉传感器。环境传感器用于识别环境状态，帮助机器人完成操作作业中的各种决策。环境传感器有视觉传感器和超声波传感器等。

2. 传感器的性能指标

为评价或选择传感器，通常需要确定传感器的性能指标，传感器性能指标如下。

1）灵敏度

灵敏度是指传感器的输出信号达到稳定时，输出信号增量与输入信号增量的比值。假如传感器的输出和输入呈线性关系，其灵敏度可表示为

$$s=\frac{\Delta y}{\Delta x} \tag{7.1}$$

式中：s 为传感器的灵敏度；Δy 为传感器输出信号的增量；Δx 为传感器输入信号的增量。

假设传感器的输出与输入呈非线性关系，其灵敏度就是输入输出曲线的导数。传感器输出量的量纲和输入量的量纲不一定相同。若输出量和输入量具有相同的量纲，则传感器的灵敏度也称为放大倍数。一般来说，传感器的灵敏度越大越好，这样可以使传感器的输出信号精确度更高、线性程度更好，但是过高的灵敏度有时会导致传感器的输出稳定性下降，所以应该根据机器人的要求选择灵敏度大小适中的传感器。

2）线性度

线性度反映传感器输出信号与输入信号之间的线性程度。假设传感器的输出信号为 y，输入信号为 x，则 y 与 x 的关系可表示为

$$y=bx \tag{7.2}$$

若 b 为常数，或者近似为常数，则传感器的线性度较高；如果 b 是一个变化较大的量，则传感器的线性度较差。机器人控制系统应该选用线性度较高的传感器。实际上，只有在少数情况下，传感器的输出信号和输入信号才呈线性关系。在大多数情况下，b 都是 x 的函数，即

$$b=f(x)=a_0+a_1x_1+a_2x_2+\cdots+a_nx_n \tag{7.3}$$

如果传感器的输入信号变化不大，且 $a_1,a_2,\cdots,a_n$ 都远小于 a_0，那么可以取 $b=a_0$，近似地把传感器的输出信号和输入信号看成是线性关系。常用的线性化方法有割线法、最小二乘法、最小误差法等。

3）测量范围

测量范围是指传感器能测量的被测量的最大允许值和最小允许值之差。一般要求传感器的测量范围必须覆盖机器人有关被测量的工作范围。如果无法达到这一要求，可以设法选用某种转换装置，但这样会引入不必要的误差，使传感器的测量精度受到一定的影响。

4）精度

精度是指传感器的测量输出量与实际被测量之间的误差。在机器人系统设计中，应该根据系统的工作精度要求选择精度合适的传感器。

应该注意传感器精度的适用条件和测量方法。适用条件应包括机器人所有可能的工作条件，如不同的温度、湿度、运动速度、加速度，以及在可能范围内的各种负载作用等。在测量方法中，用于检测传感器精度的测量仪器必须至少具有比传感器高一级的精度，进行精度测试时也需要考虑最坏的工作条件。

5）重复性

重复性是指传感器在对输入信号按同一方式进行全量程连续多次测量时，相应测试结果的变化程度。测试结果的变化越小，重复性越好。对于多数传感器来说，重复性指标都优于精度指标，这些传感器的精度不一定很高，但只要温度、湿度、受力条件和其他参数不变，传感器的测量结果也不会有较大变化。同样，对于传感器的重复性也应考虑使用条件和测试方法的

问题。对于示教再现型机器人，传感器的重复性至关重要，它直接关系到机器人能否准确地再现示教轨迹。

6）分辨率

分辨率是指传感器在整个测量范围内所能辨别的被测量的最小变化量，或者所能辨别的不同被测量的个数。传感器能辨别的被测量的最小变化量越小，或被测量个数越多，则分辨率越高；反之，则分辨率越低。传感器的分辨率直接影响机器人的可控程度和控制品质。一般需要根据机器人的工作任务规定传感器分辨率的最低限度要求。

7）响应时间

响应时间是传感器的动态特性指标，是指传感器的输入信号变化后，其输出信号随之变化并达到一个稳定值所需要的时间。在某些传感器中，输出信号在达到某一稳定值以前会发生短时间的振荡。传感器输出信号的振荡对于机器人控制系统来说非常不利，它可能会造成一个虚设位置，影响机器人的控制精度和工作精度，所以传感器的响应时间越短越好。响应时间的计算应当以输入信号开始变化的时刻为始点，以输出信号达到稳定值的时刻为终点。实际上，还需要规定一个稳定值范围，只要输出信号的变化不再超出此范围，即可认为它已经达到了稳定值。对于具体系统设计，还应规定响应时间容许上限。

8）抗干扰能力

机器人的工作环境是多种多样的，在有些情况下可能相当恶劣，因此对于工业机器人用传感器必须考虑其抗干扰能力。由于稳定的传感器输出信号是控制系统稳定工作的前提，为防止机器人系统意外动作或发生故障，设计传感器系统时必须采用可靠性设计技术。

在选择工业机器人传感器时，需要根据实际工况、检测精度、控制精度等的具体要求来确定所用传感器的各项性能指标，同时还需要考虑工业机器人工作的一些特殊要求，比如重复性、稳定性、可靠性、抗干扰性要求等，最终选择出性价比较高的传感器。

7.2.1　位置/位移/角度传感器

工业机器人关节的位置控制是机器人最基本的控制要求，对位置/位移/角度的检测也是机器人最基本要求。位置/位移/角度传感器根据其工作原理和组成的不同有多种形式，常见的有电位器式位移传感器、光电编码器和激光位移传感器等；按照工作原理分类有电阻式、电容式、电感式、光栅式和激光传感器等。这里介绍几种典型的位移传感器。

1. 电位器式位移传感器

电位器式位移传感器由一个线绕电阻（或薄膜电阻）和一个滑动触点组成。滑动触点通过机械装置受被测量的控制，当被检测的位置量发生变化时，滑动触点也发生位移，从而改变滑动触点与电位器各端之间的电阻值和输出电压值。传感器根据输出电压值的变化，检测出机器人各关节的位置和位移量。按照传感器的结构，电位器式位移传感器可分成两大类，一类是直线型电位器式位移传感器，另一类是旋转型电位器式位移传感器。

1）直线型电位器式位移传感器

直线型电位器式位移传感器的工作原理如图 7.4 所示，其工作台与传感器的滑动触点相连，当工作台左右移动时，滑动触点也随之左右移动，从而改变与电阻接触的位置，通过检测输出电压的变化量，确定以电阻中心为基准位置的移动距离。

为若干(如 $2n$)等分的扇形区段。图 7.6 所示为 4 位绝对式光电编码器的结构及各个扇区对应的输出脉冲信号。4 位绝对式光电编码器码盘如图 7.7 所示,圆形码盘上沿径向有 4 个同心码道,每条码道上由透光和不透光的扇形区(分别为图中黑色和白色部分)相间组成,分别代表二进制数的 1 和 0,相邻码道的透光和不透光扇形区数目是双倍关系。码盘上的码道数就是它的二进制数码的位数,最外圈代表最低位,最内圈代表最高位。

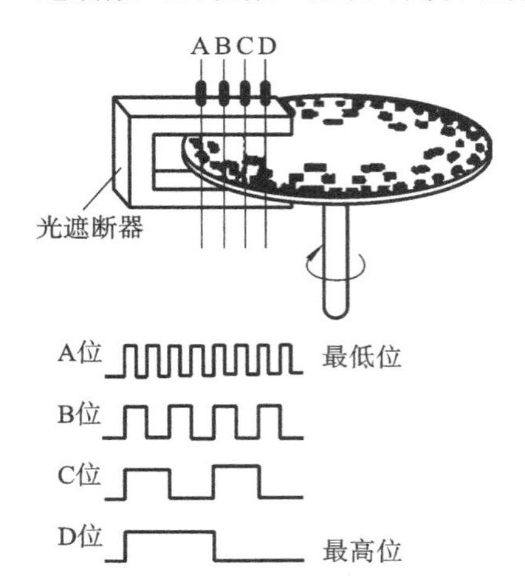

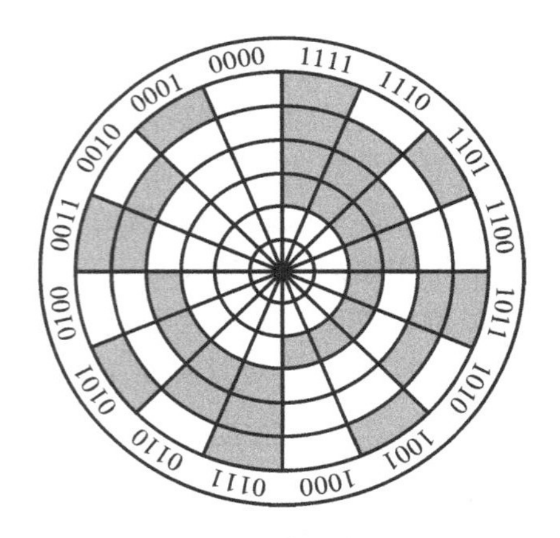

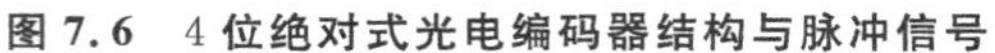

图 7.6　4 位绝对式光电编码器结构与脉冲信号　　**图 7.7　4 位绝对式光电编码器码盘**

与码道个数相同的 4 个光电器件 A、B、C、D 分别与各自对应的码道对准并沿码盘的半径直线排列,通过这些光电器件的检测把代表被测位置的各等分上的数码转化成电信号输出,如图 7.6 所示的脉冲信号。码盘每转一周产生 0000～1111 共 16 个二进制数,对应于转轴的每一个位置均有唯一的二进制编码,因此可用于确定转轴的绝对位置。

绝对位置的分辨率(分辨角)α 取决于二进制编码的位数,即码道的个数 n。分辨率 α 的计算公式为

$$\alpha = \frac{360^\circ}{2^n} \tag{7.5}$$

如有 10 个码道,则此时角度分辨率可达 0.35°。目前市场上使用的光电编码器的码道为 4～18 道。在应用中通常要考虑伺服系统要求的分辨率和机械传动系统的参数,以选择码道个数合适的编码器。

2) 增量式光电编码器

增量式光电编码器能够以数字形式测量出转轴相对于某一基准位置的瞬时角位置,此外还能测出转轴的转速和转向。增量式光电编码器主要由光源、码盘、检测光栅和光电检测器件组成,其结构如图 7.8 所示。码盘上刻有节距相等的辐射状透光缝隙,相邻两个透光缝隙之间代表一个增量周期;检测光栅上刻有 3 个同心光栅,分别称为 A 相、B 相和 C 相光栅。A 相光栅与 B 相光栅上分别有间隔相等的透明和不透明区域,用于透光和遮光,A 相和 B 相在码盘上互相错开半个节距。增量式光电编码器码盘及信号形式如图 7.9 所示。

当码盘逆时针方向旋转时,A 相光栅先于 B 相光栅透光导通,A 相和 B 相光电检测器件接受时断时续的光。A 相超前 B 相 90°的相位角(1/4 周期),产生近似正弦的周期信号。这些信号被放大、整形后成为如图 7.9 所示的脉冲数字信号。根据 A、B 相任意一光栅输出脉冲数 x 的多少就可以确定码盘的相对转角 β,如式(7.6)中第二个方程所示;根据输出脉冲的频率

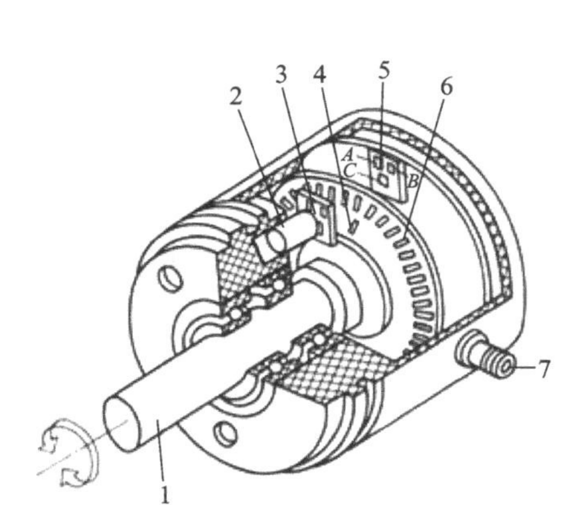

图 7.8　增量式光电编码器的结构

1—主轴，2—光源，3、5—光电检测器件，4—参考光栅，6—码盘及光栅

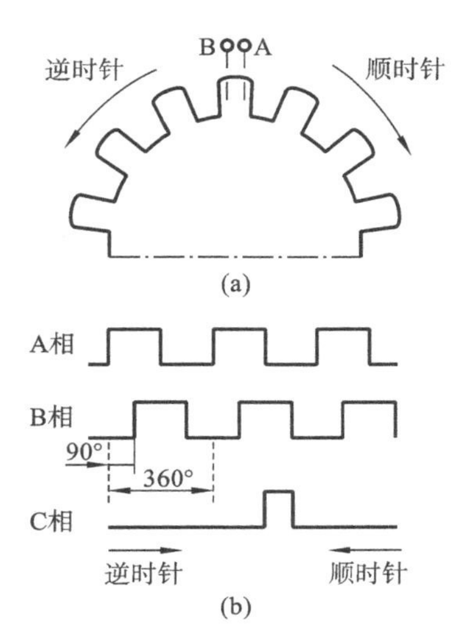

图 7.9　增量式光电编码器码盘及信号形式

可以确定码盘的转速；采用适当的逻辑电路，根据A、B相输出脉冲的相序就可以确定码盘的旋转方向。可见，A、B两相光栅的输出为工作信号，而C相光栅的输出为标志信号，码盘每旋转一周，发出一个标志信号脉冲，用来指示机械位置或对积累量清零。增量式光电编码器的分辨率（分辨角）α是以编码器轴转动一周所产生的输出信号的基本周期数来表示的，即每转脉冲数（pulse per revolution，PPR）。码盘旋转一周输出的脉冲信号数目取决于透光缝隙数目的多少，码盘上刻的缝隙越多，编码器的分辨率就越高。假设码盘的透光缝隙数目为n，则分辨率α的计算公式如式(7.6)第一个方程所示。

$$\begin{cases}\alpha = \dfrac{360^\circ}{n} \\ \beta = x \cdot \alpha\end{cases} \tag{7.6}$$

在工业应用中，根据不同的应用对象，通常可选择分辨率为每转500～6000脉冲数的增量式光电编码器，最高可以达到每转几万脉冲数。在交流伺服电动机控制系统中，通常选用分辨率为每转2500脉冲数的编码器。此外，用倍频逻辑电路对光电转换信号进行处理，可以得到2倍频或4倍频的脉冲信号，从而进一步提高分辨率。

增量式光电编码器的优点是原理构造简单、易于实现；机械平均寿命长，可达到几万小时以上；分辨率高；抗干扰能力较强，信号传输距离较长，可靠性较高；价格便宜。其缺点是它无法直接读出转动轴的绝对位置信息。增量式光电编码器广泛应用于数控机床、回转台、机器人、雷达、军事目标测定仪器等需要检测角度的装置和设备中。

3. 激光位移传感器

激光位移传感器可非接触测量被测物体的位置、位移等变化，主要用于被测物体的位移、厚度、距离和直径等几何量的测量，激光位移传感器测量原理分为激光三角测量法和激光回波分析法，激光三角测量法一般适用于高精度、短距离的测量，而激光回波分析法则用于远距离测量。

激光三角测量法原理如图7.10所示。半导体激光器1通过镜头2将可见红色激光射向被测物体 6 或 7 表面，经物体反射的激光通过接收器镜片 3，被内部的 CCD 线性阵列 4 接收，根据不同的距离，CCD 线性阵列 4 可以在不同的角度下“看见”这个光点，根据这个角度及已知的激光和相机之间的距离，信号处理器 5 就能计算出传感器和被测物体之间的距离。

激光回波分析法的原理图如图 7.11 所示。激光位移传感器采用回波分析原理来测量距离以达到一定的精度。传感器内部由处理器单元、回波处理单元、激光发射器和激光接收器等部分组成。激光位移传感器通过激光发射器每秒发射一百万个激光脉冲到被测物并返回至接收器，回波处理单元计算激光脉冲遇到被测物并返回至接收器所需的时间，以此计算出距离，输出值是上千次测量结果的平均值。激光回波分析法适合于远距离检测，但测量精度相对于激光三角测量法要低。

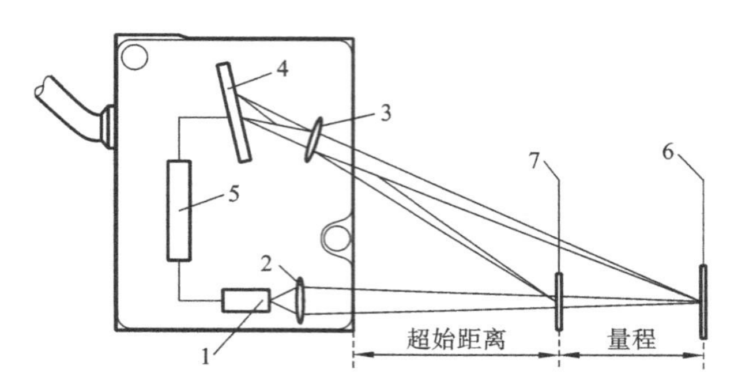

图 7.10　激光位移传感器激光三角测量法原理

1—半导体激光器，2—镜头，3—接收器镜片，4—CCD 线性阵列
5—信号处理器，6—被测物体 *a*，7—被测物体 *b*

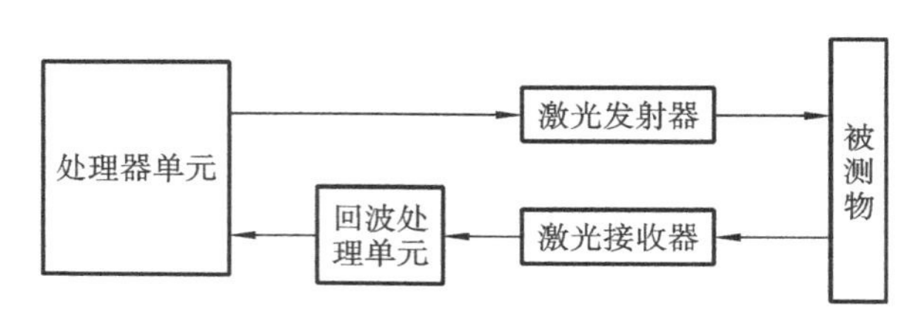

图 7.11　激光位移传感器激光回波分析法原理

7.2.2　接近开关

接近开关通常只有二值输出，用来判断在规定距离范围内是否有物体存在，因此，接近开关通常又称为接近觉传感器，它所测量的不是一段距离的变化量，而是通过检测确定是否已到达某一位置。因此，它不需要产生连续变化的模拟量，只需要产生能反映某种状态的开关量就可以了。这种传感器主要用于物体抓取或避障类近距离工作的场合。接近开关分接触式和接近式两种。接触式接近开关是能判断两个物体是否接触的一种传感器；而接近式接近开关是用来判别在某一范围内是否有某一物体的一种传感器。

1）接触式接近开关

这类传感器用微动开关之类的触点器件便可构成，它有以下两种。

(1) 微动开关传感器，它用于检测物体位置。

(2) 二维矩阵传感器，它一般用于机械手掌内侧，在手掌内侧常安装有多个二维矩阵传感器，用于检测自身与某一物体的接触位置。

2）接近式接近开关

目前使用最为广泛的接近式接近开关有光电式传感器、霍尔效应式传感器和超声波式传感器三种。

（1）光电式传感器　又称为红外线光电接近开关，它可利用被测物体对红外光束的遮挡或反射，由同步回路的选通来检测物体的有无。其检测对象不限于金属材质的物体，而是对所有能遮挡或反射光线的物体均可检测。光电式传感器一般由发射器、接收器、检测电路和光电元件四部分构成，如图7.12所示。发射器对准目标发射光束，发射的光束一般来自半导体光源，如发光二极管（LED）、激光二极管及红外发射二极管。工作时发射器不间断地发射光束，或者改变脉冲宽度。接收器由光电二极管、光电三极管、光电池组成，在接收器的前面装有光学元件如透镜和光圈等。检测电路把接收器的信号转换成光信号，然后借助光电元件进一步将光信号转换成所用的电信号。

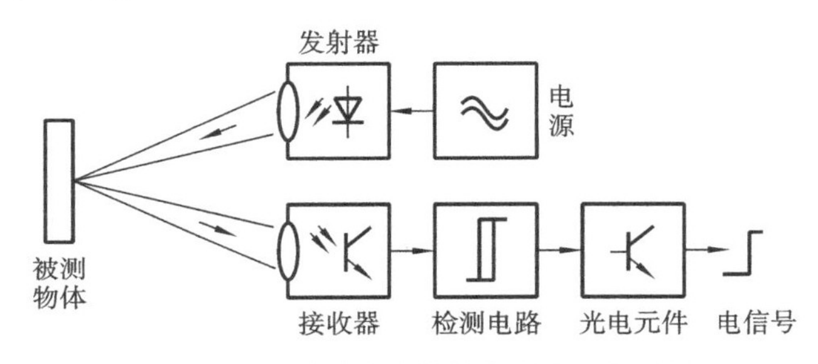

图7.12　光电式传感器的构成及工作原理

根据检测方式的不同，光电式传感器可分为漫反射式、镜反射式、对射式、槽式和光纤式五种，如图7.13所示。

漫反射式光电传感器是一种集发射器和接收器于一体的传感器，当有被测物体经过时，光电传感器的发射器发射的具有足够能量的光线被反射到接收器上，于是光电传感器就产生了开关信号，如图7.13(a)所示。当被测物体的表面光亮或其反射率极高时，漫反射式是首选的检测模式。

镜反射式光电传感器亦是集发射器与接收器于一体的传感器，光电传感器的发射器发出的光线经过反光镜反射回接收器，当被测物体经过且完全阻断光线时，光电传感器就产生检测开关信号，如图7.13(b)所示。

对射式光电传感器由在结构上相互分离且光轴相对放置的发射器和接收器组成，发射器发出的光线直接进入接收器。当被测物体经过发射器和接收器之间且阻断光线时，光电传感器就产生了开关信号，如图7.13(c)所示。当被测物体不透明时，采用对射式检测方式是最可靠的。

槽式光电传感器通常采用标准的“U”字形结构，其发射器和接收器分别位于“U”形槽的两边，并形成一光轴，当被测物体经过“U”形槽且阻断光线时，光电传感器就产生了开关信号，如图7.13(d)所示。

光纤式光电传感器采用塑料或玻璃光纤传感器来引导光线，以实现被测物体不在相近区域时的检测，如图7.13(e)所示。

（2）霍尔效应式传感器　其主要器件为霍尔元件，霍尔元件是一种半导体磁电转换元件，一般由锗（Ge）、锑化铟（InSb）、砷化铟（InAs）等半导体材料制成。其工作原理如图7.14所

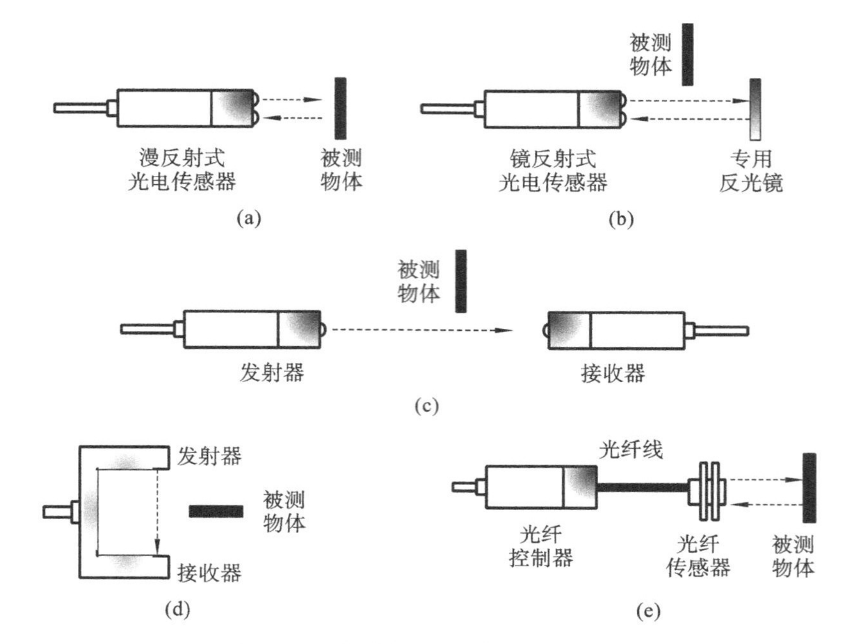

图 7.13　各种检测方式的光电传感器

(a) 漫反射式　(b) 镜反射式　(c) 对射式　(d) 槽式　(e) 光纤式

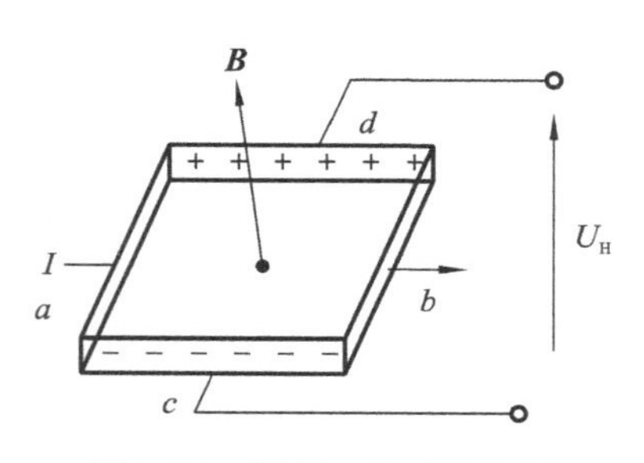

图 7.14　霍尔元件工作原理

示，将霍尔元件置于磁场中，如果 a、b 端通以电流 I，在 c、d 端就会出现电位差，这种现象称为霍尔效应。将小磁体固定在运动部件上，当部件靠近霍尔元件时，便会产生霍尔效应，利用电路检测出电位差信号，便能判断物体是否到位。

(3) 超声波式传感器　由超声波发送器、超声波接收器、控制电路和电源部分组成，如图 7.15 所示。超声波发送器由发生器与陶瓷振子换能器组成。换能器的作用是将陶瓷振子的电振动能量转换成超声波能量并向空中辐射；而接收器由陶瓷振子换能器与放大电路组成，换能器接收超声波，产生机械振动，将其变换成电能量，作为接收器的输出，从而对发送的超声波进行检测。控制电路主要完成发送脉冲频率、占空比的调制以及返回脉冲计数和距离换算工作。

超声波式传感器的工作原理基于渡越时间的测量，渡越时间即从发送器发出的超声波经目标反射后沿原路返回接收器所需的时间，如图 7.15 所示。渡越时间 T 与超声波在介质中的传播速度 v 的乘积的一半，即是传感器与被测物体之间的距离 L，即

$$L=\frac{vT}{2} \tag{7.7}$$

渡越时间的测量方法有脉冲回波法、相位差法和频差法。对于传感器的接收信号，也有各种检测方法。常用的检测方法有固定/可变测量阈值法、自动增益控制法、高速采样法、波形存储法、鉴相法和鉴频法等。

超声波式传感器以其性价比高、硬件实现简单等优点，在机器人感知系统中得到了广泛的应用。但超声波式传感器也存在不少缺陷，如声强随传播距离的增加按指数规律衰减，以及空

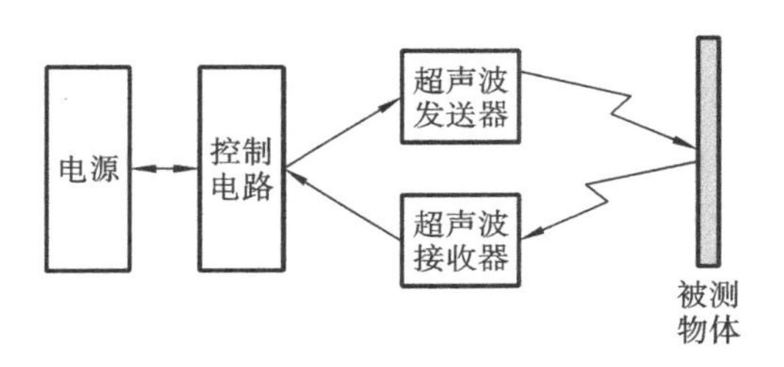

图 7.15　超声波式传感器原理图

气流的扰动、热对流的存在均会使超声波式传感器在测量中、长距离目标时精度下降，甚至无法工作，工业环境中的噪声也会给可靠的测量带来困难。另外，被测物体表面的倾斜、声波在物体表面上的反射，有可能使换能器接收不到反射回来的信号，从而检测不出前方物体的存在。

7.2.3　力/力矩传感器

通常将机器人的力传感器分为三类：①装在关节驱动器上的力传感器，称为关节力传感器，用于关节控制中的力反馈；②装在末端执行器和机器人最后一个关节之间的力传感器，称为腕力传感器；③装在机器人手爪指关节（或手指上）的力传感器，称为指力传感器。关于力/力矩传感器的结构、原理及性质方面的内容，详见 5.2.1 小节。

在选用力传感器时，首先要特别注意额定值，其次在机器人通常的力控制中，力的精度意义不大，重要的是分辨率。在机器人上实际安装使用力传感器时，一定要事先检查操作区域，清除障碍物。这对操作者的人身安全、保证机器人及外围设备不受损害有重要意义。

7.2.4　触觉传感器

触觉是机器人与外界环境直接接触时的重要感觉功能，研制出满足要求的触觉传感器是机器人发展中的关键之一。触觉信息的获取是机器人对环境信息直接感知的结果。广义上，它包括接触觉、压觉、力觉、滑觉、冷热觉等与接触有关的感觉；狭义上它是机械手与对象接触面上的力感觉。触觉是接触、冲击、压迫等机械刺激感觉的综合，利用触觉可进一步感知物体的形状及其刚度等物理特征。关于触觉传感器的结构、原理及性质方面的内容，详见 5.2 节。

7.2.5　视觉传感器

机器人视觉一般指与之配合操作的工业视觉系统，把视觉系统引入机器人，可以大大地扩大机器人的使用性能，使机器人在完成指定任务的过程中，具有更大的适应性。机器人视觉除要求价格低外，还要求拥有对目标良好的辨别能力，满足实时性、可靠性、通用性等方面的要求。近年来对机器人视觉的研究成为国内外机器人领域的研究热点之一，也陆续地提出了许多提高视觉系统性能的方案。

目前，按照光电转换器件分类主要有 CCD(charge-coupled device)图像传感器和 CMOS(complementary metal oxide semiconductor)图像传感器等视觉传感器。视觉传感器又可以分为一维线性传感器和二维线性传感器，目前二维线性传感器所捕获的图像的分辨率可达4000个像素(pixel)以上。视觉传感器由于具有体积小、质量小等优点，其应用日趋广泛。

CCD是一种半导体器件，能够把光学影像转化为数字信号。CCD上植入的微小光敏物质称作像素。一块CCD上包含的像素数越多，其提供的画面分辨率也就越高。CCD传感器集光电转换及电荷存储、电荷转移、信号读取功能于一体，是典型的视觉成像器件。它将光或电激励产生的信号电荷存储于垂直寄存器和水平寄存器中，当对它施加特定时序的脉冲时，其存储于垂直寄存器和水平寄存器的电荷便能在CCD内定向传输，经放大器发送给后续处理电路。图7.16所示即为CCD传感器的工作原理图。

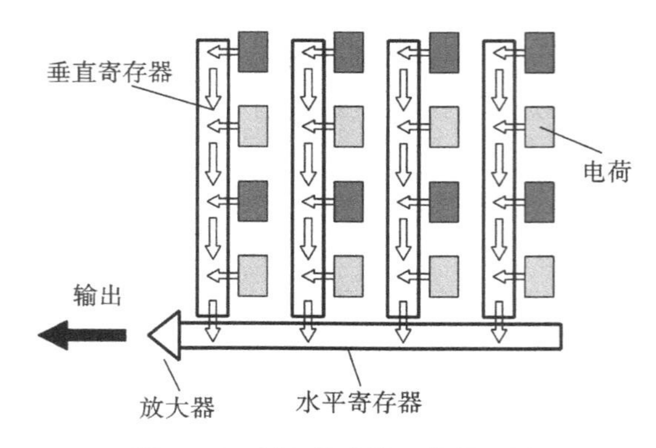

图7.16　CCD传感器工作原理图

CMOS是互补性氧化金属半导体，CMOS传感器由集成在一块芯片上的光敏元阵列、图像信号放大器、信号读取电路、模/数转换电路、图像信号处理器及控制器构成，它具有局部像素的编程随机访问功能。目前，CMOS图像传感器以其良好的集成性、低功耗、宽动态范围和输出图像几乎无拖影等特点而得到广泛应用。CMOS的每个像素点有一个放大器，而且信号直接在最原始的时候转换，读取更加方便。其传输的是已经经过转换的电压，所以所需的电压和功耗更低，但是由于每个信号都有一个放大器，产生的噪点较大。

7.3　工业机器人传送带跟踪技术

工业机器人传送带跟踪是实现目标准确抓取的关键，主要涉及运动目标的检测与跟踪。其作为计算机视觉的一个重要组成部分，近年来取得了长足的发展，但在实现可靠的实际应用之前，还需要解决许多相关难题，比如复杂环境下目标的跟踪性能、视觉有遮挡情况下的跟踪问题、多目标跟踪场合中保证跟踪的实时性等。下面分别讨论运动目标检测原理和跟踪控制方法两个方面的问题。

7.3.1　运动目标检测原理

运动目标检测是整个工业机器人传送带跟踪技术的基础，分为常规检测和智能检测。常规检测主要使用通用传感器进行检测，如激光位移传感器等；而智能检测主要依据视觉传感器进行处理，也是目前工业机器人运动检测的主流发展方向，本小节主要对基于视觉的运动目标检测原理进行讲解。运动目标检测的目的是从视频图像中将运动目标(如不同色彩、不同形状的玩具)提取出来,如果在每一帧中都正确检测到目标,那么目标跟踪就几乎已经完成了。

运动检测是指在指定区域识别图像的变化,检测运动物体的存在并避免由光线变化带来的干扰。但是如何从实时的序列图像中将变化区域从背景图像中提取出来,还要考虑运动区域的有效分割。然而,背景图像的动态变化,如天气、光照、影子及混乱干扰等的影响,使得运动检测成为一项相当困难的工作。

目前几种常用的方法可分为以下几类。

1) 帧间差分(temporal difference)法

帧间差分法是利用视频序列中连续的两帧或几帧的差异来进行目标的检测和提取。由于差分通常是在相邻帧间进行的,因此该方法又称作连续帧间差分法。其思想是通过帧间互差分,利用视频序列相邻帧的强相关性进行变化检测,进而对差分图像进行二值化处理以确定运动目标。

帧间差分法最简单的一种情况就是连续帧 $I_{k+1}(x,y)$ 和 $I_k(x,y)$ 之间的变化,可以用一个差分图像来表示:

$$D_{k+1}(x,y)=|I_{k+1}(x,y)-I_k(x,y)| \tag{7.8}$$

式中:$I_k(x,y)$ 为第 k 帧图像灰度值;$D_{k+1}(x,y)$ 为差分图像灰度值。将差分图像灰度值 $D_{k+1}(x,y)$ 经过二值化方法处理得:

$$R_{k+1}(x,y)=\begin{cases}1 & D_{k+1}(x,y)>T \\ 0 & D_{k+1}(x,y)\leqslant T\end{cases} \tag{7.9}$$

式中:T 是给定的阈值;$R_{k+1}(x,y)$ 为经二值化处理的差分图像灰度值。式(7.9)表明如果相邻帧的像素点的灰度值变化超过给定的阈值则认为该点的物体发生了运动。帧间差分法的阈值的选择相当关键,因为过低的阈值不能有效地抑制图像中的噪声,而过高的阈值将抑制图像中的有效的变化。帧间差分过程如图 7.17 所示。

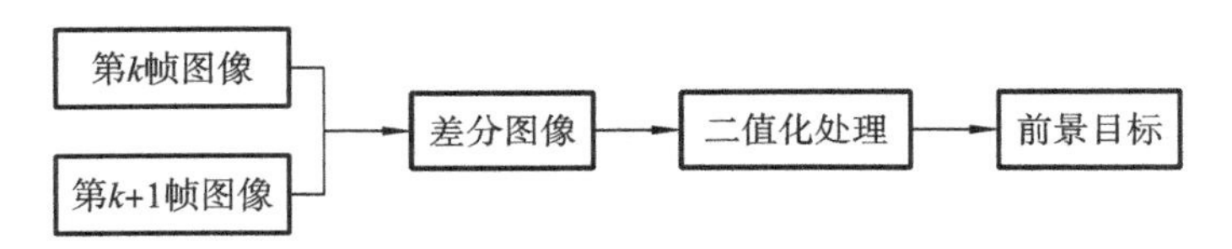

图 7.17　帧间差分过程示意图

帧间差分法进行运动目标检测的主要优点是算法实现简单,程序设计复杂度低;计算量小,可满足实时系统要求;对光线或者背景变化的适应性强。主要缺点是当相邻两帧图像的纹理、灰度等信息比较接近时,这种方法只能得到运动目标的轮廓;当目标运动比较快时,容易出现残影现象,即目标的原始位置也被检测为运动目标的一部分,检测结果出现拉长和重影。原因主要有以下两点:①由于帧间差分法直接采用相邻的两帧相减后保留下来的部分作为两帧中相对变化的部分,因此两帧间目标的重叠部分不容易被检测出来;②只检测了图像在两帧中变化的信息,这样容易出现伪目标,即将上一帧中的目标位置也作为跟踪目标的一部分。

2) 背景差分(background subtraction)法

背景差分法又称为背景消减法,是目前运动检测中主要运用的方法之一。背景差分法通过将当前帧减去背景参考帧,获得差分图像,然后选择合适的阈值对差分图像进行二值化处理,得到完整的运动目标,它克服了帧间差分法的缺点,是一种最为简单和有效的目标检测方法。背景差分法首先选取或者构造一帧背景图片,然后对视频图像和背景图像利用式(7.10)进行差分运算,获得差分图像灰度值,然后根据式(7.11)判断差分图像中的像素值是否大于某一个特定的阈值，如果是，则认为该像素点属于目标运动区域，否则认为该像素点属于背景区域。

背景差分过程如图 7.18 所示。

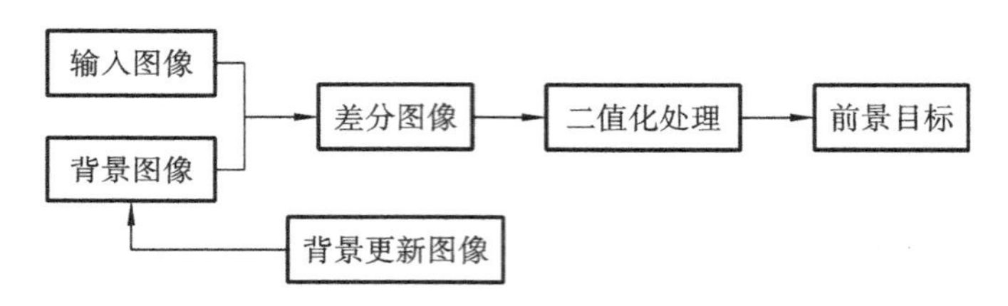

图 7.18　背景差分过程示意图

差分图像灰度值 $D_k(x,y)$ 通过公式(7.10)计算得到：

$$D_k(x,y)=|I_k(x,y)-B_k(x,y)| \tag{7.10}$$

式中：$I_k(x,y)$ 表示当前输入图像灰度值；$B_k(x,y)$ 表示背景图像灰度值。

通过公式(7.11)，对差分图像灰度值 $D_k(x,y)$ 进行二值化处理得到 $R_{k+1}(x,y)$：

$$R_{k+1}(x,y)=\begin{cases}1 & D_k(x,y)>T\\0 & D_k(x,y)\leqslant T\end{cases} \tag{7.11}$$

式中：T 是给定的阈值。

背景差分法一般能够提供最完全的特征数据，但对动态场景的变化，如光照和外来无关事件的干扰等特别敏感。最简单的背景图像是时间平均图像，大部分的研究人员目前都致力于开发不同的背景图像，以期减少动态场景变化对运动分割的影响。背景差分法和帧间差分法一样，具有算法简单、计算量小、能够满足实时系统要求的优点。当相邻两帧图像纹理类似时，背景差分法还克服了帧间差分法只能获得运动目标轮廓的缺点，但是该算法对图像中的噪声与阴影较敏感，受背景图像获取和更新策略影响很大。背景差分法的重点在于背景图像的获取与更新，获取背景图像最简单的方式是在没有运动物体的情况下拍摄背景图像或者从视频序列中选取不含前景目标的帧。但在现实世界里，场景中的背景很复杂，存在各种各样的干扰，而且背景是随时间不断变化的，背景的模型及其更新要能反映这种变化。

3）光流(optical flow)法

光流法是基于对光流场的估算进行检测分割的方法。当物体运动时，它在图像上对应点的亮度模式也在运动，这种图像亮度模式的表观运动就叫作光流。光流不仅包含了被观察物体的运动信息，同时也包含了有关的结构信息。光流场的不连续性可以用来将图像分割成对应于不同运动物体的区域。在计算机视觉中，光流扮演着重要角色，在目标对象分割、识别、跟踪以及机器人导航等中都有着非常重要的应用。光流法在不需要背景区域的任何先验知识的条件下，就能够实现对运动目标的检测和跟踪，还可以应用于摄像机运动的情况。但是，光流法的计算量非常大，而且对噪声比较敏感，对硬件的要求较高，很难满足实时运动检测的需要。限于篇幅，本文在此不再赘述。

7.3.2　图像跟踪控制方法

常用的图像跟踪控制方法有四大类：基于区域匹配相关的跟踪方法、基于特征点的跟踪方法、基于变形模板的跟踪方法和基于 3D 模型的运动目标跟踪方法。本小节主要对基于区域信息反馈给机器人运动控制系统，运动控制系统进而对目标物体实施捕获行动。这些信息是利用一套机器人手眼视觉系统来获取的。因此，机器人手眼视觉系统的研制就成为工业机器人自动化系统研究和设计中的一项关键技术。

7.4.1 手眼相机/全局相机

机器人手眼视觉系统（手眼相机/全局相机）作为机器人的“眼睛”，可以判断目标物体的位置，从二维图像中恢复物体的三维信息，进而产生控制信息，具体来说，主要包括图像的采集和处理、相机参数的标定、三维物体位姿测量等内容。手眼视觉系统通常是由图像采集系统、图像和视觉处理系统、数据传输系统三部分组成的。其中核心的图像和视觉处理系统通常有基于 PC 机、通用 DSP 和特殊用途集成电路 ASIC 三种。

一般典型的机器人手眼视觉系统如图 7.19 所示。

图 7.19 基于 PC 机的手眼视觉系统

系统主要由 CCD 摄像机、图像采集卡以及 PC 机三部分组成。图像采集卡插在 PC 机主板的 PCI 插槽上，CCD 则是通过视频电缆线和图像采集卡相连。

7.4.2 手眼标定方法

首先先了解什么是 Eye-to-Hand 系统和 Eye-in-Hand 系统。Eye-to-Hand 系统是指相机固定于末端执行器以外环境中的机器人系统；Eye-in-Hand 系统是指相机固定于机器人末端执行器上的系统。

在某些应用中，需要获得相机坐标系与机器人的世界坐标系之间的关系，这种关系的标定又称为机器人的手眼标定。对于 Eye-to-Hand 系统，手眼标定时求取的是相机坐标系相对于机器人的世界坐标系的关系。一般地，Eye-to-Hand 系统先标定出相机相对于目标物（靶标）的外参数，再标定机器人的世界坐标系与目标坐标系（靶标坐标系）之间的关系，利用矩阵变换获得相机坐标系相对于机器人的世界坐标系的关系。对于 Eye-in-Hand 系统，手眼标定时求取的是相机坐标系相对于机器人末端执行器坐标系的关系。通常，Eye-in-Hand 系统在机器人末端执行器处于不同位置和姿态下，对相机相对于靶标的外参数进行标定，根据相机相对于靶标的外参数和机器人末端执行器的姿态，计算获得相机相对于机器人末端执行器的外参数。相对而言，Eye-to-Hand 系统的手眼标定比较容易实现。因此，本节将重点介绍 Eye-in-Hand 系统的常规手眼标定方法。

机器人的世界坐标系、相机坐标系和靶标坐标系之间的关系如图 7.20 所示。W 为机器人的世界坐标系，E 为机器人末端执行器坐标系，C 为相机坐标系，G 为靶标坐标系。$\boldsymbol{T}_6$ 表示坐标系 W 到 E 之间的变换，$\boldsymbol{T}_m$ 表示坐标系 E 到 C 之间的变换，$\boldsymbol{T}_c$ 表示坐标系 C 到 G 之间的变换，$\boldsymbol{T}_g$ 表示坐标系 W 到 G 之间的变换。$\boldsymbol{T}_c$ 是相机相对于靶标的外参数。$\boldsymbol{T}_m$ 是机器人末端执行器相对于相机的外参数，是手眼标定需要求取的参数。

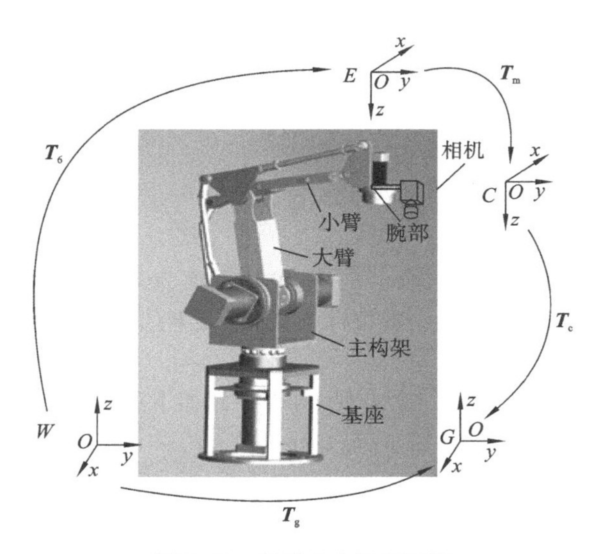

图 7.20　机器人坐标示意图

由坐标之间的变换关系，可以获得

$$\boldsymbol{T}_{\mathrm{g}} = \boldsymbol{T}_6 \boldsymbol{T}_{\mathrm{m}} \boldsymbol{T}_{\mathrm{c}} \tag{7.12}$$

在靶标固定的情况下，改变机器人末端执行器的位姿，标定相机相对于靶标的外参数 $\boldsymbol{T}_{\mathrm{c}}$。对于第 i 次和第 $i-1$ 次标定，由于 $\boldsymbol{T}_{\mathrm{g}}$ 保持不变，由式(7.12)得

$$\boldsymbol{T}_{6i}\boldsymbol{T}_{\mathrm{m}}\boldsymbol{T}_{\mathrm{c}i} = \boldsymbol{T}_{6(i-1)}\boldsymbol{T}_{\mathrm{m}}\boldsymbol{T}_{\mathrm{c}(i-1)} \tag{7.13}$$

式中：$\boldsymbol{T}_{6i}$为第 i 次标定时的坐标系 W 到 E 之间的变换 $\boldsymbol{T}_6$；$\boldsymbol{T}_{\mathrm{c}i}$是第 i 次标定时的相机相对于靶标的外参数 $\boldsymbol{T}_{\mathrm{c}}$。

式(7.13)经过整理，可以改写为

$$\boldsymbol{T}_{\mathrm{L}i} = \boldsymbol{T}_{\mathrm{m}}\boldsymbol{T}_{\mathrm{R}i}\boldsymbol{T}_{\mathrm{m}}^{-1} \tag{7.14}$$

式中：$\boldsymbol{T}_{\mathrm{L}i}=\boldsymbol{T}_{6(i-1)}^{-1}\boldsymbol{T}_{6i}$；$\boldsymbol{T}_{\mathrm{R}i}=\boldsymbol{T}_{\mathrm{c}(i-1)}\boldsymbol{T}_{\mathrm{c}i}^{-1}$。

将 $\boldsymbol{T}_{\mathrm{L}i}$、$\boldsymbol{T}_{\mathrm{R}i}$和 $\boldsymbol{T}_{\mathrm{m}}$ 表示为

$$\begin{cases} \boldsymbol{T}_{\mathrm{L}i} = \begin{bmatrix} \boldsymbol{R}_{\mathrm{L}i} & \boldsymbol{p}_{\mathrm{L}i} \\ 0 & 1 \end{bmatrix} \\ \boldsymbol{T}_{\mathrm{R}i} = \begin{bmatrix} \boldsymbol{R}_{\mathrm{R}i} & \boldsymbol{p}_{\mathrm{R}i} \\ 0 & 1 \end{bmatrix} \\ \boldsymbol{T}_{\mathrm{m}} = \begin{bmatrix} \boldsymbol{R}_{\mathrm{m}} & \boldsymbol{p}_{\mathrm{m}} \\ 0 & 1 \end{bmatrix} \end{cases} \tag{7.15}$$

式中：$\boldsymbol{R}$、$\boldsymbol{p}$ 分别表示旋转矩阵和位置矢量。将式(7.15)代入式(7.14)，得

$$\begin{cases} \boldsymbol{R}_{\mathrm{L}i} = \boldsymbol{R}_{\mathrm{m}}\boldsymbol{R}_{\mathrm{R}i}\boldsymbol{R}_{\mathrm{m}}^{\mathrm{T}} \\ -\boldsymbol{p}_{\mathrm{m}}\boldsymbol{R}_{\mathrm{L}i} + \boldsymbol{R}_{\mathrm{m}}\boldsymbol{p}_{\mathrm{R}i} + \boldsymbol{p}_{\mathrm{m}} = \boldsymbol{p}_{\mathrm{L}i} \end{cases} \tag{7.16}$$

$\boldsymbol{R}_{\mathrm{L}i}$、$\boldsymbol{R}_{\mathrm{R}i}$和 $\boldsymbol{R}_{\mathrm{m}}$ 均为正交单位矩阵，因此，$\boldsymbol{R}_{\mathrm{L}i}$和 $\boldsymbol{R}_{\mathrm{R}i}$为相似矩阵，具有相同的特征值。根据通用旋转变换，任意姿态可以由一个绕空间单位向量的旋转矩阵表示。于是，$\boldsymbol{R}_{\mathrm{L}i}$和 $\boldsymbol{R}_{\mathrm{R}i}$可以表示为

$$\begin{cases} \boldsymbol{R}_{\mathrm{L}i} = \mathbf{rot}(\boldsymbol{k}_{\mathrm{L}i}, \theta_{\mathrm{L}i}) = \boldsymbol{Q}_{\mathrm{L}i} \begin{bmatrix} 1 & 0 & 0 \\ 0 & \mathrm{e}^{\mathrm{j}\theta_{\mathrm{L}i}} & 0 \\ 0 & 0 & \mathrm{e}^{-\mathrm{j}\theta_{\mathrm{L}i}} \end{bmatrix} \boldsymbol{Q}_{\mathrm{L}i}^{-1} \\ \boldsymbol{R}_{\mathrm{R}i} = \mathbf{rot}(\boldsymbol{k}_{\mathrm{R}i}, \theta_{\mathrm{R}i}) = \boldsymbol{Q}_{\mathrm{R}i} \begin{bmatrix} 1 & 0 & 0 \\ 0 & \mathrm{e}^{\mathrm{j}\theta_{\mathrm{R}i}} & 0 \\ 0 & 0 & \mathrm{e}^{-\mathrm{j}\theta_{\mathrm{R}i}} \end{bmatrix} \boldsymbol{Q}_{\mathrm{R}i}^{-1} \end{cases} \tag{7.17}$$

式中：$\boldsymbol{k}_{\mathrm{L}i}$是$\boldsymbol{R}_{\mathrm{L}i}$的通用旋转变换的转轴，也是$\boldsymbol{Q}_{\mathrm{L}i}$中特征值为1的特征向量；$\boldsymbol{k}_{\mathrm{R}i}$是$\boldsymbol{R}_{\mathrm{R}i}$的通用旋转变换的转轴，也是$\boldsymbol{Q}_{\mathrm{R}i}$中特征值为1的特征向量；$\theta_{\mathrm{L}i}$是$\boldsymbol{R}_{\mathrm{L}i}$的通用旋转变换的转角；$\theta_{\mathrm{R}i}$是$\boldsymbol{R}_{\mathrm{R}i}$的通用旋转变换的转角。

将式(7.17)代入式(7.16)的第一个方程，可以得到如下关系：

$$\begin{cases} \theta_{\mathrm{L}i} = \theta_{\mathrm{R}i} \\ \boldsymbol{k}_{\mathrm{L}i} = \boldsymbol{R}_{\mathrm{m}} \boldsymbol{k}_{\mathrm{R}i} \end{cases} \tag{7.18}$$

式(7.18)中的第一个方程可以用于校验外参数标定的精度，第二个方程用于求取相机相对于机器人末端执行器的外参数。如果控制机器人的末端执行器做两次运动，通过3个位置的相机外参数标定，可以获得两组类似式(7.18)所示方程，将两组类似式(7.18)所示方程中的第二个方程写为

$$\begin{cases} \boldsymbol{k}_{\mathrm{L1}} = \boldsymbol{R}_{\mathrm{m}} \boldsymbol{k}_{\mathrm{R1}} \\ \boldsymbol{k}_{\mathrm{L2}} = \boldsymbol{R}_{\mathrm{m}} \boldsymbol{k}_{\mathrm{R2}} \end{cases} \tag{7.19}$$

由于$\boldsymbol{R}_{\mathrm{m}}$同时将$\boldsymbol{k}_{\mathrm{R1}}$和$\boldsymbol{k}_{\mathrm{R2}}$转换为$\boldsymbol{k}_{\mathrm{L1}}$和$\boldsymbol{k}_{\mathrm{L2}}$，所以$\boldsymbol{R}_{\mathrm{m}}$也将$\boldsymbol{k}_{\mathrm{R1}} \times \boldsymbol{k}_{\mathrm{R2}}$转换为$\boldsymbol{k}_{\mathrm{L1}} \times \boldsymbol{k}_{\mathrm{L2}}$。将其关系写为矩阵形式，有

$$[\boldsymbol{k}_{\mathrm{L1}} \quad \boldsymbol{k}_{\mathrm{L2}} \quad \boldsymbol{k}_{\mathrm{L1}} \times \boldsymbol{k}_{\mathrm{L2}}] = \boldsymbol{R}_{\mathrm{m}} [\boldsymbol{k}_{\mathrm{R1}} \quad \boldsymbol{k}_{\mathrm{R2}} \quad \boldsymbol{k}_{\mathrm{R1}} \times \boldsymbol{k}_{\mathrm{R2}}] \tag{7.20}$$

由式(7.20)，可求解出$\boldsymbol{R}_{\mathrm{m}}$：

$$\boldsymbol{R}_{\mathrm{m}} = [\boldsymbol{k}_{\mathrm{L1}} \quad \boldsymbol{k}_{\mathrm{L2}} \quad \boldsymbol{k}_{\mathrm{L1}} \times \boldsymbol{k}_{\mathrm{L2}}][\boldsymbol{k}_{\mathrm{R1}} \quad \boldsymbol{k}_{\mathrm{R2}} \quad \boldsymbol{k}_{\mathrm{R1}} \times \boldsymbol{k}_{\mathrm{R2}}]^{-1} \tag{7.21}$$

将$\boldsymbol{R}_{\mathrm{m}}$代入式(7.16)中的第二个方程，利用最小二乘法可以求解出$\boldsymbol{p}_{\mathrm{m}}$。由$\boldsymbol{R}_{\mathrm{m}}$和$\boldsymbol{p}_{\mathrm{m}}$获得相机相对于机器人末端执行器的外参数矩阵$\boldsymbol{T}_{\mathrm{m}}$。

为了方便读者理解式(7.17)中通用旋转矩阵，下面给出通用旋转变换转轴与转角的求取方法。

设$\boldsymbol{f}$为坐标系C的z轴上的单位向量，即

$$\boldsymbol{C} = \begin{bmatrix} n_x & o_x & a_x & 0 \\ n_y & o_y & a_y & 0 \\ n_z & o_z & a_z & 0 \\ 0 & 0 & 0 & 1 \end{bmatrix}, \quad \boldsymbol{f} = a_x\boldsymbol{i} + a_y\boldsymbol{j} + a_z\boldsymbol{k} \tag{7.22}$$

则绕向量$\boldsymbol{f}$的旋转等价于绕坐标系C的z轴的旋转：

$$\mathbf{rot}(\boldsymbol{f}, \theta) = \mathbf{rot}(\boldsymbol{C}_z, \theta) \tag{7.23}$$

设坐标系C在世界坐标系下的描述为$\boldsymbol{C}$。对于某一坐标系，在世界坐标系下的描述为$\boldsymbol{T}$，在坐标系C下的描述为$\boldsymbol{S}$，则

$$\boldsymbol{T} = \boldsymbol{CS} \Rightarrow \boldsymbol{S} = \boldsymbol{C}^{-1}\boldsymbol{T} \tag{7.24}$$

$\boldsymbol{T}$绕向量$\boldsymbol{f}$的旋转等价于$\boldsymbol{S}$绕坐标系C的z轴的旋转：

$$\mathbf{rot}(\boldsymbol{f}, \theta)\boldsymbol{T} = \boldsymbol{C}\mathbf{rot}(\boldsymbol{C}_z, \theta)\boldsymbol{S} \tag{7.25}$$

将式(7.24)代入式(7.25)，整理得

$$\mathbf{rot}(\boldsymbol{f},\theta)=\mathbf{C}\mathbf{rot}(\boldsymbol{C}_z,\theta)\boldsymbol{C}^{-1} \tag{7.26}$$

将式(7.22)代入式(7.26)，依据三维旋转等效矩阵有

$$\mathbf{rot}(\boldsymbol{f},\theta)=$$
$$\begin{bmatrix} f_xf_x(1-\cos\theta)+\cos\theta & f_yf_x(1-\cos\theta)-f_z\sin\theta & f_zf_x(1-\cos\theta)+f_y\sin\theta & 0 \\ f_xf_y(1-\cos\theta)+f_z\sin\theta & f_yf_y(1-\cos\theta)+\cos\theta & f_zf_y(1-\cos\theta)-f_x\sin\theta & 0 \\ f_xf_z(1-\cos\theta)-f_y\sin\theta & f_yf_z(1-\cos\theta)+f_x\sin\theta & f_zf_z(1-\cos\theta)+\cos\theta & 0 \\ 0 & 0 & 0 & 1 \end{bmatrix} \tag{7.27}$$

式(7.27)为通用旋转变换。给出任意旋转变换 $\boldsymbol{R}$，可由式(7.27)求得等效转角与转轴。

$$\begin{bmatrix} n_x & o_x & a_x & 0 \\ n_y & o_y & a_y & 0 \\ n_z & o_z & a_z & 0 \\ 0 & 0 & 0 & 1 \end{bmatrix}=$$
$$\begin{bmatrix} f_xf_x(1-\cos\theta)+\cos\theta & f_yf_x(1-\cos\theta)-f_z\sin\theta & f_zf_x(1-\cos\theta)+f_y\sin\theta & 0 \\ f_xf_y(1-\cos\theta)+f_z\sin\theta & f_yf_y(1-\cos\theta)+\cos\theta & f_zf_y(1-\cos\theta)-f_x\sin\theta & 0 \\ f_xf_z(1-\cos\theta)-f_y\sin\theta & f_yf_z(1-\cos\theta)+f_x\sin\theta & f_zf_z(1-\cos\theta)+\cos\theta & 0 \\ 0 & 0 & 0 & 1 \end{bmatrix} \tag{7.28}$$

将式(7.28)对角线上的项相加，可以求解出 $\cos\theta$：

$$\cos\theta=\frac{1}{2}(n_x+o_y+a_z-1) \tag{7.29}$$

此外，由式(7.28)可以得到式(7.30)，从而求解出 $\sin\theta$：

$$\begin{cases} o_z-a_y=2f_x\sin\theta \\ a_x-n_z=2f_y\sin\theta \\ n_y-o_x=2f_z\sin\theta \end{cases} \tag{7.30}$$

$$\sin\theta=\pm\frac{1}{2}\sqrt{(o_z-a_y)^2+(a_x-n_z)^2+(n_y-o_x)^2} \tag{7.31}$$

将旋转规定为绕向量 $\boldsymbol{f}$ 的正向旋转，使得 $0\leqslant\theta\leqslant180°$。于是，由式(7.29)和式(7.31)得到通用旋转变换的转角 θ：

$$\theta=\arctan\left[\sqrt{(o_z-a_y)^2+(a_x-n_z)^2+(n_y-o_x)^2}/(n_x+o_y+a_z-1)\right] \tag{7.32}$$

获得 θ 后，由式(7.30)可以求出通用旋转变换的转轴 $\boldsymbol{f}$：

$$\begin{cases} f_x=(o_z-a_y)/(2\sin\theta) \\ f_y=(a_x-n_z)/(2\sin\theta) \\ f_z=(n_y-o_x)/(2\sin\theta) \end{cases} \tag{7.33}$$

7.4.3　基于位置的视觉伺服控制

利用视觉位置测量，可以构成两种类型的视觉控制系统。一种利用视觉测量的位置作为给定，构成位置给定型机器人视觉控制；一种利用视觉测量的位置作为反馈，构成位置反馈型机器人视觉控制。

1）位置给定型机器人视觉控制

下面以工业机器人为例，说明位置给定型视觉控制。图 7.21 为 Eye-to-Hand 位置给定型机器人视觉控制框图，它利用视觉测量的目标位置对机器人进行位置给定，使机器人的末端执行器到达目标位置。视觉位置给定部分由目标图像采集、特征提取、笛卡儿空间三维坐标求取、关节位置给定值确定等部分构成。根据摄像机的内部参数和相对于机器人基坐标系的外部参数，计算获得特征点在基坐标系下的三维坐标，通过在线路径规划获得机器人下一运动周期的位姿，通过逆运动学求解得到各个关节的关节位置给定值。各个关节采用位置闭环和速度闭环控制，内环为速度环，外环为位置环。机器人本体各个关节的运动使得机器人的末端按照给定的位置和姿态运动。

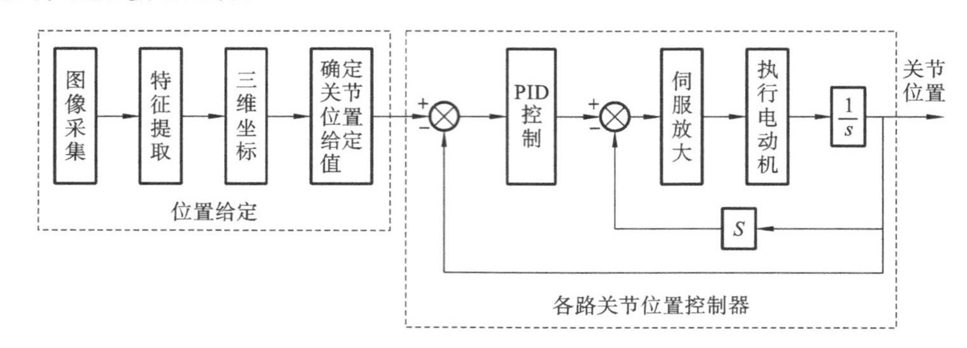

图 7.21　Eye-to-Hand 位置给定型机器人视觉控制框图

图 7.22 为 Eye-in-Hand 位置给定型机器人视觉控制框图。与图 7.21 的 Eye-to-Hand 视觉系统类似，从图像采集到形成目标的三维坐标视觉测量部分，也有多种方案可供选择。

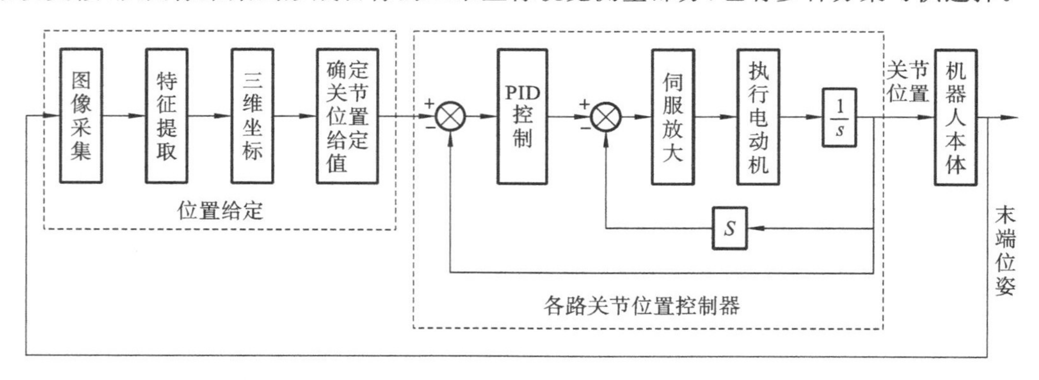

图 7.22　Eye-in-Hand 位置给定型机器人视觉控制框图

从视觉控制的角度而言，位置给定型视觉控制属于视觉开环控制。在图 7.22 中，虽然末端位姿引入了位置给定部分，但只参与三维坐标计算，并未构成机器人末端位置的闭环控制。

利用视觉测量的位置作为给定构成的视觉控制系统，属于先看后做(looking then doing)的方式，对实时性要求较低，视觉测量的周期可以为 100 ms 级甚至秒级。

2）机器人位置视觉伺服控制

图 7.23 为利用视觉进行位置反馈的控制系统框图，用于使机器人末端执行器与对象保持固定距离，视觉系统为 Eye-in-Hand 结构。控制系统由三个闭环构成，外环为笛卡儿空间的位置环，各个关节采用位置闭环和速度闭环控制，内环为速度环，外环为位置环。视觉位置反馈部分由机器人位姿获取、图像采集、特征提取、笛卡儿空间三维坐标求取、机器人工具与目标距

离计算等部分构成。将设定距离与测量到的机器人工具到目标的距离相比较，形成距离偏差。根据距离偏差和机器人的当前位姿，利用位姿调整策略，确定下一时刻的机器人位姿，经过逆运动学求解，得到各个关节的关节位置给定值。然后，各个关节根据其关节位置给定值，利用关节位置控制器和伺服放大器对机器人的运动进行控制。

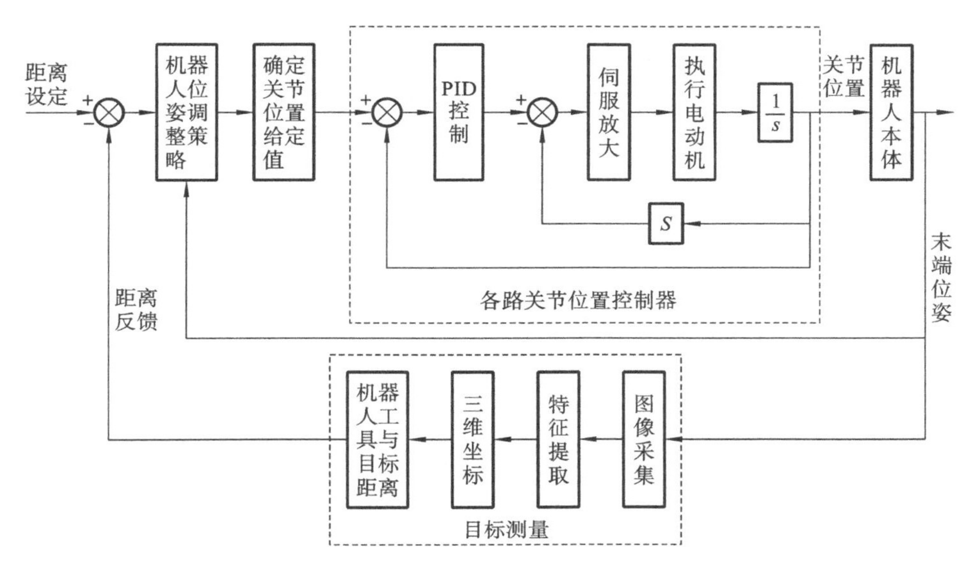

图 7.23　Eye-in-Hand **位置反馈型机器人视觉控制**

利用视觉测量的位置作为反馈构成的视觉控制系统，属于看并做(looking and doing)的方式。它对视觉系统的实时性要求较高，视觉测量的周期应小于 100 ms 级。

图 7.24 为基于位置的视觉伺服控制系统框图，视觉系统为 Eye-to-Hand 结构。控制系统由两个闭环构成，外环为笛卡儿空间的位置环，内环为各个关节的速度环。视觉位置反馈由图像采集、特征提取、笛卡儿空间三维坐标求取、机器人工具位姿计算等部分构成。由给定的位姿与机器人末端的位姿比较得到位姿偏差，根据位姿偏差设计机器人位姿调整策略，得到希望的机器人末端在笛卡儿空间的运动速度，利用机器人的雅可比矩阵计算出关节空间的运动速度。由各路关节速度控制器，根据各个关节的期望运动速度，利用伺服放大器对机器人的运动进行控制。

在图 7.24 中，如果利用位姿调整策略得到的是机器人末端的位姿增量，将雅可比矩阵的关节速度计算改为在线路径规划和逆运动学求解，就可以得到各个关节的关节位置给定值。然后，如果各个关节采用的是位置闭环和速度闭环控制，根据其关节位置给定值，利用位置伺服对机器人的运动进行控制，那么图 7.24 将成为与图 7.23 类似的位置反馈型视觉控制。在大部分文献对视觉伺服的定义中，视觉伺服与位置反馈型视觉控制的区别主要在于机器人的关节运动速度是否直接由期望的末端运动速度获得，机器人的关节控制器是否采用位置闭环控制。此外，也有文献将位置反馈型视觉控制归类为视觉伺服。

7.4.4　基于图像的视觉伺服控制

基于图像的视觉控制是直接利用图像特征对机器人进行控制。控制器给定的是目标的图像特征，利用视觉测量目标的当前图像特征作为反馈，以图像特征的偏差控制机器人的运动。

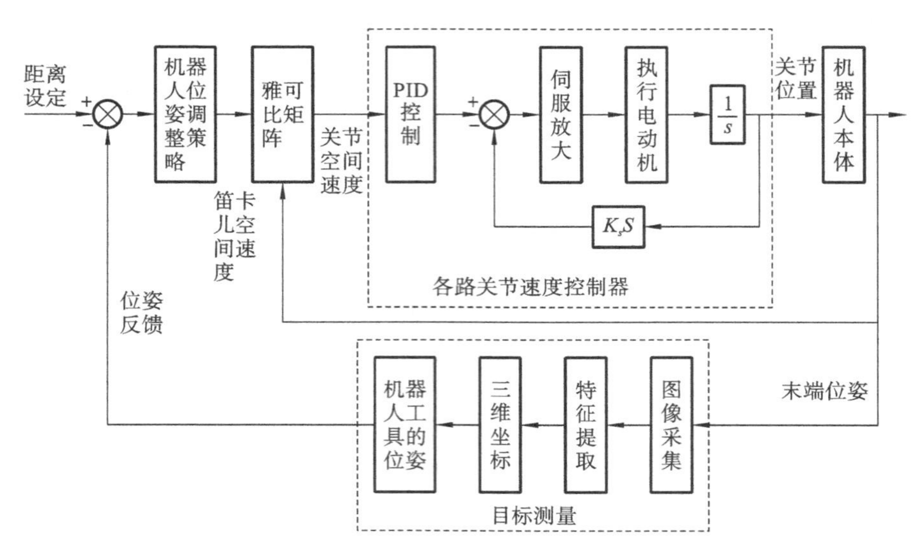

图 7.24 基于位置的 Eye-to-Hand 视觉伺服控制系统框图

如果根据图像特征的偏差直接对机器人的关节运动速度进行控制，构成的控制系统称为基于图像的视觉伺服控制，否则，构成的控制系统称为基于图像的视觉控制。

1）基于图像的视觉控制

基于图像的视觉控制框图如图 7.25 所示，它由三个闭环构成，外环为图像特征闭环，中环为位姿调整环，内环为关节位置环。其关节位置控制环节由关节位置环和关节速度环构成，参见图 7.21。视觉反馈为目标的当前图像特征，由图像采集和特征提取两部分构成。由给定的期望图像特征与当前图像特征比较得到特征偏差，根据该偏差设计机器人末端位姿调整策略，实现图像空间偏差到笛卡儿空间偏差的转换。根据机器人的当前位姿，由机器人末端微分运动量得到希望的机器人末端在笛卡儿空间的位姿，利用机器人的逆运动学计算出关节空间的位置给定。由各路关节位置控制器，根据各个关节的期望位置，利用伺服放大器实现机器人的运动控制。通过机器人本体各个关节的运动，使得机器人的末端按照希望的位置和姿态运动。

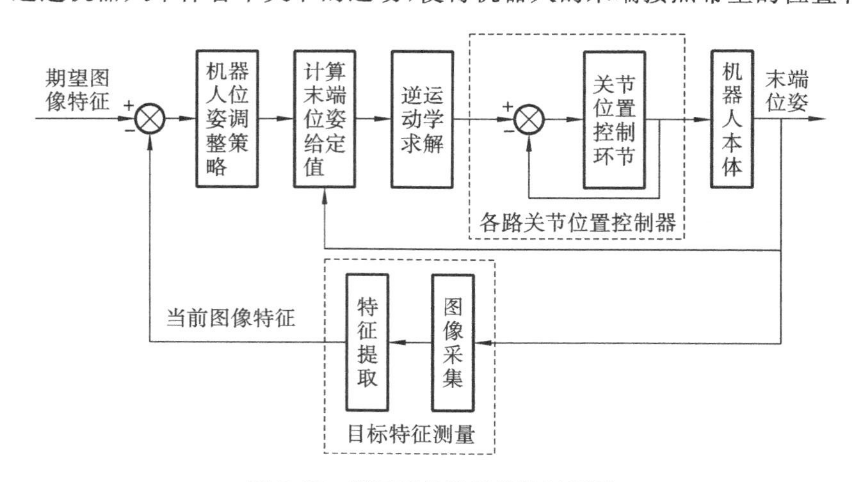

图 7.25 基于图像的视觉控制框图

一般地，基于图像的视觉控制需要获得从图像空间偏差到笛卡儿空间偏差转换的定量关系，即需要图像空间到笛卡儿空间的雅可比矩阵。该矩阵是摄像机到目标距离以及图像特征的函数。因此，基于图像的视觉控制需要估计目标的深度信息，需要对摄像机进行标定。由于摄像机和机器人均包含在图像闭环之内，所以控制精度对摄像机参数误差和机器人的模型误差不敏感。

2）基于图像的视觉伺服控制

以工业机器人为例，针对 Eye-in-Hand 结构的视觉系统，说明基于图像的视觉伺服控制。如图 7.26 所示，该系统由两个闭环构成，外环为图像特征闭环，内环为关节速度环。视觉反馈为目标的当前图像特征，由图像采集和特征提取两部分构成。由给定的期望图像特征与当前图像特征比较得到特征偏差，根据该偏差设计机器人的运动调整策略，并以其输出作为图像雅可比矩阵的输入。从图像空间到关节空间的雅可比矩阵称为图像雅可比矩阵，由图像空间到笛卡儿空间微分运动的雅可比矩阵和机器人的笛卡儿空间到关节空间的雅可比矩阵的乘积构成。图像雅可比矩阵的输出为各个关节的期望速度。由各路关节速度控制器，根据各个关节的期望速度，利用伺服放大器对机器人的运动进行控制。通过机器人本体各个关节的运动，使得机器人的末端按照希望的位置和姿态运动。求解图像雅可比矩阵是基于图像的视觉伺服控制的一个主要任务，主要三种方法，分别为直接估计方法、深度估计方法和常数近似方法。直接估计方法不考虑图像雅可比矩阵的解析形式，在摄像机运动过程中直接得到数值解。典型的直接估计方法是采用神经元网络和模糊逻辑逼近的方法。深度估计方法需要求出图像雅可比矩阵的解析式，在每一个控制周期估计深度值，代入解析式求值。这种方法实时在线调整图像雅可比矩阵的值，精度高，但计算量较大。常数近似方法是简化的方法，图像雅可比矩阵的值在整个视觉伺服过程中保持不变，通常取理想图像特征下的图像雅可比矩阵的值。常数近似方法只能保证在目标位置的一个小邻域内收敛。直接估计方法和常数近似方法更容易导致目标离开视场。

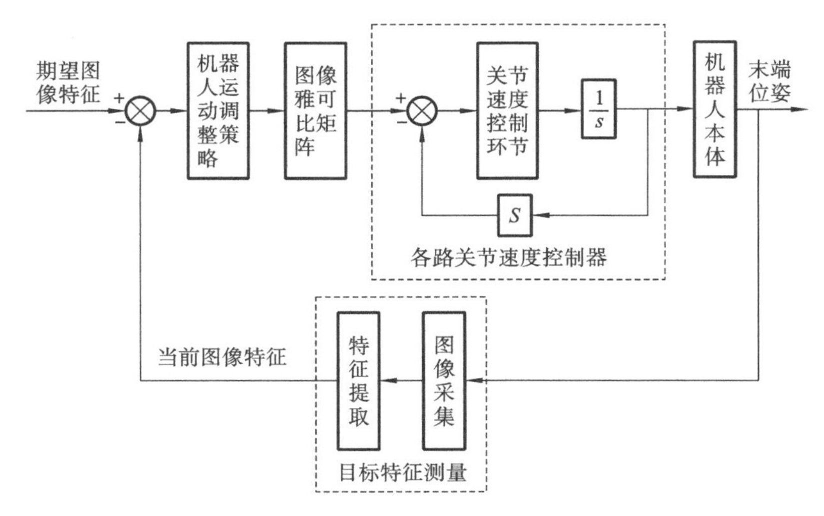

图 7.26　基于图像的视觉伺服 Eye-in-Hand 控制

小　结

本章主要讲述了工业机器人系统控制中的配套传感器、工业机器人传送带跟踪技术，以及工业机器人的视觉伺服控制。工业机器人配套传感器主要分为位移/位置/角度传感器、接近开关、力/力矩传感器、触觉传感器和视觉传感器。工业机器人传送带跟踪技术主要包括运动目标的检测和跟踪控制方法，而实现工业机器人目标检测与跟踪的关键技术是视觉伺服控制。针对视觉伺服控制，分别从手眼相机、标定方法、基于位置的视觉伺服控制和基于图像的视觉伺服控制方面进行阐述。

习　题

7.1　什么是工业机器人自动化系统？

7.2　工业机器人传感器分为哪几类？它们分别有什么作用？触觉传感器属于哪一类？

7.3　选择工业机器人传感器时主要需考虑哪些因素？

7.4　利用增量式光电编码器以数字方式测量机器人关节转速，若已知编码器输出为每转1500脉冲数，高速脉冲源周期为0.2 ms，对应编码器的2个脉冲测得计数值为120，求关节转动角速度的值。

7.5　说明接近开关的作用、常见种类。

7.6　工业机器人运动目标检测常用的方法、跟踪控制方法有哪些？

7.7　画出Eye-to-Hand位置给定型机器人视觉控制框图与Eye-in-Hand位置给定型机器人视觉控制框图。

7.8　说明触觉传感器在工业机器人控制系统中的作用。

第 8 章　工业机器人控制热点

工业机器人控制的研究问题包罗万象，其范围已经超出了典型的力控制、位置控制等控制器设计问题，而是一个综合性问题。现代工业机器人控制技术是控制工程学、系统工程学、人机工程学、结构力学等多种学科交叉的技术。近年来，工业机器人的热点问题主要包括：多机器人协作控制问题、人机协作问题、移动工业机械臂的自主抓取问题、ROS-Industrial 控制接口设计问题和云机器人控制系统的架构问题等。本章将围绕以上五个问题详细展开。

8.1　多机器人协作控制

多机器人协调作业（简称多机器人协作），是指多个机器人之间相互合作，以完成一项整体任务。从本质上将，协调作业体现的是一种层次性，指多机器人系统在不同的层次上实现不同的控制和交互任务。W. A. Rausch 等人提出多机器人系统从层次上可划分为以下几种协作方式。

（1）隐式协作：各机器人根据规划模型，推测其他机器人的轨迹，估计各自的任务，最终产生协作。

（2）异步协作：在同一任务空间下，各机器人之间存在干涉，为完成各自的任务而产生的协作。

（3）同步协作：在同一任务空间下，各机器人为完成一个共同任务而产生的协作。

因此，多机器人协作的主要任务是充分利用系统资源，合理安排各机器人的任务以提高系统的整体能力。多机器人系统应根据不同的环境、任务以及控制策略，灵活、快速、高效地调整多个机器人完成目标任务。在多机器人协作系统应用于工业环境下解决实际问题之前，可以先降低机器人的数量，研究双机器人系统如何完成协调作业。因此，本节将重点讨论双机器人系统的协作问题。

双机器人协作系统的设计主要考虑如下问题。

1）双机器人协作的任务描述

在现代工业生产中，双机器人系统可用于实现大尺寸工件的装配、抛光及搬运等任务。依据任务空间和工作时间的不同，双机器人可以分为三种不同层次的协作。

（1）低层协作：如果两个机器人的任务空间不重叠，两个机器人之间不会发生任何冲突和碰撞，则属于低层协作问题。此时，一般将两个机器人分别定义为主机器人和从机器人。虽然主、从机器人之间存在双向的信息交换，但是类似路径规划、时间同步等任务是由主机器人来完成的。目前装配流水线上的双机器人多数采用低层协作。

（2）中层协作：如果两个机器人的任务空间的一部分相互重叠，但是每个机器人执行的任务并不相同，则属于中层协作问题。此时，必须集中考虑各机器人的连杆以及末端执行器之间的冲突和碰撞问题。然而，这类问题往往又受到诸如几何条件、极限范围以及运行时间优化等约束的限制。并且，解决冲突和碰撞问题的各种算法还需要尽可能地保证实时性。在工业生产中，这种协作的典型例子是装配机器人从传输带上抓取不同工件完成零、部件的装配。

(3) 高层协作：当两个机器人同一时刻对同一个工件发起任务时(分为任务空间重叠和不重叠，对于后者，机器人间不存在碰撞)，则属于高层协作问题。此时，双机器人、目标物体和基座将组成一个闭合的运动链，而此时系统中存在冗余。在高层协作问题下，两个机器人相互约束，各个关节之间存在较强的动力耦合。此时，位置误差将导致较大的力误差，因此多采用力/位混合控制。

2) 双机器人的信息通信

双机器人之间通过必要的信息交流以实现系统的同步和协调，实现诸如路径规划、防止死锁及避免碰撞等任务。因此，机器人间的通信主要采用如下方式。

(1) 利用环境相互作用：这是一种“没有通信的系统”，每个机器人都作为环境的一部分，以环境作为中介，不存在直接联系。

(2) 利用感知相互作用：这种类型能够把每个机器人与环境区分开来。各机器人可通过红外线、超声波、机器视觉等实现感知。由于每个机器人都可能具有自己的传感器系统，整个系统的传感器信息融合和有效利用是一个重要问题。

(3) 利用通信相互作用：这种方式类似于网络通信，各机器人之间可以借用已有的网络技术完成信息传递。但是多机器人系统如果过分依赖网络通信来获取信息，那么当系统中机器人的数量增加时，系统通信的负担过重，最终将使系统整体的运行能力严重降低。

3) 双机器人的避碰规划

在公共空间时，双机器人可以并行处理各自的任务，从而缩短工业生产周期。但在这种情况下，除了要避免单个机器人与静态障碍物发生碰撞之外，双机器人之间也要有效避免发生相互避碰。

从系统角度考虑，多机器人避碰的算法大体分为两类：时间调整法和路径修改法。其中，时间调整法的原理是在保证现有规划路径不变的情况下，通过调整系统中各个进程的速度分布来实现避碰。路径修改法的原理是指当传感器反馈的信息表明多机器人即将发生碰撞时，通过修改现有规划的路径，使其绕开障碍，实现避碰。

4) 双机器人的协调控制

协调控制是双机器人系统的研究热点，可以从层次和策略两个方面加以讨论。

(1) 从层次上讲，可以将协调控制分为协调顺应控制和协调动力学控制。协调顺应控制是指以满足双机器人操作公共物体的协调运动为目的，基于运动学、静力学或准静力学(包含动态补偿)所发展的各类控制策略。在协调顺应控制下，双机器人是相对独立的，协调体现在运动轨迹之间的约束关系上。由于未考虑动力学的影响因素，该方法只适用于低速运动条件下，被操作物体的惯性低、质量小的情况。另一种为协调动力学控制，主要是指根据系统的动力学特性，研究机器人系统的工作行为。虽然基于动力学的协调控制研究起步相对较晚，但由于其具有系统化的思想和严格的理论基础，目前受到研究者们的广泛重视。

(2) 从策略上讲，协调控制可分为主从协调控制和非主从协调控制，如图 8.1 和图 8.2 所示。在主从协调控制下，预先规划好主机器人的期望轨迹，根据运动学约束关系计算从机器人轨迹。因此，主从协调控制下从机器人只能跟随主机器人完成运动。而非主从协调控制则主要考虑被操作物体的运动以及力轨迹的跟踪控制。此时只须指定被操作物体的理想运动轨迹和力轨迹，而不用考虑双机器人的各自轨迹，双机器人不分主从而采用相同的控制方式。两者相比较而言，非主从协调控制更符合人类双手的协同工作的动作行为。下面主要介绍非主从式协调控制结构。

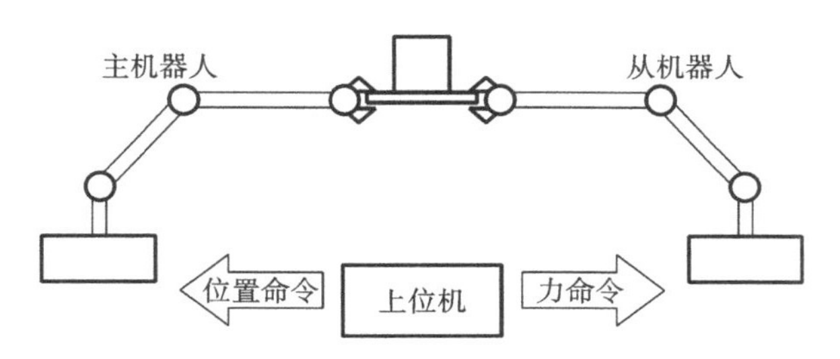

图 8.1　双机器人系统主从协调控制

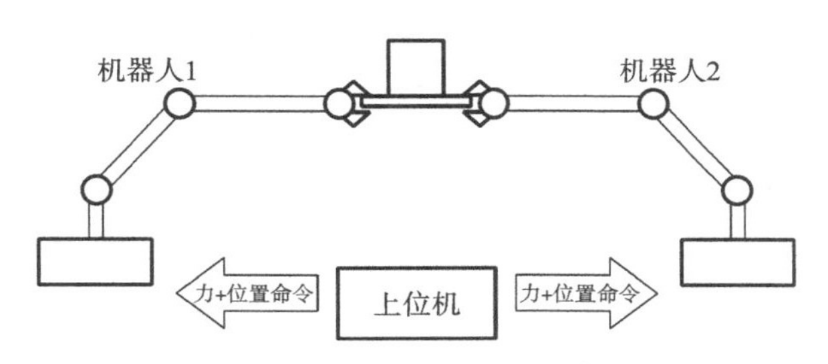

图 8.2　双机器人系统非主从协调控制

非主从协调控制系统的常见结构如图 8.3 所示，其采用力/位混合控制策略。图中双机器人任务空间由 $\boldsymbol{x}_{\mathrm{O}}$ 表示；广义力向量由 $\boldsymbol{h}_{\mathrm{O}}$ 表示；矩阵 $\boldsymbol{B}$ 将姿态误差转换为等价的转动向量；$\boldsymbol{J}_{\mathrm{S}}$ 为雅可比矩阵，可将关节空间速度变成任务空间速度；矩阵 $\boldsymbol{S}$ 包含位置控制变量，该矩阵为对角线元素是 0 或 1 的对角阵，如果第 i 个元素为 1，则代表第 i 个任务空间坐标系满足位置控制，当第 i 个元素为 0 时，则表示满足力控制；$\boldsymbol{I}$ 为单位矩阵；$\boldsymbol{G}_x(s)$ 和 $\boldsymbol{G}_{\mathrm{h}}(s)$ 分别为位置控制传递函数和力控制传递函数；矩阵 $\boldsymbol{K}_{\mathrm{h}}$、$\boldsymbol{K}_x$ 分别为力增益矩阵和位置增益矩阵；下标 d 和 m 分别表示希望值与实际值。

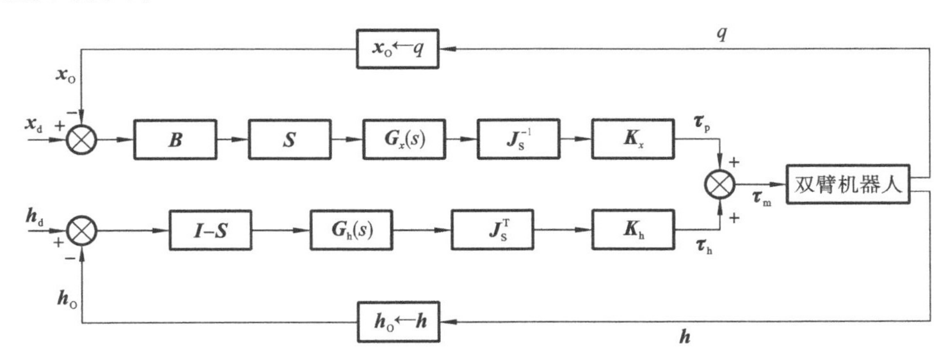

图 8.3　双臂机器人力/位混合控制框图

设双机器人的操作空间为 $\boldsymbol{x}_{\mathrm{O}}=\begin{bmatrix}\boldsymbol{x}_{\mathrm{E}}\\ \boldsymbol{x}_{\mathrm{I}}\end{bmatrix}$，其中 $\boldsymbol{x}_{\mathrm{E}}$ 表示实际位移，$\boldsymbol{x}_{\mathrm{I}}$ 表示物体的微小变形；广义力向量为 $\boldsymbol{h}_{\mathrm{O}}=\begin{bmatrix}\boldsymbol{h}_{\mathrm{E}}\\ \boldsymbol{h}_{\mathrm{I}}\end{bmatrix}$，$\boldsymbol{h}_{\mathrm{E}}$ 表示末端执行器的外力，$\boldsymbol{h}_{\mathrm{I}}$ 表示物体内部载荷（机械应力）。

系统的输入力矩为

$$\boldsymbol{\tau}_{\mathrm{m}} = \boldsymbol{\tau}_{\mathrm{p}} + \boldsymbol{\tau}_{\mathrm{h}} \tag{8.1}$$

式中：$\boldsymbol{\tau}_{\mathrm{p}}$ 代表位置环输出力矩；$\boldsymbol{\tau}_{\mathrm{h}}$ 代表力环输出力矩：

$$\boldsymbol{\tau}_{\mathrm{p}} = \boldsymbol{K}_x \boldsymbol{J}_{\mathrm{S}}^{-1} \boldsymbol{G}_x(s) \boldsymbol{SB}(\boldsymbol{x}_{\mathrm{d}} - \boldsymbol{x}_{\mathrm{O}}) \tag{8.2}$$

$$\boldsymbol{\tau}_{\mathrm{h}} = \boldsymbol{K}_{\mathrm{h}} \boldsymbol{J}_{\mathrm{S}}^{\mathrm{T}} \boldsymbol{G}_{\mathrm{h}}(s)(\boldsymbol{I} - \boldsymbol{S})\boldsymbol{h}(\boldsymbol{h}_{\mathrm{d}} - \boldsymbol{h}_{\mathrm{O}}) \tag{8.3}$$

8.2　人机协作机器人控制

8.2.1　人机协作概念

人机协作思想形成于20世纪90年代，我国科学家钱学森于1991年指出“我们要研究的是人与机器相结合的智能系统，不把人排除在外”。美国学者 Lenat 和 Feigenbaum 在同年也提出“人机合作预测”相关理论，认为机器人与人之间应该形成一种平等、互助的同事关系，充分利用各自的优点，组成一个能够超越人类的智能系统。当时人们就开始着手探究建立一个在认知、决策与行为等方面“类智慧”的仿真模型，并建立了人与计算机协同认知的智能联合决策系统。这种计算机协同认知的智能联合决策系统早期主要用于扩展和帮助人类提升能力，未来将逐渐用于辅助或代替人类做出决策。

人机协作机器人具有以下明显优势：

(1) 通过多传感器信息融合，提高机器人智能水平，使编程更加简单，提高环境适应性；

(2) 结构灵巧、低功耗、低噪声，无需安全围栏，可实现人机并肩工作；

(3) 小型、轻巧、可移动、安装方便、即插即用，为用户降低成本和时间；

(4) 使用范围广，不仅可以用在工业制造领域，也可以用在家庭服务、休闲娱乐场合。

当然，人机协作机器人也具有以下不足：

(1) 运动速度低。为了降低人机协作机器人碰撞造成的损失，整个机器人的速度和重量必须被限制在一定的范围内，所以人机协作机器人的速度普遍都很低；

(2) 负载较传统机器人小；

(3) 重复定位精度差，较传统机器人低一至两个数量级。

8.2.2　人机协作机器人控制系统设计

从系统组成的角度来分析，人机协作机器人系统基本结构如图8.4所示，主要包括由机械臂、主控机等硬件组成的硬件部分和以交互控制算法、软件接口等组成的软件部分，其设计过程可参考本书其他章节。

(1) 从人机协作任务出发，在设计阶段需要考虑的主要问题有以下几个。

①人机功能分配。人、机特点互不相同，可以互补：人的优势是可以运用大脑的思维、感知、决策和创造能力；机器人的长处在于快速完成运算和精密控制，实现系统的运动学、动力学要求。

②人机交互接口的设计。人机协作系统将人看作系统的一部分，需要人对机器人施加控制信息，从而对机器人运动进行控制。

③协同运动控制及各关节的驱动。考虑系统中人的运动特点，以及人受到机器人和外界

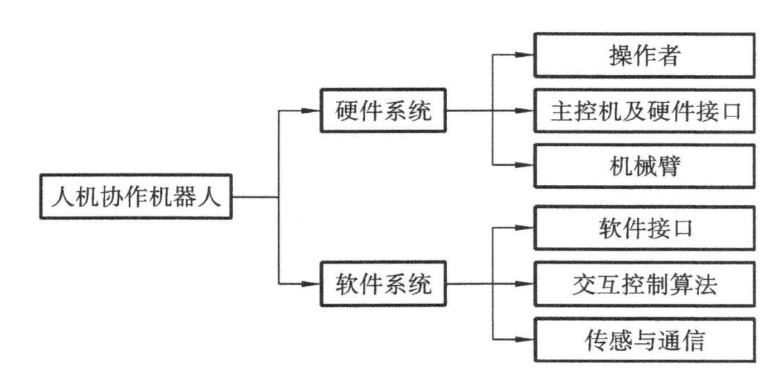

图8.4　人机协作机器人系统结构

环境条件的限制等造成的影响，由于人自身的复杂性，在建模时根据工作任务的需要做出适当简化，考虑人所表现出的主要特性而忽略次要特征，进而保证人机协作任务。

④人机适应性。人机适应性充分体现了人机之间的合作，是指人和机器人应该相互配合，相互适应。当人机系统的机器人出现配合失误时，人应该主动改变认识，重新决策以适应机器的运行。另外，当人由于心理或生理异常而出现明显的误操作或者人机配合不密切时，机器人应该发出信号，并采取保护措施，防止意外事故的发生。

⑤人机安全性。由于人机协作包含大量的人机接触任务，为了避免操作过程中的人机碰撞造成的伤害，在人机协作控制中还要考虑安全控制问题。一般将安全控制策略分为事前控制策略及事后控制策略。其中，事前控制策略用于预防撞击的发生，在发生碰撞之前，评估产生撞击的严重性，并采取一定措施避免撞击。事前控制的难点在于，某些工况下操作者可能随机地出现在机器人的任务空间中。因此，一方面需要通过多种传感系统(例如视觉系统)准确获知环境信息；另一方面需要选择有效的全局规划方法(如栅格法、空间自由度法等)或局部规划方法(如人工势场法、智能优化算法、机器学习方法等)，及时进行轨迹再规划。事后控制策略用于限制撞击发生后所产生的撞击力，因此一般选择柔顺控制策略。柔顺控制策略主要是对机器人的柔顺性进行调节，而所谓柔顺性是指机器人对外部接触环境的顺从能力。根据调节柔顺性的自主能力的不同，柔顺控制策略可分为被动柔顺控制策略及主动柔顺控制策略。被动柔顺控制策略主要是通过引入弹簧和阻尼等柔性部件，把机器人与作用环境分隔开，从而保证碰撞发生后机器人拥有一定的柔顺性，降低撞击力；而主动柔顺控制策略是通过设计机器人力控制结构，进而处理力控制和位置控制二者之间的关系，从根本上限制撞击力的值。

(2) 从决策角度出发，可将人机协作系统分为三类：人主机辅、机主人辅和人机协调。其中，在人主机辅的控制策略下，人机系统的部分信息需要依靠人来感知，最终的决策也由人决定，由人给出控制信息。但是由于人的生理和心理等不定因素，操作者往往会对环境信息感知不全，有时还会出现明显偏差和失误。为了弥补操作者的不足，利用智能传感器对人的感知进行补充，辅助人进行控制。根据这种控制策略，人们设计了多种遥操作机器人。在机主人辅的控制策略下，智能机器人可以自动地感知外界信息，根据机器人中的有关决策知识、经验进行决策，再通过机器人控制器输出控制命令。操作者只是在一些危急情况下，对系统进行干预以保障系统的绝对安全。根据这种控制策略，人们为工业机器人设计了多种安全控制方法。而人机协调策略需要人与机器人相互协调决策，进而完成各种烦琐、复杂的任务，其控制策略的核心为交互控制算法。

匹配相关的跟踪方法和基于特征点的跟踪方法进行阐述。

1）基于区域匹配相关的跟踪方法

图像相关匹配是一种基于最优相关理论的图像处理方法，主要用于目标识别、检索以及跟踪。在相关匹配过程中，存在一个表示目标或待检索物体的模板，通过计算模板与待分析对象的相似程度，识别出或检索到相应的目标，进而在跟踪过程中，分析得到当前图像中目标的具体位置。

与其他几种方法相比，基于区域匹配相关的跟踪方法由于用到了目标的全局信息，比如色彩、纹理等，因此具有较高的可信度。在实际应用中，基于区域匹配相关的跟踪方法常常和某些预测算法，比如比较常用的卡尔曼运动预测估计结合使用，通过减少目标在下一帧的搜索区域，来减少计算量和提高跟踪准确性。由于该方法以目标的整体特征信息作为跟踪根据，所以在目标发生较小形变等情况下仍然可以准确地对目标进行跟踪，缺点是当目标被遮挡时，容易造成目标丢失。

2）基于特征点的跟踪方法

特征点是目标上具有多个方向奇异性的点集。特征点的搜索也是基于最优相关理论的。该算法不考虑运动目标的整体特征，只根据目标图像的一些显著特征来进行跟踪。由于特征点分布在整个目标上，因此即使有一部分被遮挡，该方法仍然可以跟踪到另外一部分特征点，这也是基于特征点的跟踪方法的优点。

基于特征点的跟踪模式中，最关键的在于特征点的检测、表达、相似性度量等工作，跟踪过程主要可以分为特征提取和特征匹配两个过程。在特征提取中选择适当的跟踪特征，在下一帧图像中提取特征并进行比较，根据比较结果来确定目标，从而实现目标的跟踪。选取适当的跟踪特征是实现良好跟踪效果的先决条件，一个好的特征应当具备好的区分性、可靠性、独立性、数量少、计算快等优点。

7.4　工业机器人视觉伺服控制

机器视觉是随着20世纪60年代末计算机与电子技术的快速发展而出现的。把视觉信息应用于工业机器人定位的研究可以追溯到20世纪70年代。当时出现了一些实用性的视觉系统，如应用于集成电路生产、精密电子产品装配、饮料罐装场合的检测等。20世纪80年代后期，出现了专门的图像处理硬件，人们开始系统地研究机器人视觉控制系统。到了20世纪90年代，随着计算机能力的增强和价格下降，以及图像处理硬件和CCD摄像机的快速发展，机器人视觉系统吸引了众多研究人员的注意。在过去的几年里，机器人视觉控制无论是在理论上还是在应用方面都有很大进步。

最早的基于视觉的机器人系统，采用的是静态看并行动（looking and moving）的形式，即在机器人本体完全停止运动时，先由视觉系统采集图像并进行相应处理，然后通过计算估计目标的位置来控制机器人运动。这种操作精度直接与视觉传感器、末端执行器及控制器的性能有关，使得机器人很难跟踪运动物体。到20世纪80年代，计算机及图像处理硬件得到发展，使得视觉信息可用于连续反馈，于是人们提出了基于视觉的伺服控制形式。这种方式可以克服模型（包括机器人、视觉系统、环境）中存在的不确定性，提高视觉定位或跟踪的精度。

工业机器人作业时，进行的一项重要任务就是对目标物体的捕获。这就需要机器人能够识别目标物体，得到目标物体和机器人末端执行器之间的距离、位置和姿态信息，然后把这些

8.2.3　人机交互控制算法

遥操作机器人、幕墙安装机器人和分拣机器人的控制算法设计过程均涉及人机交互控制。本节以遥操作机器人为例，介绍工业机器人的常见人机交互控制。遥操作最早出现在二十世纪四五十年代 Raymond C. Goertz 的核研究工作中。他搭建了操作者可以从保护盾后方处理放射性材料的保护系统。第一代系统是由一组选择开关控制电动机驱动以及坐标轴平移的电动系统。显然，其操作速度慢、不自然且仅支持单向操作。近年来，随着机器人技术及通信技术的发展，诞生了双向遥操作机器人。一方面，通过整合环境，主、从机器人，操作者的多方信息提高了机器人系统性能，为操作者带来良好的体验；另一方面，将操作者引入到任务环境中，建立了多条反馈回路，提高了遥操作机器人的稳定性。遥操作机器人的基本结构如图 8.5(b)所示，主要由主机器人系统、从机器人系统、通信系统、操作者和环境构成。

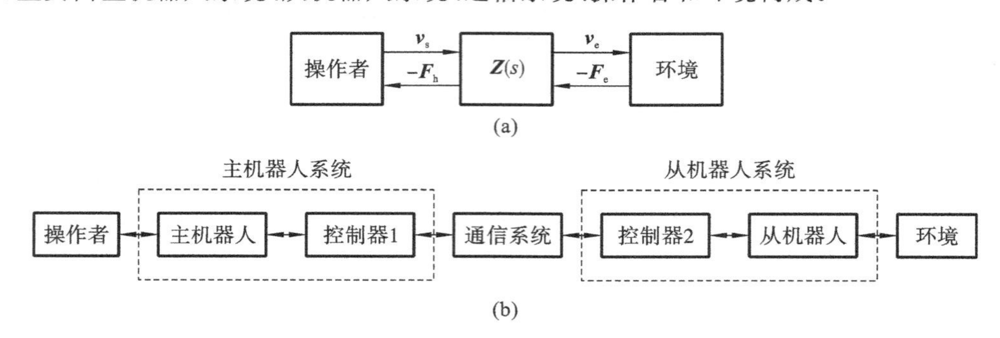

图 8.5　系统结构图

(a) 典型的力与速度二端口系统原理图　(b) 遥操作机器人系统结构

遥操作机器人的基本控制结构有如下几种情况。

1) 位置-位置控制

最简单的情况是机器人根据人的指令进行相互追踪。控制器 1 和 2 均采用跟踪控制器，通常使用 PD 控制器实现以下控制：

$$\begin{cases} \boldsymbol{F}_{\mathrm{m}} = -\boldsymbol{K}_{\mathrm{m}}(\boldsymbol{x}_{\mathrm{m}} - \boldsymbol{x}_{\mathrm{md}}) - \boldsymbol{D}_{\mathrm{m}}(\dot{\boldsymbol{x}}_{\mathrm{m}} - \dot{\boldsymbol{x}}_{\mathrm{md}}) \\ \boldsymbol{F}_{\mathrm{s}} = -\boldsymbol{K}_{\mathrm{s}}(\boldsymbol{x}_{\mathrm{s}} - \boldsymbol{x}_{\mathrm{sd}}) - \boldsymbol{D}_{\mathrm{s}}(\dot{\boldsymbol{x}}_{\mathrm{s}} - \dot{\boldsymbol{x}}_{\mathrm{sd}}) \end{cases} \tag{8.4}$$

式中：下标 m 代表主机器人，s 代表从机器人，d 代表期望值；变量 $\boldsymbol{x}$ 代表末端位置向量；矩阵 $\boldsymbol{K}$ 和 $\boldsymbol{D}$ 分别代表位置增益和速度增益；$\boldsymbol{F}_{\mathrm{m}}$、$\boldsymbol{F}_{\mathrm{s}}$ 分别代表主机器人末端力向量和从机器人末端力向量。若两个控制器的位置、速度增益相等（$K_{\mathrm{m}}=K_{\mathrm{s}}$ 且 $D_{\mathrm{m}}=D_{\mathrm{s}}$），则二者受力相同且系统可以进行有效力反馈，也可以理解为主、从机器人的顶部存在一个弹簧阻尼控制器。如果主、从机器人受力互不相同且位置增益、速度增益也不相同，则需要对主、从机器人的受力进行标定。

操作者通过力反馈控制获得从机器人的受力信息，其中包括弹簧阻尼器相关的受力以及从机器人的惯性力和环境受力。实际上在与从机器人无接触的情况下，操作者需要惯性力以及其他动态受力信息来控制从机器人的运动。若从机器人不能被动驱动，即无法轻易地通过环境施加力来改变运动，则环境施加力将被操作者屏蔽，力反馈将失去意义。此时，控制结构采用位置-力结构。

2) 位置-力结构

在位置-力结构中，在从机器人的末端安装一个力传感器反馈受力信息，也就是系统由如下等式控制：

$$\begin{cases}\boldsymbol{F}_{\mathrm{m}}=\boldsymbol{F}_{\mathrm{sensor}} \\ \boldsymbol{F}_{\mathrm{s}}=-\boldsymbol{K}_{\mathrm{s}}(\boldsymbol{x}_{\mathrm{s}}-\boldsymbol{x}_{\mathrm{sd}})-\boldsymbol{D}_{\mathrm{s}}(\dot{\boldsymbol{x}}_{\mathrm{s}}-\dot{\boldsymbol{x}}_{\mathrm{sd}})\end{cases} \tag{8.5}$$

式中：$\boldsymbol{F}_{\mathrm{sensor}}$表示力传感器反馈的力向量。这使得用户只感受得到从机器人和任务环境间的外力，因此对任务环境要有更清楚的认识。然而，这种结构的稳定性较差，控制回路经过主机器人的运动、从机器人的运动、任务环境受力，最后回到主机器人受力。另外，从机器人的运动跟踪可能出现延迟，回路的增益较大，若从机器人正在穿越刚性环境，则即便很小幅度的运动控制指令也会使其受到很大的力。总言之，在有刚性接触时，系统稳定性将降低，通信不稳定。

3）多通道反馈结构

遥操作机器人常采用多通道反馈结构。在理想情况下，操作者操纵主机器人跟踪从机器人的运动，同时使得操作者的受力与环境相匹配，测量主、从控制点的位置和受力。这样，当操作者对主机器人施加作用力时，从机器人甚至可以在主机器人运动前完成运动。

4）基于透明度的阻抗控制结构

透明度指人体感知的阻抗与环境的真实阻抗之间的近似程度。以单自由度系统为例，设环境力为 $\boldsymbol{F}_{\mathrm{e}}$，从机器人末端速度向量为 $\boldsymbol{v}_{\mathrm{s}}$，环境阻抗 $\boldsymbol{Z}_{\mathrm{e}}(s)$未知，将环境力与从机器人的速度建立如下关系：

$$\boldsymbol{F}_{\mathrm{e}}=\boldsymbol{Z}_{\mathrm{e}}(s)\boldsymbol{v}_{\mathrm{s}}(s) \tag{8.6}$$

若将遥操作机器人视为二阶系统，设 $\boldsymbol{F}_{\mathrm{h}}$ 为操作者施加的外力，$\boldsymbol{v}_{\mathrm{m}}$ 为主机器人末端速度向量。如图 8.5(a)所示，典型的力与速度二端口系统可以描述为

$$\begin{bmatrix}\boldsymbol{F}_{\mathrm{h}}(s) \\ \boldsymbol{v}_{\mathrm{m}}(s)\end{bmatrix}=\begin{bmatrix}\boldsymbol{H}_{11}(s) & \boldsymbol{H}_{12}(s) \\ \boldsymbol{H}_{21}(s) & \boldsymbol{H}_{22}(s)\end{bmatrix}\begin{bmatrix}\boldsymbol{v}_{\mathrm{s}}(s) \\ -\boldsymbol{F}_{\mathrm{e}}(s)\end{bmatrix} \tag{8.7}$$

式中：变量 $\boldsymbol{H}_{11}$、$\boldsymbol{H}_{12}$、$\boldsymbol{H}_{21}$、$\boldsymbol{H}_{22}$ 为阻抗控制器的设计参数。因此，操作者感知的阻抗 $\boldsymbol{Z}_{\mathrm{to}}$ 为

$$\begin{aligned}\boldsymbol{Z}_{\mathrm{to}}(s)&=\frac{\boldsymbol{F}_{\mathrm{h}}(s)}{\boldsymbol{v}_{\mathrm{m}}(s)}=\frac{\boldsymbol{H}_{11}\boldsymbol{v}_{\mathrm{s}}-\boldsymbol{H}_{12}\boldsymbol{F}_{\mathrm{e}}}{\boldsymbol{H}_{21}\boldsymbol{v}_{\mathrm{s}}-\boldsymbol{H}_{22}\boldsymbol{F}_{\mathrm{e}}} \\ &=\frac{\boldsymbol{H}_{11}\boldsymbol{v}_{\mathrm{s}}-\boldsymbol{H}_{12}\boldsymbol{Z}_{\mathrm{e}}\boldsymbol{v}_{\mathrm{s}}}{\boldsymbol{H}_{21}\boldsymbol{v}_{\mathrm{s}}-\boldsymbol{H}_{22}\boldsymbol{Z}_{\mathrm{e}}\boldsymbol{v}_{\mathrm{s}}}=(\boldsymbol{H}_{11}-\boldsymbol{H}_{12}\boldsymbol{Z}_{\mathrm{e}})(\boldsymbol{H}_{21}-\boldsymbol{H}_{22}\boldsymbol{Z}_{\mathrm{e}})^{-1}\end{aligned} \tag{8.8}$$

8.3　移动工业机械臂自主抓取控制

8.3.1　移动机械臂简介

基座不可移动的机械臂系统的最大缺陷是其任务空间受限。为了扩大其任务空间，发展了基于移动机器人的机械臂系统，简称移动机械臂。20 世纪 60 年代末，移动机械臂由美国斯坦福研究院提出，并开发了 Shakey 机器人，其能在复杂环境下实现自主推理、规划与控制功能。移动机械臂自主抓取系统区别于传统工业机器人手臂抓取系统，其中工业机器人主要面向结构化环境（指结构及尺寸变化规律且稳定，环境信息是可知或可描述的），一般固定在单一的工位上，所以需要规划的末端姿态相对单一；移动机械臂是可移动的，而且其面对的环境也多是非结构化的环境（指结构及尺寸变化规律未知或不稳定，环境信息是未知或不可描述的）。

8.3.2 移动机械臂自主抓取

目前，国内外研究机构关于移动机械臂的研究热点为如何实现自主抓取任务。本节以履带式移动机械臂为例，主要介绍如何从控制角度完成自主抓取任务。图 8.6 所示为常见的履带式移动机械臂组成模块图，主要包括本体结构、传感系统、通信系统和控制器。该机械臂包含三种控制器：车体控制器用于控制履带车到达抓取任务的指定位置；机械臂控制器用于控制机械臂的各个关节的位姿；抓取控制器用于控制末端执行器的抓与放。

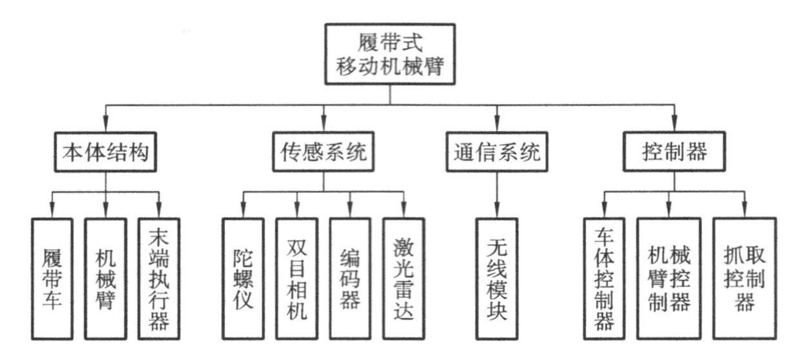

图 8.6 履带式移动机械臂组成模块图

要使移动机械臂对目标物进行准确的自主抓取，主要有三点要求：

(1) 机械臂要能够准确地自主导航到目标位置，即通过传感器感知周围的环境，完成自定位、全局规划和局部导航等过程；

(2) 视觉模块能够快速准确地对目标物体进行识别及位姿计算；

(3) 机械臂要能够根据目标物的位姿准确规划出末端执行器的抓取策略。

在整个过程中，任一要求无法满足，都将导致移动机械臂最终抓取失败，这就要求系统具有较高的导航精度、物体识别与位姿计算精度、逆解计算能力及关节空间的轨迹规划能力。整个自主定位过程中涉及的学科和技术众多，其中的关键技术主要可以概括为以下几个方面。

1) 目标物的识别

目标物的识别实则是物体特征的选取，不同的物体有不同的特征，目标识别的主要任务是对获取的每一帧图像进行处理，首先判断图像中有没有待识别物体存在，然后再计算该物体在图像中的中心坐标，作为物体的位置。

目标物的识别主要分为基于特征的识别与基于模板匹配的识别，物体具有点、线、面、区域面积、轮廓等局部集合特征，也有颜色、纹理和空间关系等全局特征。一般为了更快地分割物体，采用只适用于目标物的一些特征作为约束。

2) 自主抓取系统的设计

自主抓取的一般过程如图 8.7 所示，其主要功能是，利用运动学逆解算法和运动规划算法，求出从当前位姿到目标位姿的可行路径。在获取目标位姿之后，系统应首先根据物体的形状、大小来确定末端执行器的中心位置，进而得出机械臂末端位姿，然后通过运动学逆解将机械臂末端位姿转化为关节空间各关节的期望位置，再根据机械臂的当前位置与环境信息进行运动规划，得出各关节的实时运动位置、速度和加速度序列，最后通过驱动程序来控制各关节电动机进行实际动作。

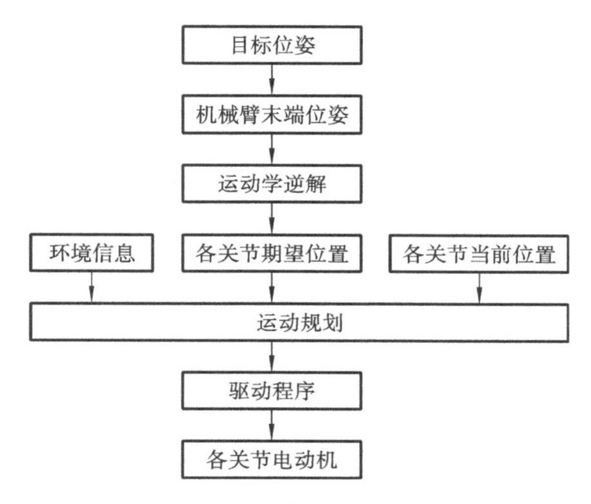

图 8.7　自主抓取实现过程流程图

3）任务规划

一台具有自主移动、目标物识别与自主抓取功能的移动机械臂需要完成如下任务：

(1) 当收到定点导航任务后，开始执行导航任务；

(2) 在导航过程中，如果检测到目标物，则停止导航任务，执行检测任务；

(3) 进行车体微调，确定目标物在机械臂实际工作范围内；

(4) 当检测到目标物位姿在机械臂任务空间后，执行抓取任务；

(5) 抓取完成后，机械臂回到初始位置；

(6) 导航到指定地点；

(7) 确认到达后，松开末端执行器，将物体丢入指定地点；

(8) 机器人再次回到刚才离开的位置，继续巡检任务。

上述任务实则包括很多子任务，每一个子任务的执行，都需要一定的条件进行触发，需要设计一个全局的任务执行器，对各子任务进行完全的控制，包括给子任务发布目标，实时监控子任务执行的进度，根据中断某一个子任务，接收子任务返回的执行结果，并且根据这个结果，决定下一步执行哪个子任务。这个任务执行器应该具有结构化的任务管理方式，可以利用 ROS 中的 SMACH 框架实现。

8.4　ROS-Industrial 控制接口

随着机器人控制技术的不断进步，机器人控制将有更多的选择，包括使用开放式控制软件、可编程逻辑控制器(programmable logic controller，PLC)以及非机器人控制器控制多个供应商的机器人等。通过开源的机器人操作系统和软件，机器人可以在更广泛的工业领域大显身手，这也正是美国西南研究院(Southwest Research Institute，SwRI)推出 ROS-Industrial 的初衷。机器人应该在更多的领域得到广泛的应用，SwRI 推出开源的工业机器人软件 ROS-Industrial(下文简称 ROS-I)，并建立了相关的工作组，以扩大机器人技术的应用和提高机器人的互操作性。

8.4.1　ROS-I 的目标与架构

ROS 向工业领域的渗透，可以将 ROS 中丰富的功能、特性带给工业机器人，比如运动规划、运动学算法、视觉感知、3D 可视化工具 Rviz、机器人仿真工具 Gazebo 等，不仅降低了原本复杂、严格的工业机器人研发门槛，而且在研发成本方面也具有极大的优势。其目标如下：

(1) 将 ROS 强大的功能应用到工业生产的过程中；

(2) 为工业机器人的研究与应用提供快捷有效的开发途径；

(3) 为工业机器人创建一个强大的社区支持；

(4) 为工业机器人提供一站式的工业级 ROS 应用开发支持。

ROS-I 项目仍在研发中，大多数代码仍处于测试阶段，图 8.8 给出了 ROS-I 的软件架构，包括 GUI 层、ROS 层、MoveIt 层、ROS-I 应用层、ROS-I 接口层、ROS-I 简单消息层以及ROS-I 控制层等内容。

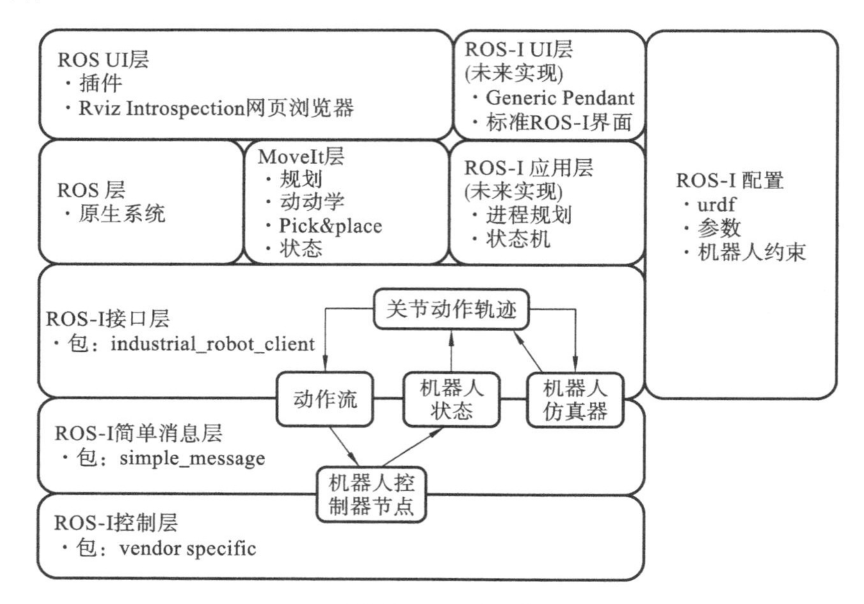

图 8.8　ROS-I **架构**

(1) GUI 层：上层 UI 分为两个部分，分别为 ROS UI 层和 ROS-I UI 层。ROS UI 层包含 ROS 中现在已有的 UI 工具；ROS-I UI 层则包含专门的工业机器人通用的 UI 工具，不过将来才会实现。

(2) ROS 层：ROS 基础框架，提供核心通信机制。

(3) MoveIt 层：为工业机器人提供规划、运动学算法等核心功能的解决方案。

(4) ROS-I 应用层：处理工业生产的具体应用，也是针对将来的规划。

(5) ROS-I 接口层：包括工业机器人的客户端，可以通过简单消息机制(simple_message)协议与机器人的控制器通信。

(6) ROS-I 简单消息层：通信层，定义了通信的协议，打包和解析通信数据。

(7) ROS-I 控制层：机器人厂商开发的工业机器人控制器。

8.4.2　ROS-I 的研究内容

ROS-I 在已有的 ROS 框架和功能的基础上，对工业领域进行了针对性的扩展，而且不同厂家的机器人控制器可以通用。ROS-I 项目目前主要研究以下几部分的内容。

1）简单消息机制

简单消息机制定义了 ROS 驱动层和机器人控制器本体通信的消息结构，协议遵循的基本规则有以下几点。

(1) 格式简单，使得代码能够在机器人控制器(支持 C/C++)与 ROS 之间共享。对于不支持 C 或 C++的控制器来说，可利用其他标准编程语言解析消息内容，进而实现与 ROS 消息共享。

(2) 格式支持数据模式与数据反馈。为避免不同通信平台之间因版本问题产生的冲突，协议不应包含版本信息。

(3) 消息结构。消息结构类型如表 8.1 所示。

表 8.1　简单消息格式

成员	变量名	类型	语义
PREFIX	LENGTH	int	数据长度
	MSG_TYPE	int	数据类型
HEADER	COMM_TYPE	int	通信类型
	REPLY_CODE	int	应答编码
BODY	DATA	ByteArray	可变长度

(4) 类型化消息。消息协议允许消息包含任意的数据和通信类型，但是有些机器人的控制器并不支持C++类，因此开发人员必须理解消息协议与数据结构，以便能够在机器人控制器上解析消息。其中，关节消息与关节轨迹点消息格式尤其需要重视。关节消息用来表示关节的位置信息，其结构如表 8.2 所示。

表 8.2　关节消息类型

成员	类型	值	内存大小/(字节)
消息类型	StandardMsgType::JOINT_POSITION	10	4
通信类型	CommType	任意	4
应答类型	ReplyType	任意	4
队列	Shared_int	任意	4
关节	Shared_real[10]	任意	40

关节轨迹点消息用来描述关节的运动轨迹。关节轨迹点消息的结构如表 8.3 所示。其中，JointTrajectoryPoint 消息用数据表示轨迹，这些点不同于 ROS 中的轨迹点，不同之处体现在：

①关节的速度采用工业机器人标准；

②持续时间也不同于 ROS 中时间戳的概念。时间戳表示运动开始的时间，而持续时间表示的是动作将要执行的时间长度。此外，还有一个重要的前提是队列中的点是连续被执行的，这一点较为符合 ROS 的轨迹特点，但不是必需的。

表 8.3　关节轨迹点消息格式

成　　员	类　　型	值	内存大小/字节
消息类型	StandardMsgType::JOINT_TRAJ_PT	11	4
通信类型	CommType	任意	4
应答类型	ReplyType	任意	4
队列	Shared_int	任意	4
关节	Shared_real[10]	任意	40
速度	Shared_real	任意	4
持续时间	Shared_real	任意	4

(5) 连接管理器与消息处理器。连接管理器和消息处理器支持处理多种消息类型的连接。连接管理器包含消息处理器的列表，当收到消息时调用相应的消息处理器进行处理。当机器人控制器仅支持有限连接时，这显得尤为重要。

(6) 通用连接。简单消息机制利用抽象连接接口向机器人控制器发送消息。该接口的前提假设是首先支持发送原始的字节数据，同时数据连接包含建立连接和删除连接的方法。

2) 工业机器人客户端(industry robot client)

工业机器人的客户端旨在为工业机器人提供标准的控制接口，这些控制接口遵循 ROS-I 的设计规范，通过 simple_message 协议实现与运行在工业机器人控制器上的服务器通信。

最主要的是，industrial_robot_client 库通过 C++派生类机制实现具体机器人重复使用该库的代码，从而避免了工业机器人产生过多的重复设计，同时客户端也提供了通用的节点来实现基本的 industrial_robot_client 功能。当工业机器人不需要客户端提供额外的功能时，这些标准节点就能满足客户端设计的需要。

通常情况下，制造商接口和机器人设计之间的差异使得 industrial_robot_client 的基本实现需要一定的修改。关节连接、速度缩放及通信协议等的差异都是影响具体机器人控制程序设计的因素。

与其对整个 ROS 客户端做一个新备份来实现机器人客户端，不如采用更好的方法：使用 C++派生类机制，用最小化修改来实现面向特定机器人的机器人客户端。但是无论以什么样的方式实现，控制程序都应该调用、积累已实现的功能以避免代码的冗余，并维护操作的一致性，同时设计人员需要非常了解 ROS 客户端库的设计思想，以便能够合理地选择和替换某些功能。

3) 工业标定(industrial calibration)

工业标定是离线编程技术实用化的关键技术之一，所谓标定就是应用先进的测量手段或几何约束等方法，采用基于模型的参数标识方法准确地辨识出机器人模型参数，从而提高机器人绝对精度的过程。

在标定过程中，测量手段是一个重要的因素。目前方法主要有两种，一是采用高精度测量系统进行测量，然后采用数学方法进行校正；二是机器人自校正方法，具体方法是在末端加一个冗余传感器收集数据，或是在末端加一些运动约束，使机器人到达特定位置。

4) 具体机器人的适配包集(vendor specific stacks)

ROS-I 包含对多种工业机器人适配的元包(Meta-Packages)，其中包括 ABB、Adept、Comau、Fanuc、Kuka、Motoman、Robotiq 及 Universal Robots 等多种工业机器人。但是大多数的适配包目前仅适用于实验研发，具体的工业应用仍需要检验其代码的可靠性。

8.5　云机器人控制系统

传统机器人在执行即时定位和地图构建、物品抓取、定位导航等任务时，涉及了大量数据的获取和计算任务会给机器人本身带来巨大的存储和计算压力，即使能够完成任务，实时性也并不理想。基于对这些问题的思考，在 Humanoids 2010 国际会议上，卡耐基梅隆大学的 James Kuffner 博士(现供职于 Google 公司)首次提出了"云机器人(cloud robot)"的概念，引起了广泛讨论。根据 James Kuffner 的想法，云机器人就是云计算(cloud computing)与机器人学的结合，如同其他网络终端一样，机器人本身不需要存储所有资料信息或具备超强的计算能力，只是在需要的时候可以连接相关服务器并获得所需信息。云机器人不仅可以卸载复杂的计算任务到云端，还可以接收海量数据，并分享信息和技能。与传统机器人相比，云机器人的优势是存储与计算能力更强，学习能力更强，机器人之间共享资源更加方便，相同或相似场景下的机器人负担更小，并减少了开发人员重复工作时间。

8.5.1　典型的云架构

2010 年，Rajesh Arumugam 提出了服务机器人云计算平台 DavinCi，其是基于 ROS 系统，采用 Hadoop 分布式系统架构 Map/Reduce 机制构建的。DavinCi 云计算平台系统架构如图 8.9所示，DavinCi 服务器为机器人提供代理服务，将机器人系统 ROS 和 Hadoop 集群绑定。机器人上的 ROS 节点向 DavinCi 请求服务或从 Hadoop 集群获取信息。HDFS 集群包含大量的存储/计算节点，每个节点都是由高配的服务器组成的。HDFS 系统运行在每个节点上并借助 Map/Reduce 机制提高执行机器人算法任务的效率。但 DavinCi 系统的网络延迟、通信问题还有待进一步解决。

2011 年，Zhihui Du 等为了解决机器人资源共享的问题构建了机器人云计算中心 RCC (robot cloud center)。RCC 系统架构如图 8.10 所示，主要由 RCP(robot cloud panel)、SB (sever broker)、RCU(robot cloud units)和 MP(map layer)构成。RCP 收集用户要求，装配模块负责根据用户要求对零散服务进行合成并通过部署模块发送给机器人单元层，管理分析模块可以调度机器人的请求、管理机器人信息映射、监控机器人状态并操作服务代理。服务代理则提供 Web 用户接口和服务接口。机器人云单元由机器人本体和 WSDL 接口构成，完成 RCP 的服务指令。RCC 解决了多样性的任务请求问题。

2013 年，欧洲的科学家们提出了 RoboEarth 机器人万维网，目的是利用互联网来建立一个开源的巨大的网络数据库，让全世界的机器人都能够接入并更新信息。RoboEarth 可以为

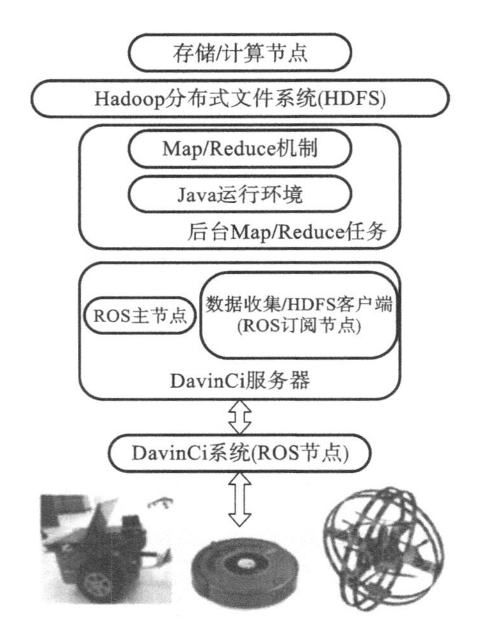

图 8.9　云计算平台 DavinCi 系统架构

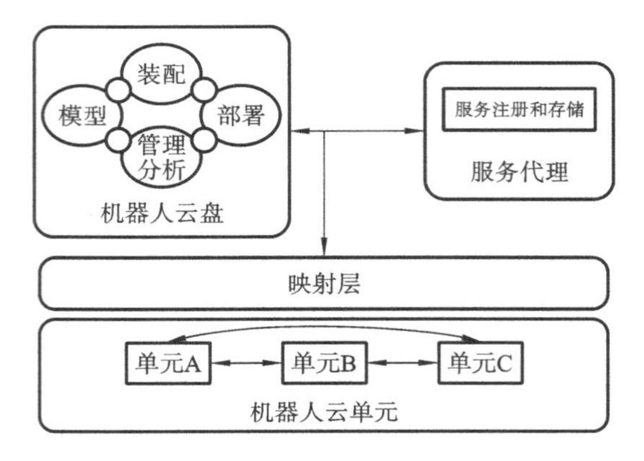

图 8.10　机器人云计算中心 RCC 系统架构

机器人提供动作序列、对象模型和运行环境等语义映射信息，机器人根据映射信息完成任务，其系统如图 8.11 所示。

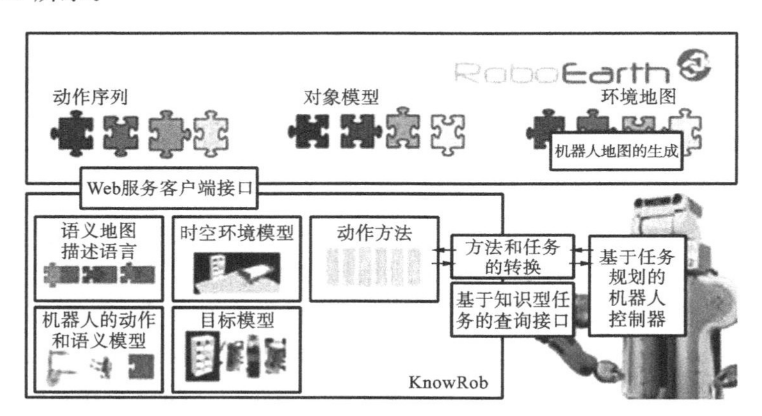

图 8.11　RoboEarth **系统概况**

2015 年，基于 RoboEarth 资源平台，G. Mohanarajah 等提出了 Raptuya 云机器人平台，如图 8.12 所示，Raptuya 通过高宽带与 RoboEarth 连接。Raptuya 不仅通过 RoboEarth 为机器人提供相关资源，而且优化了机器人任务管理、命令数据结构以及通信协议，提高了机器人资源利用率。

8.5.2　云机器人面临的挑战

1）智能机器人任务优化部署

在云机器人环境下，任务部署方式可以分为本地、云上以及云和本地同时部署三种方式。按照实时性、成本、准确率等不同性能指标，可以将任务划分到云和本地两个子集中，对于既可

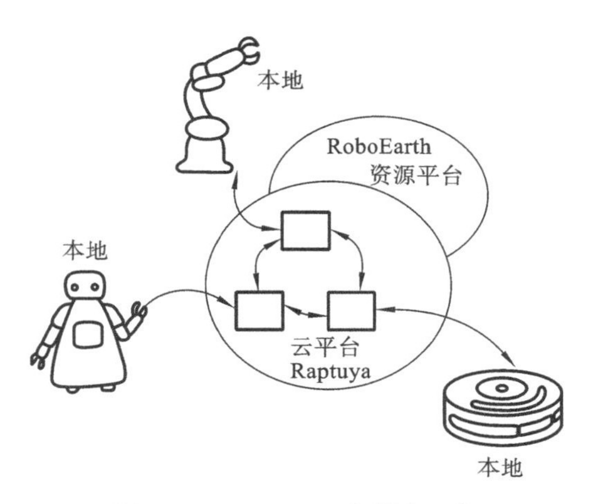

图 8.12　Raptuya 云机器人平台

以部署在本地又可以部署到云上的任务，需要进一步考虑云端同时运行的结果，基于指标的云端任务的动态切换和云端同时运行结果融合等不同情景进行择优。总之根据不同的应用任务需求与特点，基于不同的部署方式特征，选择合适的部署方式，使云机器人应用系统性能达到最优。

2）云机器人资源分配与调度方法

针对智能机器人及各类智能检测控制设备按需获取服务的需求，将云端计算、存储以及数据软件等资源统一以服务的形式实施封装和接入，使其在物理上保持分布式自治的同时通过容器等手段实现逻辑上的分离管理，并以透明的方式进行资源的优化选取、按需分配和高效访问。

3）云机器人分布式控制与决策方法

面向云架构的智能机器人系统要应对复杂的控制与应用问题，构建分布式智能控制模型，以动态决策问题为研究对象，针对动态运动路径规划、高精度协同抓取、多智能机器人协同装配等具体问题寻找优化控制与决策方法，进而设计面向云架构的分布式智能控制与决策服务方法。

4）机器人云服务可信保障及其评价

机器人云服务可信保障不仅涉及服务质量，而且与服务安全相关。服务质量可采用 QoS (quality of service)服务模型及其分区服务模型 Diff-Serv(differentiated service)等进行评价。依据智能机器人应用的实时性与可靠性等要求，不仅在云端提供实时容错服务，而且对云机器人网络的接口拥塞、传输出错、数据丢失等问题通过采集数据流分类，流量监控和控制等方法实施相应处理，提高网络通信的可预测性和稳定性。机器人云服务安全则需要考虑高效的身份认证和数据加密方法。

小　结

本章 8.1 节介绍了多机器人系统的相关概念、多机器人系统的特点，在此基础上，分析了多机器人协调作业的问题，并以双机器人协作系统作为案例，对其各环节进行了详细叙述，举例说明了非主从控制系统在双机器人协作控制中的应用；8.2 节介绍人机协作控制以及人机交互控制算法；8.3 节介绍了移动机械臂的相关概念以及目前现状，并在此基础上重点介绍了移动机械臂如何实现自主抓取；8.4 节介绍了 ROS-I 目标、架构以及研究内容；8.5 节首先介绍了云机器人的概念，然后介绍了典型的云机器人平台，最后阐述了云机器人面临的挑战。

习　　题

8.1　多机器人系统比单一机器人有何优势？

8.2　多机器人系统比单机器人系统复杂，体现在哪些方面？

8.3　人机协作机器人有何特点？

8.4　什么是人机适应性？

8.5　移动机械臂有何特点？

8.6　ROS-I 项目目前主要研究哪几部分的内容？

8.7　最下层的 ROS-I Controller Layer 是使用 ROS 做的吗？为什么？

8.8　什么是云机器人？

8.9　选择一种云平台架构对其进行详细分析，包括功能、架构、实现方法。

参考文献

[1] 郭洪红.工业机器人技术[M].西安:西安电子科技大学出版社,2012.

[2] 谭民,徐德,侯增广.先进机器人控制[M].北京:高等教育出版社,2007.

[3] 龚仲华,夏怡.工业机器人技术[M].北京:人民邮电出版社,2017.

[4] 萨哈.机器人学导论[M].付宜利,张松源,译.哈尔滨:哈尔滨工业大学出版社,2017.

[5] 陈万米.机器人控制技术[M].北京:机械工业出版社,2017.

[6] 兰虎.工业机器人技术及应用[M].北京:机械工业出版社,2014.

[7] 侯忠生,金尚泰.无模型自适应控制——理论与应用[M].北京:科学出版社,2013.

[8] 龚仲华,龚晓雯.工业机器人完全应用手册[M].北京:人民邮电出版社,2017.

[9] 许晚君,宋帅,季雨停,等.工业机器人控制的发展研究[J].南方农机,2017,48(16):56-56.

[10] 刘连忠,汪一彭,张启先.机器人逆运动学的数值解法[J].北京航空航天大学学报,1995(01):120-125.

[11] 左国栋,赵智勇,王冬青.SCARA 机器人运动学分析及 MATLAB 建模仿真[J].工业控制计算机,2017,30(02):100-102.

[12] 王东署,朱训林.工业机器人技术与应用[M].北京:中国电力出版社,2016.

[13] 赵杰,朱延河,蔡鹤皋.Delta 型并联机器人运动学正解几何解法[J].哈尔滨工业大学学报,2003(01):25-27.

[14] Siciliano B,Khatib O.机器人手册(第 1 卷)[M].北京:机械工业出版社,2016.

[15] Craig J J.机器人学导论[M].3 版.负超,等,译.北京:机械工业出版社,2006.

[16] 李进文,何素梅,吴海彬.一种直线插补算法及其在机器人中的应用研究[J].机电工程,2015,32(07):966-970.

[17] 林威,江五讲.工业机器人笛卡尔空间轨迹规划[J].机械工程与自动化,2014,(05):141-143.

[18] 曾辉,柳贺.机器人空间三点圆弧算法的研究与实现[J].中国新技术新产品,2014,(12):5-6.

[19] 林仕高.搬运机器人笛卡尔空间轨迹规划研究[D].广州:华南理工大学,2013.

[20] 陈伟华.工业机器人笛卡尔空间轨迹规划的研究[D].广州:华南理工大学,2010.

[21] 卓扬娃,白晓灿,陈永明.机器人的三种规则曲线插补算法[J].装备制造技术,2009,(11):27-29.

[22] 刘长宏,徐国凯,宋鹏,等.6 自由度机器人梯形速度控制直线插补算法研究[J].制造业自动化,2009,31(09):91-94.

[23] 叶伯生.机器人空间三点圆弧功能的实现[J].华中科技大学学报(自然科学版),2007(08):5-8.

[24] Niku S B. 机器人学导论——分析、控制及应用[M]. 2 版. 北京：电子工业出版社，2018.
[25] 熊有伦. 机器人技术基础[M]. 武汉：华中科技大学出版社，1996.
[26] 蔡自兴. 机器人学[M]. 2 版. 北京：清华大学出版社，2009.
[27] 陈雄标，袁哲俊，姚英学. 机器人用六维腕力传感器标定研究[J]. 机器人，1997，19(1)：7-12.
[28] 黄心汉. 机器人腕力传感器标定矩阵的解[J]. 电气自动化，1989(3)：48-50.
[29] 郑红梅. 机器人多维腕力传感器静、动态性能标定系统的研究[D]. 合肥：合肥工业大学，2007.
[30] 张洁. 多种结构六维腕力传感器动态特性的比较[D]. 南京：东南大学，2003.
[31] Hogan N. Impedance Control：An Approach to Manipulation：Part Ⅰ—Theory[J]. ASME Journal of Dynamic Systems，Measurement，and Control，1985，107(1)：1-7.
[32] Hogan N. Impedance Control：An Approach to Manipulation：Part Ⅱ—Implementation[J]. ASME Journal of Dynamic Systems，Measurement，and Control，1985，107(1)：8-16.
[33] Hogan N. Impedance Control：An Approach to Manipulation：Part Ⅲ—Applications[J]. ASME Journal of Dynamic Systems，Measurement，and Control，1985，107(1)：17-24.
[34] 游有鹏，张宇，李成刚. 面向直接示教的机器人零力控制[J]. 机械工程学报，2014，50(3)：10-17.
[35] Raibert M H，Craig J J. Hybrid Position/Force Control of Manipulators [J]. ASME Journal of Dynamic System，Measurement，and Control，1981，103(2)：126-133.
[36] Arimotoa S，Han H Y，Cheahb C C，et al. Extension of Impedance Matching to Nonlinear Dynamics of Robotic Tasks [J]. Systems & Control Letters，1999，36(2)：109-119.
[37] 赵东波，熊有伦. 机器人离线编程系统的研究[J]. 机器人，1997，19(4)：314-320.
[38] 张爱红，张秋菊. 机器人示教编程方法[J]. 组合机床与自动化加工技术，2003(4)：47-49.
[39] 叶晖，管小清. 工业机器人实操与应用技巧[M]. 北京：机械工业出版社，2010.
[40] 刘极峰，丁继斌. 机器人技术基础[M]. 北京：高等教育出版社，2012.
[41] 刘军，郑喜贵. 工业机器人技术及应用[M]. 北京：电子工业出版社，2017.
[42] 赵宇. 基于分层递阶的地铁线路客流协调控制方法[D]. 北京：北方工业大学，2017.
[43] Neri A，Colonnese S，Russo G，et al. Automatic Moving Object and Background Separation[J]. Signal Processing，1998，66(2)：219-232.
[44] Ballard D H，Brown C M. Computer Vision [M]. USA，New Jersey：Prentice-Hall Inc. 1982.
[45] Coifman B，Beymer D，McLauchlan P，et al. A Real-Time Computer Vision System for Vehicle Tracking and Traffic Surveillance[J]. Transportation Research Part C：Emerging Technologies，1998，6(4)：271-288.
[46] Weiss L，Sanderson A，Neuman C. Dynamic Sensor-Based Control of Robots with Visual Feedback[J]. IEEE Journal on Robotics and Automation，1987，3(5)：404-417.
[47] 徐德，谭民，李原. 机器人视觉测量与控制[M]. 北京：国防工业出版社，2011.
[48] 田国会，许亚雄. 云机器人：概念、架构与关键技术研究综述[J]. 山东大学学报(工学版)，2014，44(6)：47-54.

[49] 张恒,刘艳丽,刘大勇. 云机器人的研究进展[J]. 计算机应用研究,2014,31(9):2567-2575.
[50] 尹磊,周余,王玉刚,等. 云机器人前沿技术研究进展[J]. 龙岩学院学报,2016,34(2):16-24.
[51] 华亮. 多功能移动机器人运动机构及控制系统的研究与实现[D]. 杭州:浙江工业大学,2006.
[52] 张兴国,张柏,唐玉芝,等. 多机器人系统协同作业策略研究及仿真实现[J]. 机床与液压,2017,45(17):44-51.
[53] 姚俊武,黄丛生. 多机器人系统协调协作控制技术综述[J]. 湖北理工学院学报,2007,23(6):1-6.
[54] 孟庆鑫,李平,郭黎滨,等. 多机器人协作技术分析及其实验系统设计[J]. 制造业自动化,2004(11):43-47.
[55] 董东辉. 协作机器人基坐标系标定研究[D]. 南京:东南大学,2012.
[56] 张华军,张广军,蔡春波,等. 双面双弧焊机器人主从协调运动控制[J]. 焊接学报,2011,32(1):25-28.
[57] 熊举峰,谭冠政,盘辉. 多机器人系统的研究现状[J]. 计算机工程与应用,2005,41(30):28-30.
[58] 黄天云,王晓楠,陈雪波. 基于队形控制的多机器人时间最优搬运方法[J]. 系统仿真学报,2010,22(6):1442-1446.
[59] 米文龙. 多机器人协调避碰与任务协作研究[D]. 哈尔滨:哈尔滨工程大学,2008.
[60] 王雷,徐翔鸣. 双机器人主从协调控制系统研究[J]. 工业控制计算机,2017,30(5):55-57.
[61] 吴玉香,胡跃明. 轮式移动机械臂的建模与仿真研究[J]. 计算机仿真,2006,23(1):147-151.
[62] 郑效光. 非完整约束条件下移动机器人路径规划[D]. 大连:大连理工大学,2008.
[63] Latombe J C. Robot motion planning[M]. Berlin:Springer,1991.
[64] 肖林,周文辉. 移动机械臂的协调运动方案设计及验证[J]. 中山大学学报(自然科学版),2016,55(2):52-57.
[65] 岳建章. 高空智能幕墙安装机器人人机协同控制系统研究[D]. 天津:河北工业大学,2015.
[66] 吉鸿涛,房海蓉,胡淮庆. 新型人机协作系统方法研究[J]. 制造业自动化,2001,23(11):45-48.
[67] 李淑琴. 面向任务的多机器人系统的组织设计研究[D]. 南京:南京理工大学,2005.
[68] Du Z,Yang W,Chen Y,et al. Design of a Robot Cloud Center[C]//Tenth International Symposium on Autonomous Decentralized Systems. IEEE Computer Society,2011:269-275.
[69] 张佳帆. 基于柔性外骨骼人机智能系统基础理论及应用技术研究[D]. 杭州:浙江大学,2009.
[70] 李国梁. 基于增强现实技术的移动机器人遥操作系统关键技术研究[D]. 济南:山东大学,2015.

(9) 单击【同步】,选择【同步到 RAPID】。如图 6.20 所示,在【仿真】功能选项卡里单击【仿真设定】,进入程序后选择"Path_10"。然后在【仿真】功能选项卡中单击【仿真录像】→【播放】,最后依次点击【文件】→【共享】→【打包】,存入个人 U 盘。

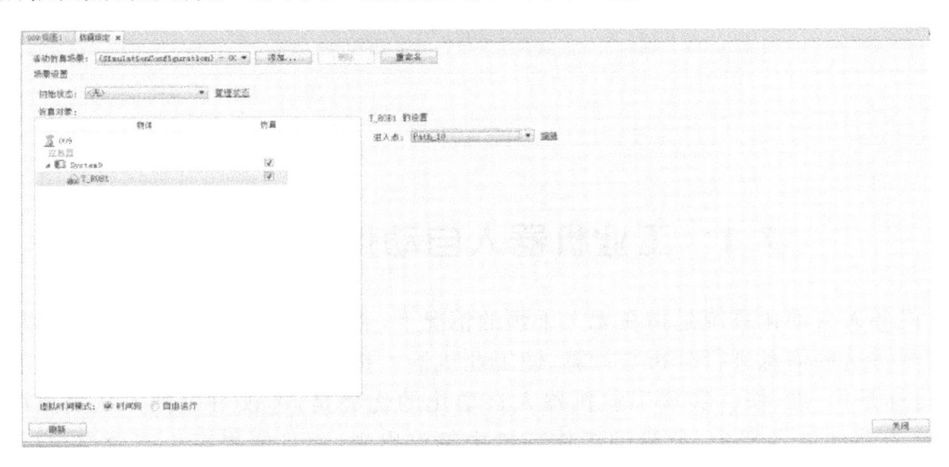

图 6.20　仿真设置

小　　结

本章首先介绍了工业机器人示教系统的原理、分类及特点,然后讲解了工业机器人示教器的功能,其次介绍了工业机器人编程语言的结构和基本功能,再次介绍了常用的工业机器人编程语言,最后举例讲解了工业机器人的示教编程与离线编程。

习　　题

6.1　机器人示教系统可以分为哪几类?

6.2　简述机器人示教器的基本功能。

6.3　什么是示教再现过程?

6.4　根据机器人的作业描述水平的程度,机器人语言可以分为哪几类?

6.5　简述工业机器人编程语言的基本功能和结构。

6.6　常用的工业机器人编程语言有哪几种?

6.7　简述机器人离线编程系统的构成。

6.8　ABB 机器人离线编程仿真软件 RobotStudio 有哪些主要功能?

附录　中英文对照表

[1]　R-C——Railbert-Craig
[2]　无模型自适应控制——model free adaptive control
[3]　个人计算机——personal computer，PC
[4]　数字/模拟—— Digital/Analog，D/A
[5]　阴极射线管显示器——CRT
[6]　通用串行总线——universal serial bus，USB
[7]　直流伺服电动机——servo motor，DC
[8]　非线性动力学系统——nonlinear dynamic system
[9]　转动惯量——moment of inertia
[10]　阻尼系数——damping coefficient
[11]　传递函数——transfer function
[12]　惯性矩阵——inertia matrix
[13]　黏性因数矩阵——viscosity factor matrix
[14]　惯性耦合——inertia coupling
[15]　伺服控制系统——servo control system
[16]　光电码盘——photoelectric encoder
[17]　点到点控制——point to point control
[18]　连续轨迹控制——continuous path control
[19]　超调量——overshoot
[20]　负反馈——negative feedback
[21]　自适应控制——adaptive control
[22]　动力学模型——dynamical model
[23]　运动学模型——kinematic model
[24]　笛卡儿坐标系——Cartesian coordinates
[25]　分解运动控制——decomposition motion control
[26]　鲁棒控制——robust control
[27]　对称正定矩阵——symmetric positive matrix
[28]　耦合——coupling
[29]　闭环控制——closed-loop control
[30]　开环控制——open-loop control
[31]　末端执行器——end effector
[32]　模糊控制——fuzzy control

[33]　控制律——control law

[34]　参数自调节无模型自适应控制器——parameters self-adjust model free adaptive controller, PSA-MFAC

[35]　串联弹性驱动器——series elastic actuator, SEA

[36]　形状记忆合金——shape memory alloy, SMA

[37]　不间断供电系统——uninterrupted power supply, UPS

[38]　脉冲数每转——pulse per revolution, PPR

[39]　发光二极管——light-emitting diode, LED

[40]　CCD——charge-coupled device

[41]　CMOS——complementary metal oxide semiconductor

[42]　帧间差分——temporal difference

[43]　背景差分法——background subtraction

[44]　光流法——optical flow

[45]　看并行动——looking and moving

[46]　先看后做——looking then doing